Christa und Wolfgang Hobmaier

Wirtschaftswissen für Betriebsrat und Wirtschaftsausschuss

Sichere Orientierung in betriebswirtschaftlichen Fragen

7. Auflage

ifb verlag
der betriebsrat

Bibliografische Information der Deutschen Bibliothek

Die Deutsche Bibliothek verzeichnet diese Publikation in der Deutschen Nationalbibliografie; detaillierte bibliografische Daten sind im Internet über http://dnb.d-nb.de abrufbar.

Die Erstellung dieses Buches ist mit größter Sorgfalt erfolgt. Trotzdem können Fehler niemals ausgeschlossen werden. Verlag und Autoren können für solche und deren Folgen weder eine juristische Verantwortung noch irgendeine Haftung übernehmen.
Anregungen, Verbesserungsvorschläge und Hinweise auf eventuelle Fehler richten Sie bitte an:
ifb-Verlag der betriebsrat GmbH, Prof.-Becker-Weg 16, 82418 Seehausen am Staffelsee

7. Auflage 2019

Satz: Arnd Hartung EDV & DTP, Hennef (Sieg), Westerhausen
Druck: CPI books GmbH, Leck
Umschlag: Arnd Hartung EDV & DTP, Hennef (Sieg), Westerhausen
Printed in Germany 2019
ISBN 978-3-934637-87-0

www.verlag-dbr.de

Vorwort

Schiff ahoi!

Wir begrüßen unsere Leser zur siebten Auflage unseres betriebswirtschaftlichen Navigationsleitfadens, verfasst für Betriebsrats- und Wirtschaftsausschuss-Mitglieder, die sich nicht mit der Rolle eines „blinden Passagiers“ zufrieden geben wollen.

„Eine Seefahrt, die ist lustig, eine Seefahrt, die ist schön...“ Ist es so? Trifft das zu, was uns eine fröhliche Melodie aus alten Büchern vorgaukelt? Ist eine Seefahrt schön und lustig? Wir wollen einmal eine Parallele ziehen zum Werdegang von Unternehmen. So mancher Passagier wird schon bei einem vergnüglichen kleinen Bootstrip blass um die Nase! Ganz zu schweigen von einer längeren Fahrt bei stürmischer See! Da kann es passieren, dass die Fahrt erst einmal den Reisenden und im schlimmeren Fall sogar der professionellen Mannschaft auf den Magen schlägt. Erst einmal sind demnach die Kunden, dann die Mitarbeiter unzufrieden – vielleicht auch in umgekehrter Reihenfolge.

Doch woran mag dies liegen? Möglicherweise an den aktuellen Wetterbedingungen? Sie entziehen sich dem Zugriff der Fahrenden ganz und gar. Vielleicht liegt es aber auch daran, dass die Beschaffenheit oder die Ausstattung des Schiffes nur der Sorge des Eigentümers überlassen blieb und der Zustand beängstigend ist, eventuell völlig ungeeignet für die Reise. Oder aber, es fehlt nur am Vertrauen in die Fähigkeit und in die Einsatzbereitschaft der Crew-Mitglieder? Sie müssen sich bei diversen Manövern mächtig anstrengen, um Kurs halten zu können. Eventuell ist ein Teil der Besatzung neu, vielleicht von einem anderen Boot dazugekommen. In einigen Fällen mag auch schlicht die Phantasie der zahlenden Gäste den Ausschlag dafür geben, wie sie die Fahrt empfinden können und wollen.

Jedenfalls ist es sinnvoll, sich mit den angesprochenen Einflussgrößen systematisch auseinanderzusetzen. Denn ganz ähnlich wie dem Schiff auf der Reise ergeht es Unternehmen im Lauf der Zeit: Die Wetterbedingungen können hier Standort-Eigenschaften heißen. Die Ausstattung mag ein Maschinenpark oder ein Fahrzeugpark sein oder eventuell auch nur Geschäftsräume umfassen. Die Crew-Mitglieder nennen wir Personal und die zahlenden Gäste sind die Kunden.

Ob nun auf einem Schiff oder bei Unternehmen: Hier wie dort kann der Kurs von manch einer unvorhergesehenen Welle beeinflusst werden. Und gewisse Manöver geben Anlass zur allgemeinen Diskussion, während andere mehrheitliche Zustimmung erfahren. Wird man sich der vielfältigen Widerstände und Gefahren – sowohl „an Bord" als auch durch „äußere Bedingungen" – erst einmal bewusst und begreift man die Zusammenhänge, dann kann es gelingen, sich entweder schon vor Fahrtantritt auf manche Widrigkeiten entsprechend vorzubereiten oder aber während der Reise geeignete Maßnahmen zur „Risikovorsorge" zu treffen.

Diese vorbereitenden und begleitenden Überlegungen dienen zum einen der Zufriedenheit der Kunden, zum anderen der Motivation der Mitarbeiter und schließlich auch der Sicherung des Unternehmens.

Der folgende Leitfaden wurde in dieser Auflage überarbeitet und aktualisiert. Er möchte weiterhin darin unterstützen, die „Reisebedingungen" für das eigene Unternehmen zu erkennen und Maßnahmen zu finden, die seinen Fortbestand im gemeinsamen Interesse aller Beteiligten und Betroffenen sichern helfen. Vielleicht gelingt damit ein Prozess, in dem Mitglieder im Betriebsrat bzw. Wirtschaftsausschuss ihre Perspektive erweitern, eventuell sogar eine neue Rolle einnehmen, im extremsten Fall vom „blinden Passagier" zum „engagierten Kapitänsberater". Werden sie auch das Steuer nicht an sich reißen können, ihren Rat einbringen und die Reise mitgestalten, das können sie allemal!

Christa und Wolfgang Hobmaier

Inhalt

Literaturhinweise

Zum Beleg der hier verwendeten Unterlagen sowie zur weiterführenden Lektüre empfehlen wir:

Duden Basiswissen Schule, Politik Wirtschaft, 4. Auflage, Berlin 2016, insbesondere Kapitel 3: Wirtschaft und Wirtschaftspolitik in der sozialen Marktwirtschaft.

Duden Schülerduden Wirtschaft: Ein Lexikon für Schule, Ausbildung und Beruf, 4. Auflage, Mannheim 2010.

Duden Ratgeber – Wie Wirtschaft funktioniert, 2. Auflage, Mannheim 2013.

Duden Wirtschaft von A bis Z: Grundlagenwissen für Schule und Studium, Beruf und Alltag. Mannheim, 5. Auflage 2016 (auch als Lizenzausgabe Bonn: Bundeszentrale für politische Bildung 2016).

Hobmaier/Kopf: Wirtschaftsausschuss in der Praxis, 6. Auflage, Seehausen 2018.

Schneider/Zindel/Lötzerich/Münscher: Entscheidungsfeld Wirtschaft – Eine praxis- und handlungsorientierte Allgemeine Wirtschaftslehre, Schülerbuch, 7. Auflage, Braunschweig 2014.

Vollmuth: Controllinginstrumente, 5. Auflage, München 2011.

Außerdem empfehlen wir folgende Angebote im Internet:
www.dpa.com/de
www.destatis.de
www.bundesanzeiger.de
www.existenzgruender.de
www.handelsblatt.com
www.handelsregister.de
www.iwkoeln.de
www.sparkasse.de/unsere-loesungen/firmenkunden/existenzgruendung-nachfolge/businessplan.html
www.unternehmensregister.de
www.wallstreet-online.de
www.wikipedia.de

Wir weisen ausdrücklich darauf hin, dass wir für die Inhalte der empfohlenen Quellen keinerlei Haftung übernehmen.

Erste Begriffsklärungen und Zusammenhänge

1

Bevor wir uns dem Geschehen *im* Unternehmen zuwenden, sollen grundlegende Fragen zum *Sinn des Wirtschaftens* im Unternehmen geklärt werden: *Wozu* wirtschaften wir eigentlich? Und: Was ist unter *„wirtschaftlich“* überhaupt zu verstehen?

Über diese Fragen hinaus werden wir ein paar Begriffe näher kennenlernen: Denn wenn die Bedeutung eines bestimmten Fachwortes aus der Welt des Unternehmers geklärt ist, kann damit zusammenhängenden Missverständnissen vorgebeugt werden.

Ein betriebswirtschaftliches Grundlagen-Buch ist durchaus mit einem Sprach-Lern-Buch vergleichbar: Nur dort, wo eine gemeinsame sprachliche Basis besteht, ist ein sinnvolles Gespräch möglich. Die passende Verwendung eines Fachwortes oder einer Ausdrucksweise, die in betriebswirtschaftlichem Zusammenhang üblich ist, hilft dem Betriebsrat, mit dem Unternehmer auf gleicher Augenhöhe zu sprechen. Damit gelingt es ihm leichter, Akzeptanz für seine Anliegen zu schaffen.

1.1 Was bedeutet „wirtschaften"?

Wirtschaften = Haushalten

Wenn wir uns vorab mit der Frage beschäftigen, was „wirtschaften" eigentlich heißt, begegnen wir bald dem Begriff des Haushaltens. Wer wirtschaftet, bemüht sich darum, mit den ihm zur Verfügung stehenden Mitteln vernünftig (rational) umzugehen und sie sinnvoll einzuteilen.

Notwendigkeit rationalen Handelns

Am Beispiel einer Schifffahrt, mit der wir den Lebenslauf eines Unternehmens vergleichen können, wird uns die Notwendigkeit des Wirtschaftens, nämlich die vorhandenen Kräfte und Mittel gut einzuteilen, schnell deutlich. Zwar lassen moderne Navigationsgeräte und Kommunikationsmittel uns mögliche Engpässe leicht vergessen, tatsächlich kann aber nicht jederzeit und überall beliebig Nachschub beschafft werden (Vorräte sind endlich, z.B. Treibstoff). Außerdem sind die finanziellen Spielräume in der Regel beschränkt (Engpassfaktor Kapital). Nicht zu sprechen von unnötigem Aufwand, der im Widerspruch steht zu einer Ressourcen-Schonung zugunsten der Umwelt (Berücksichtigung ökologischer Interessen) oder auch zum sozialen Miteinander (Berücksichtigung von Interessen der Mitarbeiter und der Gesellschaft).

Minimalprinzip und Maximalprinzip

Nicht anders stellt sich die Situation im Unternehmen dar: Rationales Handeln erfordert hier genauso, mit den vorhandenen Mitteln sorgsam umzugehen, sie nicht zu verschwenden und Neues – vielleicht auch möglichst viel davon – hervorzubringen. Dies beschreibt das sog. **Maximalprinzip:** Mit den gegebenen Mitteln soll ein möglichst großes Ergebnis erzielt werden. Oder aber, ein vorab definiertes Ergebnis (etwa eine vorgegebene Menge und Qualität eines bestimmten Produktes) soll mit möglichst geringem oder jedenfalls mit überschaubarem Kräfteaufwand erreicht werden. Das besagt das **Minimalprinzip:** Ein vorgegebener Zweck soll mit einem möglichst geringen Verzehr an Mitteln verwirklicht werden. Beide, das Maximal- und das Minimalprinzip, sind mögliche Varianten, die „Wirtschaftlichkeit" ausdrücken können.

1.2 Ein paar „wirtschaftliche“ Begriffe

1.2.1 Unternehmen, Betrieb und Konzern

Unternehmen

Die Begriffe Unternehmung und **Unternehmen** werden gleichbedeutend nebeneinander gebraucht. Es handelt sich dabei um Wirtschaftseinheiten zur Erstellung einer Leistung.

Gesellschaft

Im Unterschied zum Einzelunternehmer schließen sich bei einer Personen- oder Kapitalgesellschaft meist mehrere Eigentümer zusammen. In der Regel sind diese **Gesellschaften,** wie sie z.B. im Bürgerlichen Gesetzbuch und im Handelsgesetzbuch behandelt werden, in eine eigene Rechtsform gekleidet. Damit ist die Gesellschaft schon am Namenszusatz als solche erkennbar.

BEISPIEL

Ein Sanitärinstallateur, ein Schreiner oder ein Versicherungsvertreter betreiben als „selbständig Tätige“ ebenso ein Unternehmen wie eine „Meyer OHG“, eine „Mode und Sport KG“ oder eine „Phantasie GmbH“. Am Kürzel hinter den einzelnen Namen sehen wir, dass es sich bei den drei zuletzt Genannten jeweils um eine Gesellschaft handelt, dort haben sich also mehrere Eigentümer zu einer „Gesellschaft“ zusammengeschlossen (sofern nicht gerade der Sonderfall der Ein-Mann-GmbH gegeben ist).

Betrieb

Unternehmen können aus mehreren **Betrieben** bestehen: Ein Betrieb ist ebenfalls eine Wirtschaftseinheit, in der Sachgüter produziert oder Dienstleistungen erstellt werden, er hat aber **keine eigene Rechtspersönlichkeit,** sondern **ist nur ein Teil eines übergeordneten Ganzen,** des Unternehmens. Das Unternehmen ist gleichsam der Körper, zu dem mehrere verschiedene Glieder gehören, beispielsweise verschiedene Häuser, Filialen, Werke oder Vertriebsstätten (siehe zur Abgrenzung Unternehmen, Betrieb und Konzern auch die Abbildung unter 7.2.1).

BEISPIEL

Die BMW AG hat z.B. Werke in München, Landshut, Dingolfing, Regensburg und Leipzig. Jedes einzelne Werk ist ein Betrieb (erfordert also auch einen Betriebsrat), ist aber kein eigenständiges Unternehmen, sondern nur ein Unternehmensteil, sozusagen ein Bestandteil im Gefüge der BMW Aktiengesellschaft.

Konzern

Beim Konzern handelt es sich gleichsam um eine ganze Familie mit einem Oberhaupt, dem sich die einzelnen Familienmitglieder **unterordnen.** Denn ein Konzern ist dadurch definiert, dass ein Unternehmen eine **Leitungsfunktion** gegenüber den anderen übernimmt, ihnen gegenüber also wie eine höhere Instanz vorgesetzt ist. Im Unterschied zu Betrieben sind die untergeordneten Einheiten bei einem Konzern rechtlich eigenständige Unternehmen, also ihrerseits in eine eigene Rechtsform gekleidet.

Holding

Oft übernimmt eine sog. Holding diese Leitungsfunktion, quasi als Dachgesellschaft zu den übrigen Konzerngesellschaften. Letztere können ihr zum einen in Bezug auf bestimmte Funktionsgebiete unterstellt sein (typisch sind etwa Finanzierung, Rechnungswesen), aber zum anderen auch vollständig in ihrem Eigentum stehen.

BEISPIEL

An der Spitze des **Douglas Konzerns** stand jahrelang die **Douglas Holding AG** quasi als Kopf **(Mutter)** des Konzerns. Zum Konzern gehörten verschiedenste Unternehmen, die in fünf Geschäftsbereichen aktiv waren:

So gehörten die namensgleichen **Parfümerien** in Deutschland als Filialen bzw. Betriebe zum **Tochter**unternehmen Parfümerie Douglas Deutschland GmbH, Hagen.

Neben den Parfümerien gab es die **Buchsparte**, zu der etwa die Thalia Universitätsbuchhandlung GmbH, Hagen, die Thalia-Buchhandlung Erich Könnecke GmbH & Co. KG Boysen & Maasch, Hamburg, die Reinhold Gondrom GmbH & Co. KG, Kaiserslautern, die Kober & Thalia Buchhandelsgruppe GmbH & Co. KG, Mannheim, und andere zählten (jeweils über die Thalia Holding GmbH Tochterunternehmen der Douglas Holding AG). Diese Gesellschaften/Unternehmen untergliederten sich wiederum in zahlreiche Sortimentsbuchhandlungen (betriebswirtschaftlich gesprochen: Betriebe oder Niederlassungen).

Außerdem fanden sich im Douglas Konzern die **Modehäuser** des Damenmode-Spezialisten Reiner Appelrath-Cüpper Nachf. GmbH, Köln, und die inter-moda GmbH, Hagen, dazu die **Confiserien** der Hussel Süßwarenfachgeschäfte GmbH, Hagen, und schließlich die **Juweliergeschäfte** der Christ Juweliere und Uhrmacher seit 1863 GmbH, Hagen.

Wir sehen an diesem Beispiel, dass zahlreiche Filialen, mit denen wir üblicherweise als Verbraucher in Kontakt kommen, in Tochtergesellschaften integriert sein können (also in rechtlich selbständige Unternehmen innerhalb des Konzerns, z.B. für sich als GmbH oder GmbH & Co. KG geführt).

Daneben können unter der Führung einer Holding auch noch mehrere **Dienstleistungsgesellschaften und Servicezentralen** ebenfalls als eigenständige GmbHs aufgestellt sein: Es gab unter der Führung der Douglas Holding AG z.B. die Douglas Corporate Service GmbH, Douglas Immobilien GmbH & Co. KG, Douglas Informatik & Service GmbH, Douglas Leasing GmbH, Douglas Versicherungsvermittlung GmbH usw.

Mittlerweile wurden die Geschäftsbereiche schrittweise veräußert. Der Bereich der Parfümerien ist aktuell im Konzern der Kirk Beauty One GmbH mit Sitz in Hagen zusammengefasst. Die Douglas Holding AG wurde 2017 gelöscht.

Gruppe

Bei einer **Gruppe** fehlt die Leitungsfunktion eines einzelnen Unternehmens in eigener Rechtsform, man könnte sie eher als einen losen **Zusammenschluss** bezeichnen; verschiedene Unternehmen in jeweils eigener Rechtsform bleiben selbständig und arbeiten zusammen, ohne einander aber verbindliche Weisungen geben zu können oder voneinander wirtschaftlich abhängig zu sein.

Teilweise verbirgt sich hinter einer offiziell sog. „Gruppe" in Wahrheit ein Konzern. Der Name „XY-Gruppe" ist dann entweder historisch bedingt oder verschleiert Bindungen und Verpflichtungen seitens der Konzernspitze.

Firma

Der Ausdruck **„Firma"** greift für ein Unternehmen zu kurz; denn er meint im eigentlichen Sinn nur den Namen, unter welchem eine Gesellschaft „firmiert". Unter diesem Namen ist sie ins Handelsregister eingetragen.

BEISPIEL

Auf einem Gasthaus mag „Goldener Adler" stehen, am Raritätengeschäft „Schnäppchenecke" und am Möbelhaus „ZZZ Möbelparadies", aber im Handelsregistereintrag wären sie vielleicht unter Namen wie „Gasthof Goldener Adler Gebrüder Gerner OHG", „Schöpfel Design GmbH" und „ABC Handels GmbH & Co. KG" zu finden.

Bei Personengesellschaften kann sich die Firma aus dem Familiennamen oder dem Geschäftszweck herleiten, bei Kapitalgesellschaften ist auch ein Phantasiename möglich.

1.2.2 Produkte, Preise und Bedarf

Wirtschaftliche Güter, Produkte

Was in den verschiedensten Wirtschaftseinheiten hervorgebracht und gehandelt wird, sind wirtschaftliche Güter: **Sachleistungen, Dienstleistungen oder Rechte.** Der Begriff „Güter" ist demnach für materielle Dinge ebenso zutreffend wie für immaterielle. Soweit sie in Erwerbs-Unternehmen geschaffen werden, sprechen wir von „Produkten".

Statt von „wirtschaftlichen" Gütern könnten wir noch genauer von „bewirtschaftungsfähigen" oder „bewirtschaftbaren" Gütern sprechen. Im Unterschied etwa zu Sonnenschein oder Meerwasser stehen sie uns nicht frei zur Verfügung, und sind also in diesem Sinne nicht unbegrenzt verfügbar und somit „knapp".

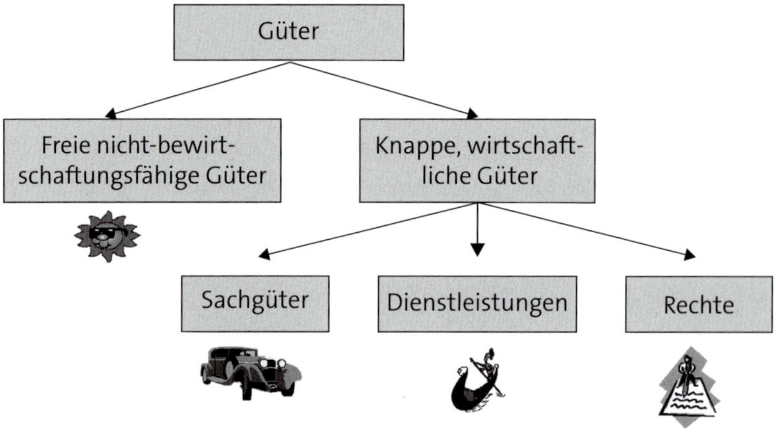

Abbildung: Einteilung der Güter

Es sei hier noch einmal ausdrücklich betont: Produkte, die ein Unternehmer anbietet, sind nicht zwangsläufig greifbare Dinge, es kann sich genauso um andere, nicht dingliche Leistungen handeln: Eine Dienstleistung (z.B. ein Angebot aus dem Gebiet der Gesundheitsvorsorge) oder eine Lizenz sind in diesem Sinn ebenfalls **Produkte** aus dem Leistungsspektrum eines Anbieters.

MERKE

Unter Produkten verstehen wir nicht nur Sachgüter, sondern auch Dienstleistungen, im weitesten Sinn sogar Rechte.

BEISPIEL

Wenn wir aus dem Lagerraum unseres Schiffes heraus Kartoffeln oder Melonen verkaufen, handeln wir mit wirtschaftlichen **Gütern**; wenn wir Computerbildschirme verkaufen, ebenfalls. Haben wir diese selbst erzeugt, oder auch nicht, es sind unsere Produkte. Falls wir sie nur von einem Hafen zum nächsten transportieren, so bieten wir ebenfalls ein Produkt an: die **Dienstleistung** des Überbringens einer Ware. Und wenn wir einer Hochzeitsgesellschaft die Gelegenheit geben, bei uns an Bord zu feiern, so besteht unsere Produktidee in einem **Nutzungsrecht**, das wir anderen (gegen Entgelt) gewähren.

Kosten und Preise

In der Regel verursacht die Erstellung eines Produktes Kosten. Anstatt uns hier mit der komplizierten betriebswirtschaftlichen Literatur zum Thema „Kosten" auseinanderzusetzen (was gehört dazu, wie kann man sie gliedern usw.), wollen wir Kosten schlicht als finanzielle Folge einer unternehmerischen Entscheidung verstehen. Da also die Erstellung von Produkten mit Kosten verbunden ist, können diese Produkte normalerweise dem Abnehmer nicht kostenlos zur Verfügung gestellt werden, sondern sie haben einen Preis. Wenn sich nun jemand findet, der bereit ist, einen bestimmten Betrag als Preis zu zahlen, weil das Produkt ihm einen Nutzen bringt, dann äußert sich diese Kaufbereitschaft am Markt als Bedarf.

Genau darin **rechtfertigt sich unternehmerisches Tun:** in der Bereitstellung von Gütern, die andere zur Befriedigung ihrer vielfältigen Bedürfnisse brauchen. Dabei spielt es keine Rolle, ob es sich um Bedürfnisse handelt, die wir als Konsumenten **selbst** äußern und entsprechende Güter kaufen, oder solche Bedürfnisse, für deren Befriedigung sich **andere** einsetzen, etwa dort, wo sich der Staat (sprich: das Gemeinwesen) finanziell für seine Bürger engagiert.

Bedarf

Das Bedürfnis von Menschen nach Gütern und die Bereitschaft, für diese Güter Geld auszugeben, also „Kaufkraft" hierfür aufzuwenden, nennen wir Bedarf. Noch einmal: Erst wenn beide Komponenten gegeben sind, nämlich zum einen ein **Bedürfnis,** zum anderen die entsprechende **Bereitschaft** eines Konsumenten, von seinem begrenzten Budget etwas für die Befriedigung des Bedürfnisses auszugeben, dann liegt ein **Bedarf** vor. Dieser Bedarf rechtfertigt die Existenz eines Unternehmens, oder genauer gesagt, das Angebot eines bestimmten Produktes zu einem gewissen Preis.

MERKE

Wichtig

Bedürfnis + Kaufkraft = Bedarf

Das Empfinden eines Mangels, gepaart mit der Bereitschaft, für die Beseitigung zu zahlen, nennen wir „Bedarf". So kann man sogar von „Bedarfen" sprechen, wenn von verschiedenen Gebieten/Märkten die Rede ist (z.B. vielfältige Konsumgüter zum Gebrauch oder Verbrauch sowie zahlreiche Investitionsgüter): Als „Mangelwesen" haben wir Menschen vielerlei Bedürfnisse und „Bedarfe".

Erst dort, wo Bedarf besteht, kann ein Unternehmer in sinnvoller Weise tätig werden.

1.3 Grundlegende Entscheidungen von Unternehmern

Bevor ein mutiger Unternehmer seine ersten Geschäfte tätigen kann, muss er sich selbstverständlich zahlreiche grundlegende Gedanken zu seinem Vorhaben machen. Wenn mehrere Gründer vorhanden sind, erweist sich meist schon die erste, scheinbar banale Frage: „Was gründen wir?" bei näherem Hinsehen als ziemlich kompliziert. Selbst einfache Festlegungen zeigen im Fortgang der Diskussion, dass sich immer wieder vielfältigere Möglichkeiten auftun, als anfänglich erkennbar war. Bei den verschiedensten Themen (denken wir etwa an die Standort-Wahl, die Gestaltung des Produktes, die Festlegung des Preises usw.) wird nach und nach erst offensichtlich, dass die unzähligen Folgen der einzelnen Entscheidungen im Vorfeld nur mehr oder weniger klar sind.

1.3.1 Wahl des Unternehmensgegenstandes

Unternehmensgegenstand/ Geschäftstätigkeit

Nehmen wir an, die Frage, welche Sachleistung oder Dienstleistung erbracht werden soll oder welches Recht zur Nutzung angeboten wird, konnte von den Unternehmensgründern geklärt werden. Dann liegt damit der sog. „Unternehmensgegenstand" fest. Er liefert uns einfach gesprochen die Antwort auf die Frage: Was macht dieses Unternehmen? Wir können auch von der Geschäftstätigkeit sprechen. Nicht zu verwechseln ist der Unternehmensgegenstand demnach mit dem Unternehmensziel, dem wir uns erst anschließend zuwenden wollen (Vorsicht: Beide werden mitunter gleichermaßen als „Unternehmenszweck" bezeichnet).

BEISPIEL

Der Name Degussa stand beispielsweise schlicht für den Unternehmensgegenstand zum Zeitpunkt der Gründung: Deutsche Gold- und Silber-Scheide-Anstalt. Während der Name weit über ein Jahrhundert Bestand hatte, wurde der Gegenstand (Spezialchemie) laufend erweitert und verändert.

Im Handelsregister mag als Geschäftstätigkeit eines Unternehmens aus der Chemiebranche zu lesen sein: „Gegenstand des Unternehmens ist die Herstellung von chemischen Produkten aller Art und deren Vertrieb sowie die Herstellung der dabei anfallenden Zwischenprodukte und Nebenerzeugnisse sowie die Verwertung und Weiterverarbeitung aller dieser Erzeugnisse im Handel mit ihnen und den erforderlichen Rohstoffen."

Ein Zulieferer könnte etwa als Geschäftstätigkeit die Herstellung und den Vertrieb von Maschinenzubehör samt zugehöriger Kundendienstleistungen nennen.

Auch Unternehmen aus dem öffentlichen Sektor haben einen Unternehmensgegenstand: die Versorgung der Bevölkerung mit bestimmten Dienst- oder Gewährleistungen (etwa die Versorgung mit Wasser, Elektrizität oder Sicherheit).

1.3.2 Ziele-Wahl

Unternehmens-Ziel(e)

Vermutlich sind sich die Unternehmensgründer schnell darüber einig, mit welchem Ziel sie ihre Geschäfte betreiben wollen (z.B. ein möglichst hoher Gewinn). Weil die bewusste Entscheidung über Unternehmensziele aber in Wahrheit nicht selbstverständlich und auch gar nicht unkompliziert ist, sei ihr ein eigenes Kapitel (siehe nachfolgend Kapitel 2) gewidmet.

1.3.3 Standort-Wahl

Tradition, Rohstoff-Abhängigkeit

Nicht nur bei der Gründung eines Unternehmens, auch bei Erweiterungen oder einer Verlagerung beschäftigt uns die Frage, wo der Standort gefunden werden soll.

Nähe zum Beschaffungs- oder Absatzmarkt

Vielleicht verpflichtet uns die Tradition zu einem bestimmten Umfeld („seit Generationen in XY"), vielleicht besteht eine Abhängigkeit von Rohstoff-Vorkommen (Erze, Salz, Wasser). Möglicherweise sind wir durch Zulieferer (reifes Obst, fangfrische Krabben) oder durch Kunden (man denke an den Einzugsbereich eines Friseurs oder einer Tankstelle) örtlich gebunden.

Unser Schiff kann zu den Fanggründen von Fischen auslaufen, also quasi zum Rohstoff kommen, danach aber wieder im Hafen liegen, um Kunden zu versorgen und damit den Abnehmern nahe zu sein. Im Gegensatz dazu ist ein Unternehmen üblicherweise auf einen einmal gewählten Standort dauerhaft festgelegt und kann ihn nur schwer verändern. Besonders deutlich wird dies, wenn sich etwa ein Zulieferer in unmittelbarer Umgebung seines Abnehmers niederlässt. Hier kann für beide Partner eine enge Bindung entstehen.

BEISPIEL

Automobil-Zulieferer wählen ihren Standort in unmittelbarer Nähe bedeutender Automobilbauer. Der Lebensmittel-Einzelhandel lässt sich bevorzugt in der Nähe seiner Kunden nieder.

Weitere wirtschaftliche Erwägungen bei der Standort-Wahl

Neben der Nähe zum Beschaffungsmarkt oder zum Absatzmarkt können noch weitere wirtschaftliche Erwägungen bestimmte Standorte geeigneter erscheinen lassen als andere: etwa die Eignung der vorhandenen Infrastruktur (welche Verkehrswege bestehen, wie ist die Anbindung an verschiedene Versorgungsnetze, Strom/Gas/Wasser), die Verfügbarkeit von Arbeitskräften und bestehende Arbeitsbedingungen (Qualifikation, Löhne, Nebenkosten, Auflagen), die Gegebenheiten am Kapitalmarkt, aber auch staatliche und gesellschaftliche Rahmenbedingungen (Subventionen und Abschreibungsmöglichkeiten, politische Stabilität, demokratische Errungenschaften wie Mitbestimmung, Gewerkschaftsmacht, Streikkultur, daneben auch das Bildungsniveau, der Stellenwert der Freizeit usw.). Die Diskussion um den „Standort Deutschland" entflammt stets von neuem. Häufig entzündet sie sich am Thema Steuern und Subventionen, oft auch an den Lohnnebenkosten, welche als Teil der Personalkosten neben den Löhnen eine gewichtige Rolle spielen.

MERKE

Bedingungen, die Unternehmer zur Beurteilung eines Standortes heranziehen können, nennt man „Standortfaktoren".

Die folgende Abbildung versucht eine Einteilung der vielfältigen Standortfaktoren in verschiedene Segmente, in welche Unternehmen eingebettet sind.

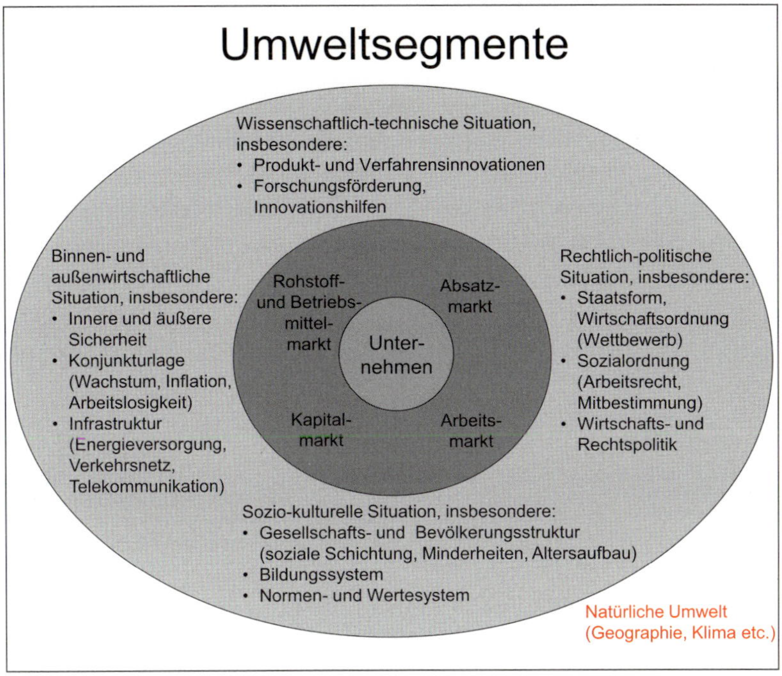

Abbildung: Einteilung von Standortfaktoren in Umweltsegmente

1.3.4 Rechtsform-Wahl

Auch die Entscheidung über die Rechtsform des Unternehmens ist, wie die des Standortes, normalerweise langfristiger Natur und von weit reichender Bedeutung.

Allgemein bekannte Rechtsformen sind die Aktiengesellschaft, die GmbH, die OHG usw. Obwohl sich nur eine überschaubare Anzahl an Wahlmöglichkeiten anbietet, so ist doch jede Festlegung mit einem Mix an Konsequenzen verbunden, deshalb werden wir im Folgenden auch der Rechtsform-Wahl ein eigenes Kapitel (Kapitel 3) widmen.

Mit den bisher getroffenen Feststellungen, den „grundlegenden Entscheidungen" in 1.3.1 bis 1.3.4, ist quasi der „Mantel" des Unternehmens definiert: der Unternehmensgegenstand, die Ziele (die in Kapitel 2 noch genauer behandelt werden), der Standort und die Rechtsform (die wir uns in Kapitel 3 näher ansehen). Die weiteren Entscheidungen betreffen dann das „Innenleben" der Unternehmung: Zum einen gehört hierzu die Vornahme einzelner **Planungsschritte** (Kapitel 4), zum anderen die **Organisation** von Abläufen (Kapitel 5). Beide betreffen sowohl die einzelnen Abteilungen, als auch deren Zusammenwirken, und zwar nicht nur konkret an einem Werkstück bei der Erstellung einer Sachleistung, sondern auch bei der Bearbeitung von Aufträgen im Dienstleistungsbereich sowie bei immateriellen Dingen (Erstellen von Patenten). Bevor wir uns aber diesen Zusammenhängen widmen, werden wir uns zunächst die wesentlichen und typischen Teilbereiche eines Unternehmens ansehen, welche dann Gegenstand der Planung und Organisation sind.

1.4 Aufgabenbereiche im Unternehmen

Produktionsfaktoren

Versuchen wir zunächst einmal einen Blick aus der Perspektive eines externen Betrachters auf ein Unternehmen zu werfen: Materielle und immaterielle Dinge werden von außen zugeführt. Das ist der sog. „Input": zum einen die **Betriebsmittel,** z.B. Gebäude, Maschinen, Geschäftsausstattung, zum anderen die **Werkstoffe,** wie Roh-, Hilfs- und Betriebsstoffe, und schließlich die **Arbeitskraft** samt zugehörigem Know-how. Man nennt diese „Zutaten" auch „Produktionsfaktoren". Anschließend werden sie im Betrieb selbst „umgewandelt", d. h., mit Hilfe körperlicher und geistiger Kräfte findet ein Transformations-Prozess statt. Am Ende dieses Prozesses schließlich verlassen Sachgüter, Dienstleistungen oder Rechte das Unternehmen als dessen „Output".

Abbildung: Umwandlung von Produktionsfaktoren innerhalb des Unternehmens

Aufgabenbereiche im Unternehmen

Welche Aufgabenbereiche (oder Funktionsbereiche) können nun ausgemacht werden, die an dem genannten Transformations-Prozess im Inneren des Unternehmens beteiligt sind?

Da ist zum einen die **Beschaffungsfunktion,** die für die Bereitstellung der benötigten Materialien und Maschinen verantwortlich ist. In kleineren Betrieben wird sie mit dem „Einkauf" gleichgesetzt. In größeren Betrieben ist diese Funktion zweigeteilt, dort gibt es zum einen die Disponenten, die den Bedarf in enger Abstimmung mit dem Lager ermitteln, und zum anderen – als eigenen Bereich – die Einkäufer, die mit den möglichen Lieferanten in Kontakt treten.

Auch **Personal** muss in einer bestimmten Zahl und Qualifikation zum richtigen Zeitpunkt vorhanden sein. Dafür ist die Personalabteilung zuständig.

Eventuell muss ein **Lager** organisiert und verwaltet werden. Dies kann auf Seiten des Materialeingangs (Lager für Rohstoffe, für Halbfabrikate) der Fall sein, aber auch im Produktionsverlauf (Zwischenlager, Puffer) und/ oder als Lager für Fertigprodukte auf der Absatzseite des Unternehmens.

Nicht zu vergessen ist die zentrale Aufgabe der **Produktion.** Hier erfolgt die eigentliche Herstellung von Gütern und Dienstleistungen oder der Entwurf von Verträgen. Dem Produktionsbereich nahe steht die Funktion Forschung und Entwicklung, die für konkurrenzfähige Produkte und Verfahren in der Zukunft sorgen soll.

Ebenso bedeutsam ist die **Absatzaufgabe.** Sie befasst sich mit dem Verkauf der erstellten Leistungen sowie mit damit verbundenen Maßnahmen (z.B. Marktforschung, Werbung, Preisfindung).

Der **Finanzbereich** ist für die Bereitstellung von Kapital zuständig. Mit seiner Hilfe wird die stete Zahlungsfähigkeit gewährleistet und die Beschaffung von Produktionsfaktoren ermöglicht.

Schließlich gibt es noch umfangreiche **Leitungsaufgaben,** welche die Lenkung der übrigen Aufgaben, insbesondere aber auch die Überwachung und Entscheidungsvorbereitung zum Gegenstand haben.

Alle diese Aufgabenbereiche oder Funktionen im Unternehmen werden wir im vorliegenden Buch genauer betrachten. Die unternehmerische Kunst besteht darin, nicht nur die Teilbereiche detailliert vorauszuplanen und im Verlauf des Geschäftsjahres abzuwickeln, sondern sie auch vorausschauend und in allen Wechsellagen des betrieblichen Geschehens gegenseitig aufeinander abzustimmen, beispielsweise Personal und Produktion, Beschaffung und Finanzierung, Absatz und Lager usw. (Genaueres dazu in Kapitel 4.)

1.5 Über die Sinnhaftigkeit des Wirtschaftens

Bei allen Gedanken um Produktion, Produkte und Preise dürfen wir nicht vergessen, dass in jedem Fall im Mittelpunkt allen Geschehens der Mensch steht: Er ist derjenige, **durch dessen Tun** etwas **er**wirtschaftet wird und gleichzeitig der, **für den** die Bemühungen unternommen werden. Zuweilen laufen wir allerdings Gefahr, den Sinn des Wirtschaftens aus den Augen zu verlieren: Ziel muss das Wohlergehen des Menschen bleiben!

Ziele von Unternehmen

2

Wohin soll die Reise gehen? Wozu haben wir sie angetreten?

Um Missverständnisse auszuschließen: Hier ist **nicht** die Frage gemeint, zu welchem Ort wir fahren wollen oder in welchen Hafen wir demnächst einlaufen werden. Nein, vielmehr geht es um das Ziel und den Beweggrund unserer Unternehmung schlechthin: Wozu sind wir überhaupt „on tour"? Erst wenn unser Ziel klar ist, haben wir darin einen Maßstab, an dem wir – Kapitän wie Besatzung oder auch andere Interessierte – später ablesen können, ob wir diesem Ziel näher gekommen sind.

Ohne Ziel und ohne Kompass könnte es uns sonst ergehen wie im Gedicht von Marie von Ebner-Eschenbach beschrieben:

„Das eilende Schiff, es kommt durch die Wogen
wie Sturmwind geflogen.
Voll Jubel ertönt´s vom Mast und vom Kiele:
Wir nahen dem Ziele!
Der Fährmann am Steuer spricht traurig und leise:
Wir segeln im Kreise."

2.1 Arten unternehmerischer Ziele

Wir wollen hier auf die Betrachtung öffentlich-wirtschaftlicher Ziele (wie sie in der Bedarfsdeckung bzw. der Versorgung der Bevölkerung, der Gewährleistung ihrer Sicherheit usw. zu finden sind) verzichten und uns auf typische privatwirtschaftliche Unternehmensziele beschränken.

2.1.1 Abenteuerlust

Der Unternehmer als Abenteurer

Ist es vielleicht pure Abenteuerlust, die uns treibt? Ist schon das Unterwegs-Sein Sinn genug für das eigene Tun, frei nach dem Motto: „Der Weg ist das Ziel"? Mancher Kapitän mag sein Schiff wagemutig durch die Meere lenken, Geschäfte tätigen, wie sie sich gerade ergeben, und auch das Risiko nehmen, wie es eben kommt. Angesichts der vielen Unternehmensgründungen, die relativ kurz nach der Gründung schon scheitern, drängt sich zuweilen tatsächlich der Verdacht auf, dass ein planvolles Abwägen von Chancen und Risiken vor Antritt der Reise gefehlt haben muss. Das Führen eines Unternehmens geschieht dann wohl wirklich eher zur momentanen Beschäftigung und wird für die wenigsten Menschen dauerhaft eine Existenz sichern. Wenden wir uns aber vom individuellen Treibenlassen mehr dem ökonomischen Streben zu.

2.1.2 Gewinn

Gewinnstreben

Ein klares unternehmerisches Ziel scheint der möglichst hohe Gewinn zu sein. Aus kaufmännischer Überlegung muss dann die eine oder andere Unternehmung unterbleiben, selbst wenn die Fahrt für den Kapitän immer noch ihre Reize hätte. Entscheidungskriterium ist allein die Differenz aus Umsatz und Kosten. Je höher diese Differenz ist, d.h. je größer der Abstand zwischen dem zu erwartenden Verkaufserlös (= Umsatz) und den aufzuwendenden Kosten (= finanzielle Auswirkungen der Leistungserstellung), desto höher ist der Gewinn und desto eher wird also das Geschäft in Angriff genommen.

MERKE

Gewinn = Umsatz – Kosten

Betriebswirtschaftlich exakter wäre es, von der Differenz aus Ertrag und Aufwand zu sprechen; denn die Umsatzerlöse stellen nur **eine** Art von Erträgen dar (daneben kann es im Unternehmen z.B. auch Zinserträge, Mieterträge etc. geben). Wir wollen dennoch bei der genannten „Kurzformel" bleiben, weil sie für unsere Verständniszwecke am greifbarsten ist.

Fälschlicherweise wird oft „der Gewinn" als alleiniges unternehmerisches Ziel betrachtet. Aber zum einen ist der „Gewinn" als absoluter Maßstab für eine Beurteilung nicht geeignet, wie wir gleich sehen werden, zum anderen gibt es in Unternehmen neben der bloßen Gewinnerzielungs-Absicht auch weitere Ziele. Betrachten wir aber zunächst das Gewinn-Ziel näher.

BEISPIEL

Im Konzernabschluss der EDEKA Zentrale AG & Co. KG, Hamburg, standen am Ende des Geschäftsjahres rund 300 Millionen Euro Gewinn zu Buche, der Metro-Konzern erreichte vergleichsweise im selben Zeitraum ca. 660 Millionen Euro.

Absoluter Betrag

Ist ein (Konzern-)Gewinn (genauer: Jahresüberschuss) von 660 Millionen Euro einer großen Handelsflotte nun tatsächlich besser als 300 Millionen Euro eines Spitzenseglers im deutschen Lebensmittel-Einzelhandel? Beides sind absolute Beträge und entbehren einer wirklichen Aussagekraft über die Fähigkeiten der Unternehmen im Vergleich zueinander.

Relativer Maßstab

Statt einer absoluten Größe („Gewinn") brauchen wir also einen **relativen** Maßstab, wenn wir Unternehmen unterschiedlicher Größe und Branche vergleichbar machen wollen. Ein relativer Maßstab entsteht, indem wir den Gewinn zu einer anderen Zahl in Beziehung setzen, also z.B. „Gewinn pro ...". So kann der Gewinn beispielsweise zum Umsatz oder zum eingesetzten Kapital oder zu einer anderen Bezugsgröße ins Verhältnis gesetzt werden.

2.1.3 Rentabilität

Rendite, Rentabilität: Verzinsung des Kapitals

Wenn wir z.B. privat Geld anlegen, so fragen wir ebenfalls nach einer Relation anstatt nur nach dem Ergebnis: Wir erkundigen uns zu Vergleichszwecken nach der **Verzinsung** eines Sparbriefes (oder einer anderen Finanzanlage) anstatt nach dem absoluten Betrag, den wir erwarten dürfen: Lieber erhalten wir 5 % statt nur 2 % Verzinsung. Das bedeutet ausführlich gesprochen: 5 Euro **pro 100 Euro** Anlage sind uns lieber als 2 Euro **pro 100 Euro.** Die 5 bzw. 2 Euro sind dann unser persönlicher „Gewinn" aus der Geldanlage (welchen wir allerdings noch versteuern müssen).

Kapitel-Rendite

Je 100 Euro, die wir als Geldbetrag anlegen bzw. jemandem gegen ein Entgelt überlassen, mehrt sich unser Kapitaleinsatz also um den festen Betrag 5 oder 2. Legen wir beispielsweise 2.500 Euro (25 x 100 Euro) an, errechnet sich im Fall A 25 mal 5 Euro pro 100 Euro, im Fall B 25 mal 2 Euro. Das macht also 125 Euro „Gewinn" im Fall A und nur 50 Euro „Gewinn" im Fall B bei gleichem Kapitaleinsatz. 5 % oder 2 % sind im kaufmännischen Sprachgebrauch die „Kapitalrendite" oder „Kapitalrentabilität".

MERKE

$$\text{Kapitalrentabilität} = \frac{\text{Gewinn}}{\text{eingesetztes Kapital}}$$

Als mathematische Formel rechnet sich die Kapitalrendite in unserem Beispiel zur privaten Geldanlage folgendermaßen:

Fall A, z.B. Bank A:

$$\frac{\text{Gewinn}}{\text{eingesetztes Kapital}} = \frac{125\ \text{Euro}}{2.500\ \text{Euro}} \times 100$$

im Vergleich zu Bank B:

$$\frac{\text{Gewinn}}{\text{eingesetztes Kapital}} = \frac{50\ \text{Euro}}{2.500\ \text{Euro}} \times 100$$

Wir erhalten so eine Prozentzahl, also die Verzinsung des eingesetzten Kapitals (x %).

Im Unternehmen rechnen wir genauso: Die 660 Millionen bzw. die 300 Millionen (Gewinn) müssten analog der privaten Geldanlage vor einer Beurteilung erst einmal **in Beziehung gesetzt werden zum Kapitaleinsatz.**

Dieser Kapitaleinsatz kann in unserem Fall seinen Ausdruck finden in einem Schiff, in den Maschinen an Bord, in der Ausstattung der Räumlichkeiten etc. Erst aus dem Verhältnis Gewinn/Kapitaleinsatz (x 100, um zur %-Zahl zu kommen) lässt sich eine Relation ersehen, die man „Rendite" bzw. „Rentabilität" nennt. Diese Rendite ermöglicht nun den Vergleich verschiedener Unternehmen und lässt außerdem eine Beurteilung gegenüber anderen Verdienst- bzw. Anlage-Möglichkeiten zu.

BEISPIEL

Nehmen wir an, der Kapitaleinsatz beim Handelsriesen Metro beträgt 25 Milliarden Euro, der beim Hamburger Edeka-Konzern 6 Milliarden. Dann ergibt sich:

660 Millionen Gewinn bei 25 Milliarden Kapitaleinsatz: 660 Millionen Euro/25.000 Millionen Euro (der Kapitaleinsatz ist als Bilanzsumme der Bilanz entnommen) x 100 ergeben eine (Kapital-)Rendite von 2,6 % beim Handelsriesen.

300 Millionen Gewinn bei 6 Milliarden Kapitaleinsatz heißt rechnerisch: 300 Millionen Euro/6000 Millionen Euro x 100 entspricht 5,0 % (Kapital-) Rendite.

Ein finanzielles Engagement beim Hamburger EDEKA-Konzern schien demnach im untersuchten Geschäftsjahr „rentierlicher".

2.1.4 Sicherheit

Sicherheit als Ziel

Allerdings spielt auch der Faktor Sicherheit eine Rolle, denn vielleicht wäre eine schlichte festverzinsliche Geldanlage mit einer garantierten niedrigeren Verzinsung unter dem Gesichtspunkt der Sicherheit der Kapitalanlage sogar erstrebenswerter als eine hohe – aber unsichere – Verzinsung.

Womit wir beim zweiten Punkt unserer obigen Überlegung wären, ob nämlich der Gewinn das einzige unternehmerische Ziel ist: Das Ziel „Sicherheit" scheint ebenfalls ein wichtiges zu sein, so dass wir nun – abgesehen vom eingangs erwähnten Lustgewinn des Abenteurers – schon zwei wesentliche unternehmerische Ziele festhalten können: Gewinn (genauer: Rentabilität) und Sicherheit.

MERKE

Rentabilität und Sicherheit sind typische ökonomische Ziele eines Unternehmens. Oft stehen sie – zumindest kurzfristig – im Widerspruch zueinander.

2.1.5 Selbständigkeit und Unabhängigkeit

Streben nach Unabhängigkeit

Damit nicht genug: In Zeiten moderner Übernahme-Schlachten auf allen Weltmeeren (bzw. -märkten) geht es nicht gleich um die Zerstörung konkurrierender Schiffe. Vielmehr ändern sich – mehr oder minder diplomatisch – in großem Stil die Eigentumsordnungen: Aus dem Nichts scheinen kaufwütige Anleger aufzutauchen (sog. „Beteiligungsgesellschaften"), und sie versuchen in freundlicher oder auch feindlicher Absicht, Anteile an unserem Schiff zu erwerben.

Abwehrverhalten

Den bisherigen Eignern werden in solchen Fällen Übernahme-Angebote unterbreitet. Ein Teil der Eigentümer nimmt vielleicht dankend an und verkauft Anteile, die anderen wehren sich standhaft und versuchen, ungewollte Eindringlinge fernzuhalten. Waren die Eigentumsverhältnisse vorher klar und scheinbar starr oder jedenfalls stabil, so weicht jetzt die gewohnte Stabilität. Hektik und Nervosität verbreiten sich im Management und in der Belegschaft, weil nicht vorhergesagt werden kann, welche Art der Einflussnahme die neuen (Mit-)Eigentümer beabsichtigen. Das Abwehrverhalten vieler Gesellschaften unterstreicht deshalb ein weiteres Ziel für ihr Unternehmen: Selbständigkeit und Unabhängigkeit.

2.1.6 Wachstum und Macht

Wachstum und Macht als Ziel

Allerdings muss nicht immer die Unabhängigkeit gesucht werden, es kann auch Anlehnung (Vereinigung) im Gegensatz dazu als Ziel denkbar sein, vielleicht als Mittel zu einem weiteren Ziel: Wachstum und Macht.

Andere Ziele treten zurück

Vielleicht tritt das Gewinnziel vorübergehend oder sogar dauerhaft hinter dieses Ziel Wachstum und Macht zurück.

BEISPIEL

„Geplante Neuentwicklungen und Verbesserungen sollen wieder für mehr Wachstum sorgen", so hört man aus dem Management.

Zunächst ist freilich die Gewinn-Erzielung eine Voraussetzung, um das Unternehmen vergrößern und ausdehnen zu können, aber das Abschöpfen eines Gewinnes ist möglicherweise in Wahrheit nur ein untergeordnetes Ziel, quasi ein Mittel zum Zweck, und das eigentliche (Ober-)Ziel ist die Machtausübung. Ebenso ist auch eine Expansion (oder ein Zusammenschluss) nur eine Maßnahme, um letztlich (d.h. als „Oberziel") die eigene Macht zu vergrößern.

Mit gleicher Logik könnte man freilich auch gerade andersherum im Ziel Wachstum bzw. Macht auf längere Sicht ein Unterziel sehen, die wiederum auf ein (noch höheres, also wiederum übergeordnetes) Gewinnziel hindeuten.

Marktanteil, Marktvolumen

Eine vergleichbare Über- und Unterordnung von Zielen können wir auch beobachten, wenn wir das ökonomische Ziel eines hohen Marktanteiles näher hinterfragen. Der Marktanteil wird typischerweise in Stückzahlen oder in Umsatzerlösen gemessen: Wie viel Stück verkauft unser Unternehmen im Vergleich zu allen in Deutschland verkauften Stücken (desselben Produktes)? Das wäre unser Marktanteil, gemessen an den Verkaufszahlen. Die Summe aller verkauften Stücke ist dann das gesamte Markvolumen.

Oder: Welchen Umsatz konnten wir erzielen, welchen die Konkurrenz? Wie viel bedeutet das in Prozent am Gesamtumsatz (einer Region, eines Landes, auf der Welt, in einem bestimmten Zeitraum)? In diesem Fall wäre der Gesamtumsatz das Marktvolumen (wir können uns dieses vorstellen als eine ganze, zu verteilende Torte), unser Prozentanteil ist dann wiederum unser Marktanteil (bildlich gesprochen das auf uns entfallende Tortenstück).

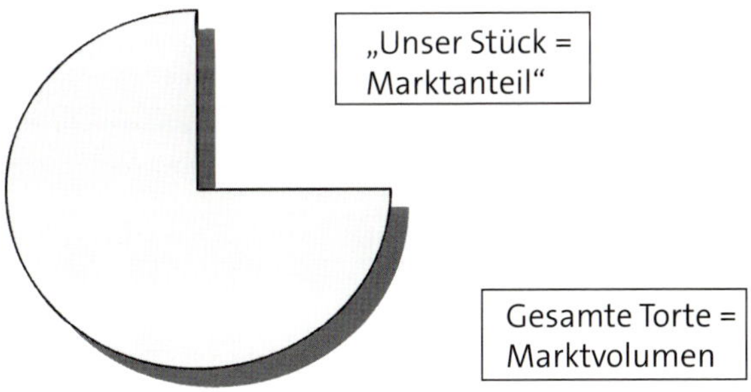

Abbildung: Marktanteil und Marktvolumen

Auch ein hoher Marktanteil, der typischerweise als Unternehmensziel gelten mag, ist demnach bei genauerem Hinsehen eigentlich nicht Ziel, sondern „Mittel zum Zweck". Letzterer, also das „Oberziel", ist nämlich wiederum Gewinn oder Macht.

2.1.7 Liquidität

Liquidität, das ist Zahlungsfähigkeit

Unter „Liquidität" versteht man die Fähigkeit, offene Rechnungen begleichen zu können. Auch ein reicher Mann kann vielleicht zu einem unglücklichen Zeitpunkt irgendeine offene Rechnung gerade einmal nicht bezahlen, beispielsweise, weil sein Kapital in Grundstücken, Immobilien und Wertpapieren angelegt ist und er diese nicht kurzfristig veräußern kann. Obwohl er Eigentümer hoher Vermögenswerte ist, herrscht dann Leere im aktuellen Portemonnaie (liquide = flüssig; illiquide = zahlungsunfähig). Dies kann genauso für ein Unternehmen zutreffen.

Allerdings ist es für das Unternehmen lebenswichtig, jederzeit zahlungsfähig zu sein, weil sonst Insolvenz droht. Im günstigen Fall bedeutet ein Insolvenzantrag eine Sanierung des Unternehmens, im ungünstigen Fall dagegen die Auflösung oder Zerschlagung. Kann ein Erhalt der Zahlungsfähigkeit also Unternehmensziel sein?

Liquidität: existentielle Bedingung

Es ist sicherlich kein oberstes Ziel eines Unternehmens, offene Rechnungen begleichen zu können, dennoch ist die Fähigkeit dazu eine existentielle Nebenbedingung für seinen Fortbestand. So ist die Zahlungsfähigkeit also nicht zentrales Ziel unternehmerischen Tuns, aber eine unerlässliche Nebenbedingung.

MERKE

Typische ökonomische Ziele eines Unternehmens sind Rentabilität, Sicherheit, Unabhängigkeit, Wachstum.

Der Erhalt der jederzeitigen Zahlungsfähigkeit ist zwar kein eigenständiges Unternehmensziel, jedoch eine existentielle Nebenbedingung.

2.2 Einflussnahme auf die Zielsetzung

2.2.1 Interessengruppen

Interessengruppen: Einfluss auf die Zielbildung

Verständlicherweise versuchen unterschiedliche Interessengruppen, die Zielbildung eines Unternehmens zu beeinflussen. Diese unterschiedlichen Interessengruppen können sein: Schiffseigner (sprich Eigentümer) und sonstige Geldgeber (Kapitalgeber), der Kapitän („das Management"), die Mannschaft (Arbeitnehmer), Passagiere (Kunden) und Lieferanten (Marktpartner), Kaufinteressenten und Konkurrenten, die Finanzbehörden, der Gesetzgeber, die Gesellschaft, Umweltschützer, Politiker, Medien.

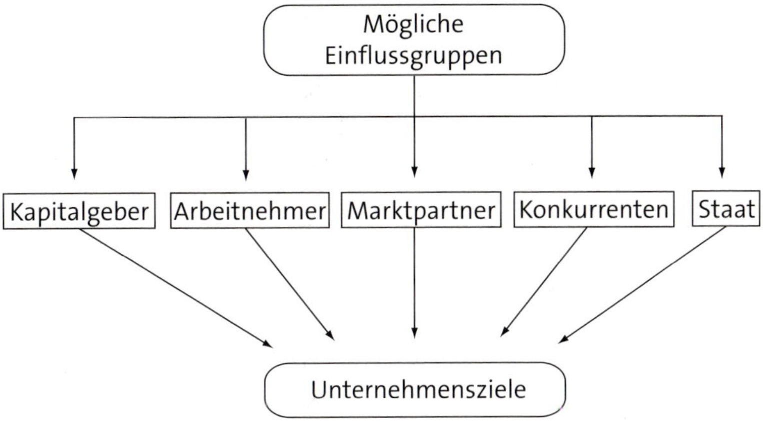

Abbildung: Mögliche Einflussgruppen auf unternehmerische Ziele

MERKE

Die vielfältigen Interessengruppen machen uns bewusst, dass es **„die Ziele von Unternehmen"** oder „Unternehmensziele", auch wenn sie hier so genannt werden, eigentlich gar nicht gibt: Unternehmen haben keine Ziele. Tatsächlich handelt es sich stets um **Ziele von Menschen**.

Vielfalt der Ziele

Während das Ziel der Eigentümer bei privatrechtlichen Unternehmen typischerweise in erster Linie Rentabilität ist, sind weitere Geldgeber vornehmlich an der Sicherheit des Beliehenen interessiert: Für die Bank, die uns einen Kredit überlassen hat, ist es egal, wie hoch unser Gewinn ist, solange wir nur „mit Sicherheit" die Zinsen bedienen und eines Tages den Kredit tilgen können. Ein hoher Gewinn liegt demgegenüber im Interesse des Gemeinwohls und der Finanzbehörden, weil mit ihm höhere Steuerbeiträge für die Allgemeinheit zur Verfügung stehen. Kunden sind einerseits an niedrigen Preisen interessiert (d.h. tendenziell niedriger Gewinn für das Unternehmen), andererseits bei zunehmend hochwertigen Gütern aber auch aus Gründen der eigenen Absicherung (Garantie-Ansprüche, Ersatzkäufe, Ergänzungskäufe) an der Stabilität, d.h. an der Sicherheit des Unternehmens. Auch Zulieferern liegt zwar einerseits am niedrigen Gewinn des Abnehmers (d.h. die eigenen hohen Preise sind durchzusetzen), aber vermutlich noch vielmehr an dessen Sicherheit, welche die Dauerhaftigkeit der Beziehung ermöglicht.

MERKE

Nicht nur die Eigentümer eines Unternehmens haben Ziele für das Unternehmen, auch andere Interessengruppen, sowohl im Unternehmen wie auch in seinem Umfeld, tragen ihre Ziele in das Unternehmen hinein.

2.2.2 Außer-ökonomische Ziele

Haben wir oben ökonomische Ziele kennen gelernt, wie sie in erster Linie die Unternehmer bzw. ihre jeweiligen Geschäftspartner vertreten, so müssen wir uns nun bewusst machen, dass ebenso individuelle, soziale und ökologische Ziele vielfältiger Interessengruppen in Unternehmen vorhanden sind: Die Mitarbeiter haben persönliche Ziele für sich als Einzelpersonen sowie soziale Ziele als Gemeinschaft (vielleicht auch ethische, moralische Ziele). Verbraucher tragen von außen Umweltschutz- und andere Ziele an das Unternehmen heran (etwa auch modische und technologische Ansprüche), die z.B. in ökologisch vertretbare Verfahrensabläufe und in Produktgestaltungen einbezogen werden müssen.

BEISPIEL

Im Zusammenhang mit Bestrebungen um den verbesserten Klimaschutz fordern Politiker: „Die Vorstände in den Unternehmen müssen akzeptieren, dass sie nicht nur der Börse, sondern auch dem Gemeinwohl verpflichtet sind."

Solche Ziele sind zwar nicht un-ökonomisch, aber auch nicht „wirtschaftlich" im strengen Sinne. Daher nennen wir sie außer-ökonomisch.

Schließlich können in Unternehmen auch bedeutende politische Interessengruppen aktiv sein und ihre Vorstellungen ins betriebliche Geschehen einbringen. Darüber hinaus werden Unternehmen mitunter selbst zu Instrumenten politischer Ausdrucksweise (z.B. als staatliche Unternehmen mit dem Ziel einer Bedarfsdeckung, die dem Gemeinwohl zugute kommt).

Mögliche Unternehmensziele		
Wirtschaftliche Ziele	**Persönliche und soziale Ziele**	**Ökologische, politische Ziele**
- Gewinn/ Rentabilität - Wachstum - Sicherheit - Unabhängigkeit	- Arbeitsplätze erhalten und schaffen - Mitarbeiterorientierung - Gesellschaftliche Verantwortung	- Umweltschonende Produkte und Produktionsverfahren - Bedarfsdeckung - Beweis von Innovationskraft - Technologische Führerschaft

MERKE

Neben unterschiedlichen ökonomischen Zielen existieren in Unternehmen noch andere Zielarten: persönliche, soziale, ökologische, politische Ziele.

Verschiedene Interessengruppen versuchen, auf die Unternehmensziele und deren Rangfolge Einfluss zu nehmen.

Entweder werden die vielfältigen Interessengruppen in der Frage des Unternehmenszieles bzw. der Zielhierarchie von den Eigentümern vor vollendete Tatsachen gestellt, oder es wird ein Versuch gemeinsamer Zielfindung unternommen. Dies ist zwar ein mühsamer Prozess, aber er bietet die Chance, laufenden Unsicherheiten und einer unterschwelligen Orientierungslosigkeit entgegen zu wirken.

Einer Gemeinschaftsstudie der Online-Jobplattform StepStone und der Personal- & Managementberatung Kienbaum zufolge, kannte 2017 eine von vier Fachkräften in Deutschland die Ziele ihres Unternehmens nicht – und selbst jedem fünften Manager mit Personalverantwortung waren die übergeordneten Firmenziele unbekannt. Dabei wollte die große Mehrheit der Fachkräfte (80 %) wissen, wie sich ihre Arbeit in die Gesamtstrategie ihres Arbeitgebers einfügt. 70 % meinten sogar, dass sie ein klares Verständnis von ihrer Rolle im Unternehmen brauchen, um produktiv zu arbeiten. Im Rahmen der Studie wurden mehr als 14.000 Fach- und Führungskräfte befragt. 85 % der Mitarbeiter gaben an, dass sie am liebsten möglichst selbstbestimmt arbeiten möchten.

Je transparenter die Unternehmensstrategie, desto zufriedener die Mitarbeiter

Die Studienergebnisse zeigten klar einen Zusammenhang zwischen der Jobzufriedenheit und dem Wissen um die Firmenziele. Fachkräfte, denen die übergeordneten Ziele ihres Arbeitgebers bekannt sind, zeigten sich deutlich zufriedener mit ihrer Arbeit als diejenigen, die das große Ganze nicht verstehen. „Die interne Kommunikation ihrer Unternehmensstrategie ist für viele Organisationen eine große Herausforderung. Doch es lohnt sich, Zeit und Mühe zu investieren, um die strategischen Zielsetzungen und deren Bedeutung für die tägliche Arbeit jedes Mitarbeiters offen und verständlich zu vermitteln", sagt Walter Jochmann, Geschäftsführer von Kienbaum. „Mitarbeiter werden motiviert durch eine erfüllende berufliche Tätigkeit und die Wertschätzung des eigenen Beitrags zum Unternehmenserfolg. Sie wollen strategische Weichenstellungen nachvollziehen und deren praktische Umsetzung mitgestalten."

Nur jeder Zweite trifft persönliche Zielvereinbarungen

52 % der befragten Fachkräfte vereinbarten regelmäßig Ziele für ihre Arbeit. Bei zwei Dritteln werden diese Ziele entscheidend vom Vorgesetzten beeinflusst. Bei knapp der Hälfte (45 %) sind die Ziele unbeweglich, d.h. sie können auch bei veränderter Projektlage nicht angepasst werden. „Das ist in vielen Fällen nicht mehr zeitgemäß. Unternehmen müssen heute in der Lage sein, sich schnell und flexibel auf neue Situationen einzustellen und Projekte zu justieren", sagt Dr. Sebastian Dettmers, Geschäftsführer von StepStone. „Unternehmen, die sich agil aufstellen wollen, sollten ihren Mitarbeitern daher auch hinsichtlich persönlicher Zielvereinbarungen mehr Flexibilität erlauben. Sonst werden möglicherweise völlig falsche Anreize gesetzt."

(www.stepstone.de/Ueber-StepStone/press/jeder-vierte-mitarbeiter-kennt-unternehmensziele-nicht/)

2.3 Bildung einer Zielhierarchie

Schwierig ist nicht nur die Abstimmung verschiedener Interessengruppen, schwierig ist auch die Entschärfung von Zielkonflikten bei sich widersprechenden Zielen.

Unternehmerische Ziele können in dreierlei Beziehungen zueinander stehen: **Zielbeziehungen**

a) **Indifferente** Ziele: Diese Ziele können **unabhängig** voneinander verwirklicht werden; die Erreichung eines Zieles stört nicht die Verwirklichung des anderen (z.B. Verminderung der Luftverschmutzung und Flexibilisierung der Arbeitszeit).
b) **Komplementäre** Ziele: Das Erreichen eines Zieles **fördert** gleichzeitig eine Annäherung an ein anderes. Beispielsweise ist ein zunehmender Marktanteil meist förderlich für eine kontinuierliche Produktion.
c) **Konkurrierende** Ziele: Diese Ziele stehen in einem **Konflikt**. Möglicherweise schließen sie sich sogar gegenseitig aus. Das Erreichen eines Zieles geht zu Lasten eines anderen. So steht die Erzielung eines größtmöglichen Gewinns erst einmal in einem direkten Gegensatz zu einer größtmöglichen Sicherheit. In der Regel erfordern höhere Gewinne auch größere unternehmerische Risiken.

Die Kunst der Unternehmensführung besteht nun darin, die vielfältigen Ziele im Unternehmen in eine logische Rangordnung zu bringen. Bei einigen Zielen, die sich kurzfristig widersprechen, mag es durchaus so sein, dass sich der Gegensatz in der langfristigen Betrachtung auflöst: So schaden etwa Fortbildungsmaßnahmen in der Regel nur auf kurze Sicht dem Gewinnziel.

Welches Ziel auch immer das Oberziel des Unternehmens sein mag – Rentabilität, Sicherheit, Wachstum – weitere Ziele haben sich diesem unterzuordnen. Denn nur so können Kräfte gebündelt werden, anstatt in verschiedene Richtungen zu streben. **Ein** Ziel muss das führende sein, das Oberziel. Die übrigen sind folglich Unterziele oder Maßnahmen zu seiner Verwirklichung. So muss für jedes Unternehmen auf einem mehr oder minder demokratischen Weg eine ihm eigene Zielhierarchie oder Präferenzordnung gefunden werden, wenn eine klare Zielverfolgung im Hinblick auf das Oberziel gegeben sein soll. Im Idealfall sollte diese Zielstruktur den Mitarbeitern nicht nur bekannt sein, sondern auch von ihnen mitgetragen werden. **Zielhierarchie**

MERKE

Die Ziele eines Unternehmens unterliegen einer Zielhierarchie.

Verschiedenste Maßnahmen und Unterziele müssen sich in sinnvoller Rangordnung dem obersten Ziel unterordnen, um Reibungsverluste und Kräfteverschleiß zu vermeiden.

TIPP

Tipp für die Praxis

Stellen Sie fest, ob bzw. woran sich in Ihrem Unternehmen die Ziele erkennen lassen. Gibt es „Visionen", „Leitsätze", Bekenntnisse oder auch nur Konventionen, welche die Ziele in Ihrem Unternehmen finden und spürbar werden lassen? Sind in Ihrem Unternehmen Tendenzen ersichtlich, die auf andere Ziele als Gewinn und Rentabilität hindeuten? Gibt es Richtlinien für zielgerichtetes Handeln? Passen Argumente des Betriebsrats zur Logik der unternehmerischen Zielhierarchie (kurzfristig/langfristig)? Lassen sich Widersprüche vielleicht in einer langfristigen Betrachtung auflösen?

Entscheidend für den Betriebsrat wird sein, ob er Forderungen, die an die Geschäftsführung herangetragen werden sollen, in einen logischen Zusammenhang zu den Unternehmenszielen stellen kann. Passt die Erfüllung von Wünschen der Mitarbeiter zumindest langfristig in die Zielhierarchie? Solange hier nur Gegensätze auf der Hand liegen (höhere Personalkosten schmälern jedenfalls kurzfristig den Gewinn), wird die Geschäftsführung deren Realisierung zu vermeiden suchen. Wenn es aber gelingt, eine stimmige Argumentationskette zu finden, welche auch die Anliegen des Unternehmers offenkundig unterstützt, dann sollten gewünschte Veränderungen auf geringere Widerstände treffen:

Sog. „unproduktive Zeit", die für Schulungsmaßnahmen oder auch nur für klärende Aussprachen und Abstimmungen „verloren geht", mag später, wenn dadurch Reibungsverluste entfallen, leicht ausgeglichen werden und sogar nachhaltig zu verbesserten Abläufen führen.

Im Übrigen: „Ein respektvoller Umgang mit den Mitarbeitern schädigt in keinem Fall das Gewinnziel!"

GmbH, Limited & Co: Rechtsformen in Deutschland

3

Die Frage nach der Rechtsform des Unternehmens (auch Gesellschaftsform, zuweilen schlicht Unternehmensform genannt) ist äußerlich eine Frage des Namens: Wie heißt unsere Gesellschaft mit vollständigem Namen? Ist es eine Hochsee KG oder eine Hochsee GmbH, vielleicht eine Hochsee AG? Hinter einer derartigen Bezeichnung verbergen sich gleichzeitig auch bestimmte Inhalte: Wer ist Eigentümer? Wer trifft wesentliche Entscheidungen im Unternehmen? Wer schließt Verträge mit Dritten? Wer haftet für Verluste? Welche Daten und Fakten sind zu veröffentlichen? Welche Steuern sind zu zahlen?

Wir wollen uns hier auf privat-rechtliche Formen von Erwerbsunternehmen beschränken (d. h. keine öffentlich-rechtlichen Stiftungen, Anstalten des öffentlichen Rechts usw.). Nach einer kurzen **Übersicht** werden zunächst die **Merkmale** aufgezeigt, in denen sich die Rechtsformen am klarsten voneinander unterscheiden. Sie sind mit Eigenschaften vergleichbar: Wir beschreiben etwa Menschen durch die Angabe von Größe, Augenfarbe, Alter, Gewicht. Wie jede dieser Eigenschaften wiederum verschiedene Ausprägungen hat (klein, mittel, groß; blau, grün oder braun; alt oder jung; schwer oder leicht), so sind auch jedem Merkmal einer Rechtsform (etwa Zahl der Eigentümer) unterschiedliche Ausprägungen zugeordnet (z.B. einer, mehrere, viele). Dieses Kapitel zeigt also in einem ersten Schritt die typischsten Merkmale und ihre Ausprägungen auf („Unterscheidungsmerkmale").

Erst anschließend werden dann die möglichen **Rechtsformen** selbst nacheinander vorgestellt. Im angesprochenen Vergleich mit Menschen würden wir letztere „Typen" oder „Charaktere" nennen (der Sportler, der Mutige, der Reservierte, der Schwerfällige usw.). Jeder Rechtsform sind bestimmte Merkmals-Ausprägungen zugeordnet. Neben eindeutigen Formen wie dem Einzel-Unternehmer sowie Personen- und Kapitalgesellschaften (OHG, KG, GmbH, AG) finden auch „Zwitter" Erläuterung (sie verbinden Merkmale von Personen- und Kapitalgesellschaften, wie die GmbH & Co. KG). Außerdem sollen neuere Formen, beispielsweise die „Ltd.", angesprochen werden.

Eines sei allerdings vorab geklärt: So, wie es den „idealen Typen fürs Leben" nicht gibt, so gibt es auch nicht „die richtige" Rechtsform. Keine der folgenden Rechtsformen hat ausschließlich Vorteile. Wir werden uns also als Unternehmer entscheiden müssen: Welche Vorzüge sind uns bei einer bestimmten Merkmals-Ausprägung am wichtigsten (z.B. Haftungsbeschränkung) und welche Nachteile können bzw. müssen wir zu ihren Gunsten in einer anderen Merkmals-Ausprägung hinnehmen (z.B. Veröffentlichung des Jahresabschlusses).

3.1 Privat-Rechtsformen nach deutschem Recht

Die typischen Rechtsformen privater Erwerbsunternehmen nach aktuellem **deutschem Recht** zeigt folgende Übersicht:

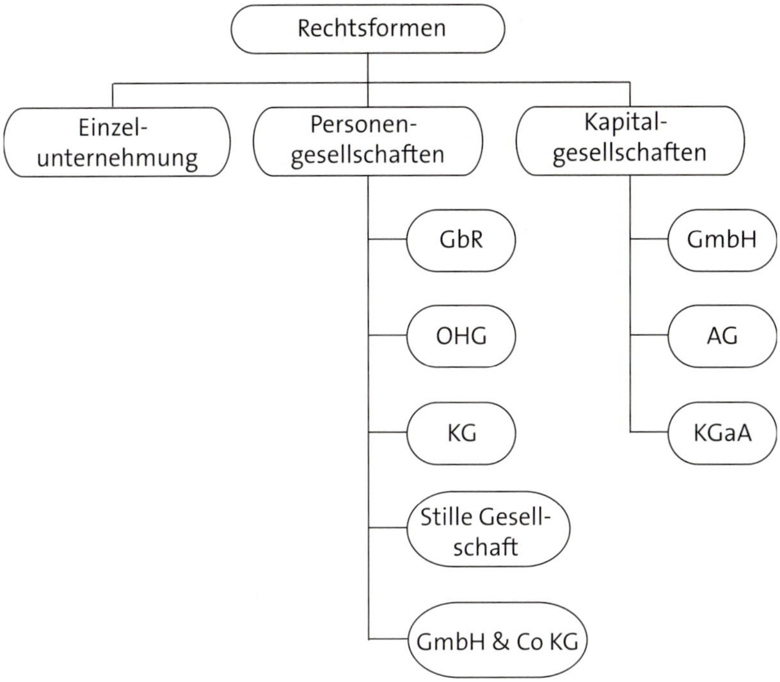

Abbildung: Typische deutsche Rechtsformen privater Erwerbsunternehmen

Hierzu gesellen sich weitere Rechtsformen, die entweder **aus dem europäischen Ausland** zu uns gelangten oder **auf internationaler Ebene** eingeführt wurden. Diejenigen, die auch bei uns bereits zunehmend Verwendung finden, werden wir im Anschluss an die in der Abbildung gezeigten deutschen Rechtsformen behandeln.

3.2 Unterscheidungsmerkmale

Die folgenden „Unterscheidungsmerkmale“, auch Rechtsform-**Kriterien** genannt, finden sich, wie soeben angesprochen, in den anschließend aufgezeigten Rechtsformen quasi als deren **Eigenschaften** wieder.

BEISPIEL

Welche **Ausstattung mit Eigenkapital** verlangt die OHG (Offene Handelsgesellschaft) im Unterschied zur AG (Aktiengesellschaft)? Gibt es Mindesterfordernisse oder hat der Gründer hier freie Hand?

Wer **führt die Geschäfte** bei der KG (Kommanditgesellschaft)? Sind alle Gesellschafter gleichberechtigt?

Wie ist die **Haftung** bei der GmbH (Gesellschaft mit beschränkter Haftung) geregelt, und wie ist dies vergleichsweise bei der OHG?

3.2.1 Eigenkapital-Ausstattung

Eigenkapital

Zum einen gibt es Rechtsformen, die eine Mindestausstattung als finanzielle Basis verlangen (etwa die GmbH), zum anderen solche, bei denen es keine Rolle spielt, ob bei der Gründung der Gesellschaft viel oder wenig Kapital vorhanden ist (z.B. bei der OHG).

Gesellschafter

Die Eigentümer werden auch als „Gesellschafter" bezeichnet. Sie haben das Eigenkapital zur Ausstattung der Gesellschaft mit finanziellen Mitteln oder zum Teil mit Sachmitteln zur Verfügung gestellt.

MERKE

Die „Gesellschafter" sind die Eigentümer eines Unternehmens.

3.2.2 Geschäftsführungsbefugnis und Vertretungsmacht

Nach dem Gesetz unterscheidet man bei Gesellschaften ein **Innenverhältnis** und ein **Außenverhältnis.** Das Innenverhältnis regelt die Rechtsverhältnisse der Gesellschafter untereinander – man könnte es auch so ausdrücken: Wer hat das Sagen am runden Tisch? Das Außenverhältnis betrifft das Verhältnis zu Dritten, beispielsweise das Verhandeln mit Geschäftspartnern, und ebenso sind entsprechende Vertragsabschlüsse Gegenstand des Außenverhältnisses.

Die Befugnis zur **Geschäftsführung** (Innenverhältnis) hat die Unternehmensleitung, die aus einer oder mehreren Personen bestehen kann. Die Geschäfte zu führen bedeutet, **wesentliche Entscheidungen zu treffen.** Wer führt die Geschäfte der Gesellschaft, das bedeutet: Wer darf bestimmen?

Geschäftsführung

BEISPIEL

Die Gesellschafter einer OHG sind laut Handelsgesetzbuch (HGB) „zur Führung der Geschäfte berechtigt und verpflichtet". Die Geschäftsführung erfordert Entscheidungen wie: Welche Maßnahme ist zu treffen? Wie viel darf eine bestimmte Maßnahme kosten? Soll eine neue Immobilie erworben, eine Anlage erneuert, der Personalstand verändert werden?

Einzel- oder Gesamtgeschäftsführung

Ist eine einzelne Person zur Geschäftsführung berechtigt, so spricht der Jurist von der Befugnis zur Einzelgeschäftsführung. Alternativ dazu könnte beispielsweise festgelegt sein, dass mehrere Eigentümer nur gemeinsam Entscheidungen treffen dürfen (d. h. Gesamtgeschäftsführung).

Vertretung

Demgegenüber heißt **Vertretungsmacht** (Außenverhältnis), dass jemand **berechtigt ist, die Gesellschaft rechtlich nach außen hin zu repräsentieren,** also Verträge mit Außenstehenden zu schließen. Wer vertritt die Gesellschaft, das bedeutet: Wer unterzeichnet Kauf- und andere Verträge?

BEISPIEL

Die Vertretungsmacht besagt: In welchem Umfang darf jemand Verträge mit Kunden, mit Lieferanten, mit Immobilienmaklern abschließen? Darf er Arbeitsverträge unterzeichnen? Wer ist befugt, Kreditvereinbarungen mit Banken und anderen Geldgebern zu treffen?

Einzelvertretung oder Gesamtvertretung

Analog zur Einzelgeschäftsführung gibt es auch die Einzelvertretung. Alternativ kann – analog der Entscheidung zur Gesamtgeschäftsführung – nach außen hin die Gesamtvertretung gewählt werden. Beide Entscheidungen sind voneinander unabhängig.

Verhältnis Eigentümer und Geschäftsführer

Wie wir bald sehen werden, müssen die Geschäftsführer bzw. Vertreter eines Unternehmens nicht zwangsläufig auch dessen Eigentümer sein. Die Gesellschafter (= Eigentümer, siehe oben) können nämlich unter Umständen die Leitung des Unternehmens aus der Hand geben und (gegen entsprechende Entlohnung) anderen Personen übertragen. Diejenigen, die diese verantwortungsvolle Aufgabe dann übernehmen, sind die Geschäftsführer und damit bei Kapitalgesellschaften gleichzeitig die Vertreter des Unternehmens (oder genauer: der Gesellschaft). Wir wollen darauf später bei den Rechtsformen noch einmal zurückkommen. Vorerst ist für uns wichtig zu erkennen, dass ein Geschäftsführer nicht Eigentümer sein muss. Dem Kapitän muss das Schiff nicht gehören! Der Reeder ist Schifffahrtsunternehmer, er muss aber nicht zwingend auch selbst seine Schiffe steuern.

MERKE

Die Geschäftsführer und Vertreter einer Gesellschaft müssen nicht zwingend Gesellschafter sein.

Bei Personengesellschaften (OHG und KG) sind die persönlich haftenden Gesellschafter auch Geschäftsführer und Vertreter des Unternehmens, bei Kapitalgesellschaften werden solche „geschäftsführenden Organe" eigens hierfür bestellt, ohne dass sie Gesellschafter sein müssen.

3.2.3 Haftung

Wer haftet, muss **für die Schulden** (Verbindlichkeiten) des Unternehmens **aufkommen!**

BEISPIEL

Mehrere Gesellschafter gründen gemeinsam ein Handelsunternehmen. Nach kurzer Zeit schon zeigt sich, dass das vorgesehene Kapital nicht ausreicht, um die anstehenden Rechnungen bezahlen zu können. Die Schulden sind höher als das verfügbare Kapital der Gesellschaft. Muss jemand Geld „nachschießen"?

Haftung beschränkt oder unbeschränkt

Spannend ist die Frage, wer und bis zu welcher Höhe jemand in Anspruch genommen werden kann. Wenn die Haftung **begrenzt ist auf einen bestimmten Betrag,** dann handelt es sich um eine **„beschränkte"** Haftung, ansonsten spricht man von **„unbeschränkter"** Haftung.

Die Haftung kann nicht nur von den eigenen, unmittelbar am Kapital beteiligten Gesellschaftern übernommen werden, sondern auch von Dritten, etwa von anderen Personen oder Unternehmen. Dies kann in Form von Bürgschaften oder anderen Sicherheiten erfolgen, z.B. durch das Überlassen von Pfandrechten oder sonstigen Rechten.

BEISPIEL

Gesellschafter einer OHG haften mit ihrem privaten Vermögen für Schulden des Unternehmens, GmbH-Gesellschafter nicht: Sie haften nur mit dem Betrag, den sie dem Unternehmen als „Kapitaleinlage" zur Verfügung gestellt haben.

MERKE

Beschränkte Haftung bedeutet, dass der mögliche Verlust auf die geleistete Kapitaleinlage begrenzt ist. Unbeschränkte Haftung heißt dagegen, dass sich der mögliche Verlust eines Gesellschafters auch auf dessen Privatvermögen erstrecken kann.

3.2.4 Verteilung von Gewinn und Verlust

Verteilung von Gewinn und Verlust

Bei mehreren Beteiligten muss ein Schlüssel gefunden werden, nach dem errechnet oder festgelegt werden kann, in welchem Maß der einzelne jährlich am Gewinn beteiligt ist oder einen Verlust mittragen muss. Auf einen solchen Verteilungsschlüssel einigen sich entweder die Gesellschafter untereinander und halten ihn vertraglich fest (sie schließen hierfür einen Gesellschafts- oder Gesellschafter-Vertrag), oder sie wenden mangels eigener Vereinbarung die zutreffenden Regelungen aus dem Gesetz an.

BEISPIEL

Gibt es keine Regelung in einem Gesellschaftsvertrag, so erhält ein OHG-Gesellschafter seine Einlage mit 4 % verzinst, sofern der Gewinn hierfür ausreicht, sonst niedriger. (Genaueres siehe unten bei der OHG.)

MERKE

Die Beteiligung am Gewinn ist üblicherweise eine bestimmte Verzinsung des eingesetzten Kapitals, d. h. des Kapitals, welches der einzelne Gesellschafter in die Gesellschaft eingebracht hat. Es kann sich um eine im Vorhinein festgelegte (gesetzliche) oder gemeinschaftlich vereinbarte (vertragliche) Verzinsung handeln.

Die Höhe des möglichen Verlustes bestimmt sich nach der (beschränkten oder unbeschränkten) Haftung des einzelnen Gesellschafters.

3.2.5 Offenlegung

Offenlegung

Die Verpflichtung zur Offenlegung (= Veröffentlichung) bedeutet, dass Außenstehende ein Recht darauf haben, den Jahresabschluss eines Unternehmens sehen zu dürfen. Interessierte Leser können dann den Gewinn oder Verlust eines Geschäftsjahres ersehen und einen Überblick über Vermögen und Schulden dessen, der offenlegen muss, erhalten.

§ Einzelunternehmer und Personengesellschaften sind in der Regel **nicht** zur Veröffentlichung ihres Jahresabschlusses verpflichtet, außer es handelt sich um ein sehr großes Unternehmen. Dann greift das Publizitätsgesetz (Gesetz über die Rechnungslegung von bestimmten Unternehmen und Konzernen, kurz PublG): Wenn für drei Geschäftsjahre in Folge zwei der drei nachfolgenden Merkmale zutreffen, dann ist das Unternehmen zur Offenlegung verpflichtet (§ 9 PublG):

- durchschnittlich über 5.000 Arbeitnehmer,
- Umsatzerlöse über 130 Millionen Euro,
- über 65 Millionen Euro Bilanzsumme (§ 1 Abs. 1 PublG).

§ Anders bei den **Kapitalgesellschaften und haftungsbeschränkten Rechtsformen** (zu den haftungsbeschränkten Formen – grundsätzlich die Kapitalgesellschaften, teilweise die GmbH & Co. KG – siehe weiter unten): Jahres- und ggf. Konzernabschlüsse sind **ausnahmslos elektronisch beim Bundesanzeiger** einzureichen und dort vollständig bekannt machen zu lassen (www.bundesanzeiger.de; § 325 Abs. 1 HGB). Normalerweise geschieht dies innerhalb eines Jahres nach Geschäftsjahresende.

Bundesanzeiger Das entsprechende „Gesetz über elektronische Handelsregister und Genossenschaftsregister sowie das Unternehmensregister" (EHUG) trat 2007 in Kraft. Es hat den Zugang zu Jahresabschlüssen in der Bundesrepublik erheblich vorangebracht und für mehr Markttransparenz gesorgt. Angeblich liegt die Offenlegungsquote im Bundesanzeiger heute bei etwa 90 % (vorher: 10 %). Allerdings sollte hierbei nicht verschwiegen werden, dass sich immer mehr Gesellschaften von der Offenlegung ihres Einzelabschlusses befreien und nur einen Konzernabschluss veröffentlichen.

Handelsregister Das Handelsregister (www.handelsregister.de) dient wie der Bundesanzeiger der Unterrichtung der Öffentlichkeit. Es wird beim Amtsgericht geführt und verzeichnet alle Unternehmen, die am betreffenden Ort ihren Sitz haben. Die dort hinterlegten Informationen sind jedermann zugänglich. Beispielsweise ist hier der Firmenname einzutragen, die Rechtsform, der Geschäftszweck, wer Gesellschafter ist usw.

Unternehmensregister Über die gemeinsame Plattform „Unternehmensregister" (www.unternehmensregister.de) sind sowohl die Handelsregister-Daten als auch die eingereichten Jahresabschlüsse für die Allgemeinheit einsehbar und abrufbar. Träger des Unternehmensregisters ist die Bundesanzeiger Verlagsgesellschaft, der diese Aufgabe vom Bundesjustizministerium übertragen wurde. Der Betreiber des Bundesanzeigers gleicht die bei ihm eingereichten Jahresabschlüsse mit den Unternehmensdaten aus den Handelsregistern ab.

MERKE

Die Handelsregister-Daten zeigen die Rechtsform der Gesellschaft. Handelt es sich um eine haftungsbeschränkte Form, so muss innerhalb eines Jahres nach Geschäftsjahresende ein Jahresabschluss an den elektronischen Bundesanzeiger übermittelt sein.

Ordnungsgeld-Androhung

Nicht oder nur unvollständig offenlegende Unternehmen werden dem Bundesamt für Justiz in Bonn gemeldet, das ein Ordnungsgeld zwischen 2.500 Euro und 25.000 Euro androht. Binnen sechs Wochen muss der gesetzlichen Pflicht entsprochen werden, sonst wird das Ordnungsgeld festgesetzt sowie die Verfügung unter erneuter Androhung wiederholt usw. In den vergangenen zehn Jahren hat das Bundesamt für Justiz rund 1,9 Millionen Verfahren eingeleitet. Rund zwei Drittel konnten durch die sechswöchige Nachfrist beendet werden.

BEISPIEL

Beim „ASB Autohaus“ in Berlin handelt es sich um eine GmbH und damit um eine Kapitalgesellschaft. Der Jahresabschluss zum 31. Dezember 2017 ist im Bundesanzeiger einzusehen. Mit Sitz in Berlin ist das zuständige Handelsregister im Amtsgericht in Charlottenburg angesiedelt, und die näheren Daten (Geschäftszweck, Rechtsform, Gesellschafter usw.) sind dort unter HRB 34525 zu finden bzw. im Internet abzurufen.

MERKE

Alle Kaufleute (genauer sog. Vollkaufleute, die nicht nur ein Büro, sondern einen „in kaufmännischer Weise eingerichteten Geschäftsbetrieb“ führen, so steht es im Handelsgesetzbuch, und zu ihnen zählen auch die Handelsgesellschaften, also OHG, KG, GmbH usw.) müssen sich im Handelsregister eintragen lassen und damit bestimmte Informationen über ihre Gesellschaft jedermann zugänglich machen.

Jahresabschlüsse bzw. Konzernabschlüsse von Kapitalgesellschaften sind vollständig im Bundesanzeiger bekannt zu machen.

3.2.6 Kreditwürdigkeit

Kreditwürdigkeit

Mit der Prüfung der Kreditwürdigkeit will ein Kreditinstitut oder ein anderer externer Geldgeber feststellen, ob der Kreditnehmer vertrauenswürdig ist.

Vermögens-Situation

Zum einen ist die Kreditwürdigkeit eine Frage der wirtschaftlichen Situation des Kreditnehmers. Locker formuliert: Je mehr Vermögen bereits vorhanden ist, desto leichter ist ein Kredit erhältlich.

Verbindung mit der Haftungsbereitschaft

Zum anderen ist sie aber auch abhängig von der Frage, wer und inwieweit jemand zur Haftung herangezogen werden kann. Insofern ist die Frage der Kreditwürdigkeit eng mit der Frage der Haftung verknüpft: Eine Gesellschaft, bei der jemand (juristisch korrekt: eine natürliche Person) unbeschränkt persönlich haftet (Personengesellschaft) ist vertrauenswürdiger als eine haftungsbeschränkte Gesellschaft (Kapitalgesellschaft).

BEISPIEL

Einem OHG-Gesellschafter, der mit seinem gesamten privaten Vermögen zur Haftung herangezogen werden kann, wird die Hausbank auch bei einem überschaubaren privaten Vermögen eher Kredit gewähren als einer GmbH mit 25.000 Euro Haftungssumme.

MERKE

Kapitalgesellschaften gelten im Allgemeinen als weniger kreditwürdig als Personengesellschaften.

3.2.7 Besteuerung

Steuern

In Abhängigkeit von der Rechtsform der Gesellschaft fallen unterschiedliche Steuern an: Zum Beispiel stets Gewerbesteuer (ca. 15 %, je nach Gemeinde zwischen 7 % und 17 %), für Kapitalgesellschaften zusätzlich die Körperschaftsteuer (derzeit 15 % plus Solidaritätszuschlag 5,5 %), für alle Personengesellschaften Einkommensteuer der Gesellschafter.

MERKE

Die Körperschaftsteuer trifft nur Kapitalgesellschaften.

3.2.8 Aufsichtsrat

Für Aktiengesellschaften ist ein Aufsichtsrat dem Gesetz nach zwingend vorgeschrieben (genauer § 95 ff. AktG). GmbHs können im Gesellschaftsvertrag die Bildung vorsehen (§ 52 GmbHG), Personengesellschaften (OHG, KG) brauchen ihn grundsätzlich nicht zu bilden. **Aufsichtsrat**

Wesentliche Rechtsnormen für die **Mitbestimmung von Arbeitnehmern** im Aufsichtsrat finden wir im Gesetz über die Drittelbeteiligung der Arbeitnehmer im Aufsichtsrat (Drittelbeteiligungsgesetz, kurz DrittelbG) und im Gesetz über die Mitbestimmung der Arbeitnehmer (Mitbestimmungsgesetz, MitbestG), soweit zutreffend auch im Montan-Mitbestimmungsgesetz und dem Montan-Mitbestimmungs-Ergänzungsgesetz. **§**

Für Kapitalgesellschaften (GmbH, AG, KGaA, außerdem für Genossenschaften) mit mehr als 500 Arbeitnehmern ist stets ein Aufsichtsrat zu bilden (bis 500 Arbeitnehmer nur bei der AG, siehe oben). Bei Überschreitung dieser Arbeitnehmerzahl gilt das DrittelbG: Nach diesem besteht ein Drittel der Aufsichtsratsmitglieder aus Arbeitnehmervertretern. Bei mehr als 2.000 Arbeitnehmern greift das MitbestG: Damit wird der Aufsichtsrat paritätisch besetzt, d. h. die Hälfte der Mitglieder besteht aus Arbeitnehmervertretern, die von der Belegschaft gewählt werden. **Arbeitnehmer-Mitbestimmung im Aufsichtsrat**

MERKE

In Kapitalgesellschaften mit mehr als 500 Arbeitnehmern sind Arbeitnehmervertreter im Aufsichtsrat zu beteiligen. Ihr Anteil beträgt ein Drittel der Mitglieder, bei mehr als 2.000 Arbeitnehmern die Hälfte.

3.3 Einzelunternehmer

Nehmen wir an, wir lassen uns auf eigene Rechnung eine Yacht anfertigen und segeln selbst. Wir sind demnach Eigentümer unseres Schiffes, haben darin mehr oder minder unser Privatvermögen eingebracht und sind der „Herr im Haus“. **Einzelunternehmer**

Logischerweise sind wir unabhängig in unseren Entscheidungen, flexibel und risikobereit. Letzteres müssen wir sein, weil wir für etwaige Schäden und Verluste selbst verantwortlich sind und sie alleine zu tragen haben. **Unabhängigkeit, Flexibilität**

Gegen äußere Schäden können wir uns zwar durch verschiedenste Versicherungen schützen, gegen geschäftliche Verluste aber nicht. Weil wir „Einzel-Unternehmer" (oder „Einzel-Kaufmann") sind, segeln wir nicht nur zum Vergnügen, wir tätigen auch Geschäfte: Entweder verkaufen wir Fische von unserem letzten Fang, oder wir nehmen gegen Bezahlung Passagiere mit an Bord. Der Betrag, den wir für die Ware oder die Dienstleistung einnehmen, ist unser Umsatz. Allerdings sind Treibstoff- und Wartungskosten, wahrscheinlich auch monatliche Raten für einen Liegeplatz und Reparaturen für unsere Yacht zu bestreiten. Diese Kosten mindern unseren verbleibenden Gewinn.

Haftung persönlich und unbeschränkt

Bei einem unglücklichen Verlauf unserer geschäftlichen Tätigkeit deckt der Umsatz unsere Kosten nicht und wir erleiden Verlust. Ob dieser nun aufgrund „schlechter" Geschäfte zustande kommt oder wegen eigener Trunkenheit, Arglosigkeit, Unzuverlässigkeit oder schlichtem Missgeschick selbst verschuldet ist, wir haften in jedem Fall alleine und in voller Höhe, d. h. auch mit unserem Privatvermögen und ohne Einschränkung. Der Fortbestand unseres Unternehmens hängt damit im Krisenfall nicht nur von der geschäftlichen, sondern auch von unserer privaten finanziellen Situation ab.

Steuer, Gewerbesteuer, Einkommensteuer

Sofern unsere unternehmerische Tätigkeit Gewinn abwirft, ist dieser die Entlohnung für unsere Risikobereitschaft als Unternehmer; er ist unser Einkommen. Nach Abzug der darauf zu entrichtenden Einkommensteuer – und soweit wir nicht nur freiberuflich tätig sind, betreiben wir ein Gewerbe, d. h. wir handeln oder verarbeiten etwas, dann trifft uns auch Gewerbesteuer – steht er uns als einzigem Eigentümer alleine zu.

Von den ca. 3,5 Millionen Unternehmen in Deutschland sind etwa 2,2 Millionen Einzelunternehmen. Vor allem im Handel und Gastgewerbe dominiert diese Rechtsform.

MERKE

Der Einzelunternehmer führt sein Unternehmen alleine und **eigenverantwortlich.** Er ist flexibel in seinen Entscheidungen, sein Gewinn steht ihm alleine zu. Sofern er Verluste erleidet, haftet er für diese **persönlich** und **unbeschränkt.**

3.4 Personengesellschaften

3.4.1 Gesellschaft bürgerlichen Rechts

Gebräuchliche Abkürzungen für die **G**esellschaft **b**ürgerlichen **R**echts sind: GbR oder BGB-Gesellschaft.

Ihre rechtliche Grundlage findet sich im BGB, dem Bürgerlichen Gesetzbuch (§§ 705 ff. BGB). §

Gesellschaft bürgerlichen Rechts

Ähnlich wie beim Einzel-Unternehmer ist die Lage, wenn wir mehrere Freunde sind, die sich zu einem bestimmten Zweck verbünden. Armin, Bärbel und Christoph bringen beispielsweise je 50.000 Euro ein und kaufen sich davon gemeinsam ein Schiff, um in den kommenden Urlaubswochen ebenfalls gemeinsam einem Geschäftszweck nachzugehen: Fischfang sowie gelegentliche Rundfahrten für zahlende Gäste.

Gesamtgeschäftsführung und -vertretung

Wir haben nun mehrere Gesellschafter (das sind, wie oben erwähnt, die Eigentümer), die in ihren Rechten und Pflichten wie Einzel-Unternehmer zu betrachten sind. Allerdings führen sie die Geschäfte gemeinsam und müssen beim Abschluss von Verträgen mit Außenstehenden alle zustimmen.

Haftung unbeschränkt, unmittelbar, gesamtschuldnerisch

Sie haften nun nicht nur jeweils für sich, sondern gleichermaßen füreinander: unbeschränkt, unmittelbar und gesamtschuldnerisch, so nennt es der Jurist. Sollte sich Armin beispielsweise entschließen, einem gemeinsamen Wunsch entsprechend eine Räucherkammer zu kaufen, so schuldet nicht nur er den Rechnungsbetrag, sondern die entstandene Forderung kann an Bärbel oder Christoph ebenso herangetragen werden: Der Gläubiger (das ist der Verkäufer der Räucherkammer, also derjenige, bei dem die Schuld besteht und der, weil er „Gläubiger“ ist, noch an die Zahlung glaubt), kann sich **direkt an jedes Mitglied** unserer Gruppe wenden (d. h. unmittelbar). Er muss weder beachten, wer von den dreien welchen Betrag zum gemeinsamen Kapital beigetragen hat, noch wie viel das Schiff und seine Ausstattung noch wert sind. Und nicht nur Armin, sondern auch Bärbel und Christoph haften mit ihrem Privatvermögen für die Bezahlung der Forderung (d. h. unbeschränkt). Gesamtschuldnerisch bedeutet: **Jeder** steht **auch für den anderen ein.**

Verteilung von Gewinn und Verlust

Ob Gewinne oder Verluste erwirtschaftet werden: Sie sind unter den Gesellschaftern (je nach Absprache untereinander) aufzuteilen.

BEISPIEL

Eine BGB-Gesellschaft ist schnell und formlos gegründet: Ob als Tipp- oder Fahrgemeinschaft, bei der Hotelreservierung, beim gemeinsamen Ausflug, beim Kegel- oder Tanzabend oder für sonstige Aktionen in der Gruppe.

Einfache Gründung, einfache Auflösung

Neben den finanziellen Risiken, welche die Gesellschaft bürgerlichen Rechts für Privatpersonen birgt, bietet sie doch auch Vorteile: Sie ist formlos zu gründen, demnach schnell und flexibel, und ebenso schnell auch wieder aufzulösen.

Kein Mindestkapital, gemeinsame Finanzkraft

Sie verlangt einerseits kein Mindestkapital zur Beteiligung, bietet aber andererseits die Möglichkeit, kurzfristig Kapital für einen gemeinsamen Zweck aufbringen zu können, den einer alleine nicht finanzieren könnte.

MERKE

In der BGB-Gesellschaft vereinigen sich mehrere Personen zur Erreichung eines gemeinsamen Zwecks (vorübergehend oder dauerhaft). Das Eigenkapital wird von den Gesellschaftern aufgebracht, die für Verluste persönlich und unbeschränkt haften.

BEISPIEL

Die Gesellschaft bürgerlichen Rechts hat auf wirtschaftlichem Gebiet vor allem bei Großaufträgen wie etwa beim Brücken- oder Großanlagenbau Bedeutung, wenn die Durchführung für einen einzelnen Unternehmer nicht möglich wäre. Die Zusammenarbeit an einem Projekt wird als Arbeitsgemeinschaft (ARGE) bezeichnet.

Außerdem bietet diese Rechtsform auch freien Berufen (Rechtsanwälten, Ärzten), die keine Kaufleute sind, die Möglichkeit, sich zu einer Gesellschaft zusammenzuschließen.

3.4.2 Offene Handelsgesellschaft (OHG)

Offene Handelsgesellschaft

Unsere drei Gesellschafter haben sich nun entschlossen, ihre unternehmerische Tätigkeit weiterzuführen und **auf Dauer** anzulegen. Wenn der Umfang der unternehmerischen Tätigkeit einen **„in kaufmännischer Weise eingerichteten Geschäftsbetrieb“** erfordert (so das Gesetz in § 1 Abs. 2 HGB; etwa einen Verkaufsraum oder eine Kasse), betreiben sie nun ein **Handelsgewerbe** und brauchen hierfür eine entsprechende Rechtsform, wie sie im HGB, dem Handelsgesetzbuch, zu finden ist.

Die OHG ist gesetzlich geregelt in den §§ 105 bis 116 HGB.

§

Wie vorher bei der BGB-Gesellschaft führen die Gesellschafter (Eigentümer) gemeinsam die Geschäfte. Das Handelsgesetzbuch erklärt jeden Gesellschafter zur Geschäftsführung „berechtigt und verpflichtet" (§ 114 HGB). Es ist eine hervorstechende Eigenschaft der Personengesellschaft, dass sie (worauf der Name auch hinweist) auf der **persönlichen Verbundenheit** der Gesellschafter untereinander fußt.

Handelsgewerbe, mehrere Gesellschafter

Über ein Mindestkapital trifft das Handelsgesetzbuch keine Aussage, deshalb kann die OHG mit jedem beliebigen Startkapital gegründet werden.

Keine Vorschrift über Mindestkapital

Im Unterschied zur GbR besteht nun Einzelgeschäftsführungsbefugnis. Im üblichen Geschäftsbetrieb kann also jeder Gesellschafter alleine Entscheidungen treffen, um die Geschäfte zu führen. Damit ist es möglich, bestimmte Zuständigkeiten für einzelne Teilgebiete im Unternehmen festzulegen.

Einzelgeschäftsführungsbefugnis

BEISPIEL

Wer besorgt die Einkäufe? Wer kümmert sich um die Betreuung der Kunden? Wer übernimmt die Verantwortung in Personalfragen? Die Verantwortlichkeiten können aufgeteilt werden: Ein Geschäftsführer kann z.B. in Beschaffungsfragen, ein anderer in Absatzfragen, ein dritter für das Personal zuständig sein.

Nur bei außergewöhnlichen Handlungen, z.B. beim Kauf oder Verkauf ganzer Grundstücke oder etwa, wenn in unserem Beispiel unser Schiff, das derzeit unser **wesentliches Produktionsmittel** darstellt, verkauft werden sollte, müssen die drei Gesellschafter gemeinsam entscheiden (§ 116 HGB).

Vertraglich ist es möglich, dass ein oder mehrere Gesellschafter von der Geschäftsführung ausgeschlossen werden und zwar durch einen sog. Gesellschaftsvertrag, den die Gesellschafter miteinander schließen. Der Gesellschaftsvertrag steht dann über der gesetzlichen Regelung im HGB. Denn diese hat nur Ergänzungscharakter, trifft also Regelungen für den Fall, dass der Gesellschaftsvertrag dies unterlässt (laut § 109 HGB).

BEISPIEL

Armin und Bärbel könnten sich demnach mit Christoph darauf verständigen, dass sich letzterer nicht an der Geschäftsführung beteiligt. Dies könnte beispielsweise so vorgesehen sein, um Entscheidungen zu beschleunigen, oder weil er keinen Wert darauf legt, etwa in Fragen der Entlohnung des Personals eingebunden zu werden. Was seine Haftung betrifft (siehe unten), so bleibt diese davon unberührt.

Einzelvertretungsmacht

Auch im Außenverhältnis kann jeder Gesellschafter der OHG alleine Geschäfte abschließen. Hier besteht also normalerweise Einzelvertretungsmacht (§ 125 HGB). Der Gesellschaftsvertrag kann allerdings auch gemeinschaftliche oder Gesamtvertretung vorschreiben.

Sollten sich die Gesellschafter darauf geeinigt haben, dass einer von ihnen von der Vertretung ausgeschlossen werden soll, der hält sich aber nicht daran, so können Verträge mit Geschäftspartnern dennoch wirksam zustande kommen; denn ein Außenstehender darf keinen Nachteil erleiden, wenn eine üblicherweise gegebene Befugnis fehlt, er davon aber keine Kenntnis haben kann.

BEISPIEL

Nehmen wir an, unsere Gesellschafter sind sich einig, dass Armin zwar im Innenverhältnis ganz normal seinen Geschäften nachgeht, in denen er umsichtig und zuverlässig ist, aber er verzichtet darauf, Verträge zu unterzeichnen, weil er dabei zu gutgläubig ist. Dann tut er es aber doch in der Hoffnung „ein Schnäppchen“ zu machen. Vielleicht schließt er etwa einen Kaufvertrag, in dem ihm ein vermeintliches Rettungsboot überlassen werden sollte, das in Wirklichkeit aber eher einer morschen Nussschale ähnelt. Der Geschäftspartner kann die **Zahlung nun von jedem Gesellschafter einfordern.** Nur im Innenverhältnis können die Gesellschafter Bärbel und Christoph von Armin Ersatz für den Schaden verlangen, der durch seinen Wortbruch entstanden ist.

Jeder Gesellschafter haftet unbeschränkt

Jeder OHG-Gesellschafter haftet wie bei der Gesellschaft bürgerlichen Rechts unbeschränkt (also auch mit seinem Privatvermögen), unmittelbar (Gläubiger können sich direkt an einen der Gesellschafter wenden und müssen nicht erst gegen die Gesellschaft klagen) und gesamtschuldnerisch (Gläubiger können sich an einen beliebigen oder auch an mehrere Gesellschafter wenden und von ihm bzw. ihnen die Zahlung verlangen).

Was die Gewinne der Gesellschaft betrifft, so gilt die im Gesellschaftsvertrag gefundene Regelung. Wenn Aussagen hierzu fehlen, gilt der Gesetzestext (§ 121 HGB): Jeder Gesellschafter erhält seine Einlage mit 4 % verzinst. Falls der Gewinn hierfür nicht ausreicht, dann nur zu einem niedrigeren Zinssatz.

Verteilung des Gewinnes gem. Vertrag oder HGB

BEISPIEL

Wer also 50.000 Euro zum Eigenkapital der Gesellschaft beigesteuert hat, erhält am Ende des Geschäftsjahres nach der gesetzlichen Regelung 50.000 Euro x 4 %, das sind 2.000 Euro. Sollte der Gewinn nicht für die Auszahlung aller Gesellschafter reichen, so wird gekürzt, beispielsweise auf 3 %.

Sollte mehr Gewinn erwirtschaftet worden sein, so wird der übrige Gewinn nach Köpfen verteilt (also nach der Zahl der Gesellschafter und zwar unabhängig von der Höhe der jeweiligen Einlage, die der einzelne geleistet hat!). Der Gewinn kann bar ausgezahlt werden, oder er wird dem Kapitalkonto jedes Gesellschafters bei der OHG gutgeschrieben, womit sich das Kapital jedes Einzelnen und der Gesellschaft insgesamt erhöht.

Sofern Verlust entstanden ist, wird auch dieser nach Köpfen aufgeteilt (§ 121 Abs. 3 HGB). Der jeweilige Verlustanteil wird dem einzelnen Gesellschafter von seinem persönlichen Kapitalkonto bei der Gesellschaft abgezogen. Das gesamte Eigenkapital vermindert sich dann dem Verlust entsprechend.

Verlustverteilung unter den Gesellschaftern

Die OHG muss zwar im Handelsregister eingetragen sein, aber in der Regel keinen Jahresabschluss offenlegen. Nachdem jeder Gesellschafter auch mit seinem privaten Vermögen in Anspruch genommen werden kann, muss einem Geschäftspartner diese Gewissheit als Sicherheit genügen. Er hat ebenso wenig wie sonst ein Außenstehender einen gesetzlichen Anspruch auf nähere Einsichtnahme in die finanzielle Lage des Unternehmens (Ausnahmen gelten nach dem Publizitätsgesetz nur für sehr große Unternehmen mit über 5.000 Arbeitnehmern und über 130 Millionen Euro Umsatzerlöse).

Offenlegung entfällt

Die OHG-Gesellschafter zahlen Gewerbesteuer auf den Gewinn ihres Unternehmens und Einkommensteuer nach ihrem jeweiligen persönlichen Steuersatz.

Gewerbesteuer und persönlicher Einkommensteuersatz

Von ungefähr 3 Millionen umsatzsteuerpflichtigen Unternehmen in Deutschland besteht knapp ein Zehntel in der Rechtsform einer OHG.

BEISPIEL

Die OHG ist eine typische Rechtsform für kleine und mittelständische Betriebe, vorzugsweise Einzelhändler in der Tradition eines Familienbetriebes.

MERKE

OHG-Gesellschafter haften unbeschränkt, unmittelbar und gesamtschuldnerisch. Die OHG eignet sich daher für risikobereite Gründer, die in vertrauensvollem Miteinander und auf Dauer unternehmerisch tätig sein wollen.

Der Erfolg der OHG basiert wesentlich auf den Kenntnissen und Fähigkeiten der Gesellschafter. Insbesondere ist deren organisatorisches Geschick herausgefordert, was ihre wechselseitige Abstimmung untereinander betrifft, sowie ihre Flexibilität.

Aufgrund der unbeschränkten und gesamtschuldnerischen Haftung gilt die OHG bei Banken und Geschäftspartnern gleichermaßen als sehr kreditwürdig.

3.4.3 Kommanditgesellschaft (KG)

Bei der KG handelt es sich wie bei der OHG um eine Handelsgesellschaft, und sie entspricht dieser weitgehend (§ 161 Abs. 2 HGB): Wiederum gibt es mehrere Gesellschafter, und ein Mindestkapital ist nicht erforderlich.

§ Wie die OHG ist auch die KG im Handelsgesetzbuch geregelt (§§ 161 bis 177a HGB).

Komplementär haftet unbeschränkt und führt die Geschäfte

Allerdings handelt es sich bei der Kommanditgesellschaft in gewisser Weise um eine „Zwei-Klassen-Gesellschaft“: Denn es gibt als Eigentümer zum einen die **Komplementäre,** die „Vollhafter“, zum anderen die **Kommanditisten.** Erstere entsprechen den OHG-Gesellschaftern, sowohl was die Haftung (unbeschränkt) als auch was die Rechte (Geschäftsführung) betrifft. Dagegen haften die Kommanditisten nur beschränkt für Verluste, nämlich nur bis zur Höhe ihrer Einlage. Von jeder „Sorte“ muss es mindestens eine Person geben, das ist das Wesen der KG, so ist sie im HGB definiert (§ 161 Abs. 1 HGB).

BEISPIEL

Für eine KG müsste von unseren drei Gesellschaftern Armin, Bärbel und Christoph wenigstens einer bereit sein, mit seinem persönlichen Vermögen zu haften. Wollten alle drei dies tun, so hätten wir eine OHG (siehe oben). Dass keiner die volle Haftung übernimmt, ist bei der Personengesellschaft ausgeschlossen; die Gesellschafter müssten sich in diesem Fall zu einer Kapitalgesellschaft durchringen (siehe etwa unten die GmbH). Einer oder zwei wären also Komplementär in unserer KG und entsprechend der dritte oder die anderen beiden Kommanditisten.

Kommanditist haftet beschränkt, keine Geschäftsführung

Ein Kommanditist ist von der Führung der Geschäfte ausgeschlossen (§ 164 HGB; er kann nur bei ungewöhnlichen Geschäften widersprechen). Dies ist gleichsam der Preis für die Beschränkung seiner Haftung. Er kann lediglich in den Jahresabschluss Einblick nehmen, um sich ein Bild davon zu machen, wie sein Kapital in dieser Gesellschaft angelegt ist. Als Merkhilfe gilt: Der „Kommanditist" ist gleichsam nur „Statist" im Unternehmen.

Verteilung von Gewinn und Verlust

Gewinne sind der OHG entsprechend – sofern im Gesellschaftsvertrag nichts anderes vereinbart ist – laut HGB zunächst so aufzuteilen, dass die Einlagen der Gesellschafter mit 4 % verzinst werden, ein weitergehender Gewinn wird dann gemäß den Kapitalanteilen der Gesellschafter verteilt, ein Verlust ebenso (§ 168 HGB; zur Erinnerung: Bei der OHG passierte die weitere Aufteilung nach Köpfen; hier orientiert man sich dagegen dem HGB nach an den unterschiedlich hohen Einlagen).

Etwa 100.000 Unternehmen in Deutschland sind Kommanditgesellschaften (von ca. 3 Millionen umsatzsteuerpflichtigen Unternehmen).

BEISPIEL

Auch die KG ist eine typische Rechtsform für kleine bis mittelständische Unternehmen. Die Aufnahme von Kommanditisten ermöglicht ein Zuführen von Kapital, ohne dass die Komplementäre in ihren Befugnissen der Geschäftsführung und Vertretung eingeschränkt werden.

MERKE

Die Kommanditgesellschaft ist ihrem Wesen nach der OHG sehr ähnlich.

Neben mindestens einem Komplementär, dem „Vollhafter", gibt es noch mindestens einen Kommanditisten, den „Teilhafter". (Merkhilfe: Ein Komplementär verdient Komplimente für seinen Mut zur persönlichen Haftung und die gelungene Geschäftsführung, ein Kommanditist ist nur Geldgeber und Statist.)

Der **Komplementär** führt die Geschäfte der KG, der **Kommanditist** ist hiervon ausgeschlossen.

3.4.4 Stille Gesellschaft

Beteiligung am Vermögen eines Unternehmers

Eine stille Gesellschaft ist sowohl bei einem Einzelunternehmer als auch bei einer OHG oder KG (laut Gesetz sogar ganz allgemein bei einem Handelsgewerbe, also auch bei Kapitalgesellschaften) quasi im Hintergrund als Zusatz möglich: Der stille Gesellschafter beteiligt sich mit seinem Kapital am Vermögen der Gesellschaft, ist aber nach außen nicht erkennbar (daher still).

Gewinnbeteiligung und beschränkte Haftung

Er kann durch vertragliche Gestaltung vom Verlust ausgeschlossen werden, vom Gewinn dagegen nicht. Seine Haftung beschränkt sich auf seine Einlage. Ihm steht keine Befugnis zur Geschäftsführung zu, sondern nur ein Kontrollrecht. Im Unterschied zum Kommanditisten wird er nicht ins Handelsregister eingetragen, tritt also nicht als Mitgesellschafter in Erscheinung.

§ Die stille Gesellschaft ist gesetzlich in den §§ 230 bis 236 HGB geregelt.

BEISPIEL

Einem Einzelunternehmer oder Gesellschafter in einem Handelsgewerbe bietet sich mit einem stillen Gesellschafter (dem „reichen Onkel") die Möglichkeit, ohne äußere formale Änderungen zusätzliches Eigenkapital zu erhalten.

MERKE

Der stille Gesellschafter beteiligt sich am Vermögen der Gesellschaft, ohne nach außen als Mitgesellschafter in Erscheinung zu treten.

3.5 Kapitalgesellschaften

Im Unterschied zu den Personengesellschaften, welche auf die persönliche Verbundenheit der Gesellschafter bauen (siehe oben in der Erläuterung zur OHG), **basieren Kapitalgesellschaften ihrem Wesen nach nur auf dem gemeinsam aufgebrachten Kapital.** Die Eigentümerzahl kann vom Extremfall einer einzelnen Person bis hin zu einer Vielzahl von Personen reichen, die sich untereinander aber nicht einmal kennen oder miteinander verkehren müssen. Die Geschäfte werden von eigens hierzu bestellten Personen geführt.

Zusammenhalt über gemeinsam aufgebrachtes Kapital

Bei Kapitalgesellschaften gilt demnach: Dem Kapitän muss nicht das Schiff gehören! Nur im Sonderfall der Ein-Mann-GmbH fällt der Eigentümer und der Geschäftsführer in einer Person zusammen.

Die Gesellschaft wird nun wie eine eigene Person betrachtet und behandelt: Unser Schiff verselbständigt sich! So wendet sich ein Gläubiger **an die Gesellschaft** und nicht mehr an einen einzelnen Eigentümer, und die Gesellschaft selbst ist Träger von Rechten und Pflichten (z.B. Steuerschuldner; § 13 Abs. 1 GmbHG). Man spricht nun von einer **juristischen Person,** im Unterschied zur natürlichen Person eines einzelnen Gesellschafters.

Juristische Person

3.5.1 Gesellschaft mit beschränkter Haftung (GmbH)

Eine GmbH ist nicht nur für Handelsgewerbe möglich, sondern zu jedem gesetzlich erlaubten Zweck.

GmbH zu jedem zulässigen Zweck

Gesetzliche Grundlage dieser Rechtsform ist das GmbH-Gesetz (Gesetz betreffend die Gesellschaften mit beschränkter Haftung).

§

Da gewisse Formvorschriften einzuhalten sind (etwa eine notarielle Beurkundung) ist die Gründung aufwendiger als bei Personengesellschaften.

Formvorschriften

Die Gesellschafter der GmbH sind deren Eigentümer. Hierin unterscheidet sie sich nicht von den Personengesellschaften. Die Gesellschafter bringen gemeinsam das Kapital auf, welches aber nun als **„Stammkapital"** der Gesellschaft gleichzeitig ihre Haftungsgrundlage darstellt. Mindestens 25.000 Euro sind derzeit zur Gründung einer GmbH erforderlich (§ 5 Abs. 1 GmbHG).

Mindestkapital

Beschränkte Haftung

Die Haftung ist stets auf das Kapital der Gesellschaft beschränkt, im Verlustfall riskieren die Gesellschafter nur ihre Einlage (die einzelne **Stammeinlage** muss auf volle Euro lauten, § 5 Abs. 2 GmbHG). Ist das Kapital der Gesellschaft aufgebraucht, können Gläubiger in der Regel – d. h., wenn nicht ein grobes Verschulden nachzuweisen ist – **keine weiteren Forderungen an die einzelnen Gesellschafter** stellen!

Gesellschafter-Versammlung

Die **Gesellschafter-Versammlung** ist als Versammlung der Eigentümer das oberste Organ der Gesellschaft: Zu ihren Aufgaben gehört beispielsweise die Wahl von Geschäftsführern für die Gesellschaft wie auch deren Abberufung oder ihre Entlastung. Ebenso steht es nur den Gesellschaftern zu, den Jahresabschluss festzustellen und über die Verwendung des Gewinnes zu entscheiden.

Geschäftsführung

Die **Geschäftsführer** werden für die Führung der laufenden Geschäfte von der Gesellschafter-Versammlung gewählt und sind an deren Weisungen gebunden. Ein Geschäftsführer muss nicht selbst Gesellschafter sein.

BEISPIEL

Die Gesellschafter wählen demnach den Kapitän (= Geschäftsführer) entweder aus ihrer Mitte oder einen „Externen". Dieser ist für den wirtschaftlichen Erfolg des Unternehmens verantwortlich und wird für seine Aufgabe entlohnt. Wie der erwirtschaftete Gewinn am Ende des Geschäftsjahres verwendet werden soll, entscheidet nicht er, sondern die Versammlung der Eigentümer. Diesen gegenüber ist er rechenschaftspflichtig.

Die Julius Zorn GmbH in Aichach stellt orthopädische Erzeugnisse her. Gesellschafter, also Eigentümer, sind Annerose Zorn-West, Rosemarie Zorn und Susanne Schettler. Als Geschäftsführer sind Annerose Zorn-West und Uwe Schettler eingetragen.

Über 500 Arbeitnehmer: Aufsichtsrat

Der Gesellschaftsvertrag kann einen **Aufsichtsrat** vorsehen. **Bei mehr als 500 ständigen Arbeitnehmern muss** als drittes Organ ein Aufsichtsrat eingerichtet werden (zur Zusammensetzung siehe oben 3.2.8). Der Aufsichtsrat ist dem Gesetz nach das Kontrollorgan der GmbH. Bei der GmbH kann er im Unterschied zur AG allerdings nicht die Geschäftsführer bestimmen oder absetzen, dies tun allein die Gesellschafter.

BEISPIEL

Würden unsere drei Freunde ihr Angespartes zusammenlegen und kämen auf mindestens 25.000 Euro, so könnten sie einen Gesellschafter-Vertrag entwerfen, damit zum Notar gehen und die Gründung einer GmbH mit einem beliebigen Geschäftszweck ins Handelsregister eintragen lassen. Außerdem müssten sie sich auf einen Geschäftsführer einigen, der für die laufenden Geschäfte der GmbH zuständig sein sollte. Dieser Geschäftsführer könnte sowohl einer von ihnen (Armin, Bärbel oder Christoph) sein oder auch mehrere/alle, es könnte aber ebenso gut ein Außenstehender für diese Aufgabe angestellt werden. Jedenfalls wäre er in seinem Tun an die Weisungen der Gesellschafter gebunden, deren Eigentum er verwaltet. Hierfür wird er entsprechend entlohnt.

Geringere Kreditwürdigkeit, Körperschaftsteuer

Die GmbH gilt als weniger kreditwürdig. Als juristische Person trifft sie nicht nur die Gewerbesteuer (etwa 7-17 %, je nach dem Sitz der Gesellschaft), sondern darüber hinaus auch die Körperschaftsteuer von derzeit 15 %.

Offenlegung

Der Jahresabschluss einer GmbH ist – sofern keine Befreiungsvorschrift greift – innerhalb eines Jahres elektronisch im Bundesanzeiger zu veröffentlichen.

Circa 15 % der umsatzsteuerpflichtigen Unternehmen in Deutschland sind Gesellschaften mit beschränkter Haftung, das sind etwa 500.000 GmbHs. Einige Schätzungen gehen davon aus, dass es tatsächlich mehr sind. Im Vergleich zu allen anderen Rechtsformen erwirtschaften sie mit ungefähr einem Drittel den höchsten Anteil am gesamten zu versteuernden Umsatz in Deutschland und damit erheblich mehr als alle Aktiengesellschaften zusammen.

BEISPIEL

Die GmbH wird gerne von kleinen und mittleren Unternehmen als Rechtsform gewählt, wenn keiner der Gesellschafter bereit ist, die persönliche Haftung zu übernehmen.

MERKE

Den Gläubigern einer GmbH steht nur das Gesellschaftsvermögen als Haftungsmasse zur Verfügung.

Die Geschäftsführer sind für diese Aufgabe angestellt, sie müssen nicht gleichzeitig Gesellschafter sein.

Der Jahresabschluss der GmbH ist im Normalfall im Bundesanzeiger zu veröffentlichen; die GmbH hat auf ihren Gewinn neben der Gewerbesteuer auch Körperschaftsteuer zu entrichten.

Neuerungen im GmbHG, das MoMiG

Als sich in Deutschland ein zunehmender Wettbewerb zwischen den Rechtsformen GmbH und Ltd. (siehe hierzu 3.8.1) bemerkbar machte, wurde das GmbH-Recht im Oktober 2008 durch ein Änderungsgesetz (das MoMiG, das Gesetz zur Modernisierung des GmbH-Rechts und zur Bekämpfung von Missbräuchen) grundlegend reformiert.

UG (haftungsbeschränkt), Senkung des Mindeststammkapitals

Kernanliegen war es, Unternehmensgründungen zu erleichtern und zu beschleunigen, etwa durch geringere Anforderungen bei den Gründungsformalien und eine Senkung des Mindeststammkapitals. Die sog. „Unternehmergesellschaft (haftungsbeschränkt)“, abgekürzt im Firmennamen auch als „UG (haftungsbeschränkt)“, kann demnach mit weniger als 25.000 Euro gegründet werden. Hierfür wurde der § 5a ins GmbHG eingefügt; die UG fällt also ansonsten unter das GmbH-Gesetz.

Bekämpfung von Missbräuchen

Gleichzeitig war es Ziel der Gesetzesnovelle, Missbrauchsfälle im Zusammenhang mit GmbHs zu bekämpfen. Insbesondere sollte sog. „Firmenbestattern“, die eine ordnungsgemäße Insolvenz zu verhindern versuchten, das Handwerk gelegt werden: Wirtschafts-Straftäter können gem. § 6 Abs. 2 GmbHG nicht mehr zu Geschäftsführern bestellt werden; bei einem „Abtauchen“ der Geschäftsführer sind die Gesellschafter zum Insolvenzantrag verpflichtet, im Handelsregister muss eine zustellungsfähige inländische Geschäftsanschrift eingetragen sein. So wird die Rechtsverfolgung zugunsten von Gläubigern der Gesellschaft beschleunigt.

BEISPIEL

Anfang 2009 gab es eine Welle von Gründungen in der Rechtsform der Unternehmergesellschaft (haftungsbeschränkt), zum Teil mit nur begrenzter Lebensdauer. So wurde etwa in Mainz die „BISTRO 23 UG (haftungsbeschränkt)“, eine Gaststätte mit 1 Euro Stammkapital, 2013 „wegen Vermögenslosigkeit“ von Amts wegen gelöscht. In Leipzig gab es bis 2016 die Firma „11832 Auskunftsdienste Unternehmergesellschaft (haftungsbeschränkt)“, eine Telefonauskunft mit einem Stammkapital von 1 Euro, mittlerweile verschmolzen auf die EuraTel GmbH mit Sitz in Leipzig. In Hamburg wurde die „ALLWASCH Unternehmergesellschaft (haftungsbeschränkt)“ zum Betrieb von SB-Waschsalons, ebenfalls mit 1 Euro Stammkapital, zuletzt als „WASCHPOINT UG (haftungsbeschränkt)“, 2016 aufgelöst. In München ließ sich 2010 mit einem Stammkapital von immerhin 1.000 Euro die „YouTipIt UG (haftungsbeschränkt)“ eintragen, eine Internetplattform für Microspenden und die Vermittlung von Kleinstbeträgen. Allerdings wurde sie 2012 schon wieder aufgelöst (liquidiert) und 2014 gelöscht.

Demgegenüber gibt es auch Erfolgsgeschichten: Die „Gym Aesthetics UG (haftungsbeschränkt)“, eingetragen 2013 von vier kreativen Fitness-Fanatikern in Stuttgart mit einem Stammkapital von 10.000 Euro und dem Ziel Fitness-Bekleidung zu entwerfen, zu produzieren, einzukaufen, zu vermarkten und zu vertreiben. Bereits 2014 konnte sie das Stammkapital erhöhen auf 25.000 Euro und firmiert seither in der Rechtsform der GmbH als Modelabel mit Kultstatus. Die UG (haftungsbeschränkt) erfreut sich gerade bei jungen Unternehmern nach wie vor großer Beliebtheit; so finden wir 2015 im Handelsregister die Neueintragung von drei jungen Gesellschaftern, die „datapweb UG (haftungsbeschränkt)“, mit Sitz in Mauern, Landkreis Freising. Unternehmensgegenstand ist die sensorgestützte Überwachung von Bauteilen. Stammkapital: 300 Euro. Typischer Weise war sie innerhalb der ersten drei Jahre wegen ungenügender Finanzausstattung gescheitert und gründete sich 2018 erneut als „Sensoring GmbH“ mit Sitz in München.

3.5.2 Aktiengesellschaft (AG)

Handelsgesellschaft

Bei der AG handelt sich um eine Handelsgesellschaft mit eigener Rechtspersönlichkeit. Sie gilt als reinste Form der Kapitalgesellschaft.

§

Die Aktiengesellschaft wird geregelt im Aktiengesetz (AktG).

Haftung beschränkt auf Gesellschaftsvermögen

In der Haftung ist sie auf das Gesellschaftsvermögen beschränkt (§ 1 Abs. 1 Satz 2 AktG). Was wir bei der GmbH als Stammkapital bezeichnen, heißt bei der AG **Grundkapital** (§ 1 Abs. 2 AktG).

Grundkapital, Aktien

Das Grundkapital muss mindestens 50.000 Euro betragen (§ 7 AktG). Es ist in **Aktien** zerlegt (§ 1 Abs. 2 AktG). Der einzelne Gesellschafter ist mittels seiner Aktien am Grundkapital beteiligt. Während die Gesellschafter einer GmbH Stammeinlagen halten, nennen sich die Anteilsscheine, welche eine Kapitaleinlage bei der AG verbriefen, Aktien. Die Gesellschafter tragen nun den Namen „Aktionäre“, sie sind die Eigentümer der AG. Häufig werden diese Anteilsscheine auf einem eigenen Markt gehandelt: der Börse.

Aktien müssen auf mindestens einen Euro lauten („Nennbetragsaktie“), oder sie belegen (der Fachmann sagt „verbriefen“) als „Stückaktie“ einen bestimmten Anteil am Grundkapital (alle Stückaktien bieten den gleichen Umfang an Beteiligung, § 8 AktG). Während „Stammaktien" dem Aktionär eine Stimme pro Aktie in der Hauptversammlung sichern, fehlt „Vorzugsaktien" dieses Stimmrecht, dafür gewähren sie aber das Anrecht auf eine bevorzugte Dividenden-Ausschüttung.

Die Struktur der Aktiengesellschaft ist wie bei der GmbH durch mehrere Organe gekennzeichnet:

Hauptversammlung: Versammlung der Eigentümer

Die **Hauptversammlung** (analog der Gesellschafter-Versammlung bei der GmbH) entscheidet als Versammlung aller Eigentümer über die Verwendung des Gewinns, die Entlastung von Vorstand und Aufsichtsrat, etwaige Fusionen mit anderen Gesellschaften oder eine Erhöhung des Kapitals. Entscheidungen der Hauptversammlung bedürfen der absoluten Mehrheit der abgegebenen Stimmen. Manche Sachverhalte brauchen eine Dreiviertelmehrheit (z.B. die Erhöhung des Grundkapitals). Ein Anteil von 25 % des Grundkapitals wird daher als Sperrminorität bezeichnet, weil damit bestimmte Entscheidungen der übrigen Aktionäre blockiert werden können.

Der Vorstand führt die Geschäfte

Der **Vorstand** ist der Geschäftsführer einer Aktiengesellschaft. Er handelt eigenverantwortlich (§ 76 Abs. 1 AktG). Der Vorstand kann aus einer oder mehreren Personen bestehen (§ 76 Abs. 2 AktG). Neben der Führung der Geschäfte und der Vertretung der Gesellschaft kommt ihm die Aufgabe zu, den Jahresabschluss inklusive Lagebericht zu erstellen sowie einen Vorschlag über die Gewinnverwendung zu unterbreiten.

Aufsichtsrat als zwingendes Kontrollorgan

Der **Aufsichtsrat** ist das Kontrollorgan der AG: Er bestellt und entlässt den Vorstand (anders bei der GmbH, vergleiche hierzu noch einmal oben: Dieses Recht steht dem GmbH-Aufsichtsrat nicht zu) und überwacht die Geschäftsführung. Der Aufsichtsrat ist dem Gesetz nach zwingend zu bilden. Bei bis zu 500 Mitarbeitern setzt er sich allein aus Aktionärsvertretern zusammen (mindestens drei, die Zahl muss stets durch drei teilbar sein, § 95 AktG). Bei über 500 Arbeitnehmern besteht der Aufsichtsrat zum einen Teil aus Aktionärsvertretern und zum anderen Teil aus Arbeitnehmervertretern, die von der Belegschaft gewählt werden (zur Zusammensetzung des Aufsichtsrats siehe nochmals oben 3.2.8).

Nennwert der Aktie und Kursschwankung

Das Grundkapital der AG entspricht der Summe der Nennwerte aller ausgegebenen Aktien. Der Nennwert einer Aktie ist der Betrag, der auf dem Anteilsschein aufgedruckt ist. Der Ausgabekurs ist in der Regel höher als der Nennwert; d. h. der Käufer einer Aktie überlässt der AG mehr Kapital als die Aktie verbrieft. Auch ihr Wert am Markt wird vom Nennwert abweichen. Sofern die Aktien an der Börse gehandelt werden, ist ihr aktueller Wert der Börsenkurs. Der Preis für einen Unternehmensanteil, verbrieft in einer Aktie, schwankt demnach im Lauf der Zeit; wie bei anderen Gütern steigt oder fällt ihr Preis (sprich: ihr „Kurs“) in Abhängigkeit von Angebot und Nachfrage.

BEISPIEL

Nach der Umwandlung der Deutschen Bundespost Telekom in eine Aktiengesellschaft ging das Unternehmen im November 1996 als Deutsche Telekom AG erstmals an die Börse: Um das Eigenkapital der AG zu verbessern und die Leistungsfähigkeit und Bedeutung des Finanzplatzes Deutschland zu demonstrieren, wurden insgesamt 713,7 Millionen Aktien ausgegeben („emittiert“).

Die Deutsche Telekom ging bei diesem ersten Börsengang (DT1) innovative Wege: Um möglichst viele private Interessenten für die Anlageform Aktie mit ihren Chancen und Risiken zu interessieren und die T-Aktie breit zu vermarkten, wurde in Deutschland ein eigenes „Aktien-Informations-Forum (AIF)“ gegründet.

Die Emission war, obwohl die Tranche – also der aktuelle Emissionsbetrag – noch erhöht worden war, fünffach überzeichnet (die Nachfrage überstieg also das Angebot um ein Mehrfaches). Für die Mitarbeiter wurden rund 23 Millionen Anteilscheine verkauft.

Der offizielle Ausgabepreis der T-Aktie belief sich auf 14,57 Euro (bzw. US-Dollar 18,89 und Yen 2140). Privatanleger in Deutschland konnten T-Aktien zu einem ermäßigten Kaufpreis von 14,32 Euro sowie Treueaktien aus einem Bonusprogramm erhalten.

Dieses Maßnahmen- und Anreizpaket aus breiter Information und Vermarktung, vermindertem Bezugspreis und Treue-Aktien für Privatanleger war letztlich einer der Garanten für den großen Erfolg des ersten Börsenganges der Deutschen Telekom, bei dem insgesamt rund 1,9 Millionen Privatanleger Aktien erwarben, wovon 650.000 Privatanleger erstmals überhaupt Kapital in Aktien investierten. Der Deutschen Telekom flossen aus der Kapitalerhöhung ca. 10 Milliarden Euro frische Mittel zu.

Anfang 2000 lag der Börsenkurs der Aktie bei über 100 Euro, 2010 pendelte er zwischen 10,60 Euro und 8,55 Euro, 2012 hielt sich der Kurs um 9 Euro, 2014 um 12,40 Euro herum; 2017 erreichte er zur Jahresmitte kurzfristig etwas über 18 Euro, sein 10-Jahres-Hoch. Mit ca. 13 bis 15,50 Euro scheint der Kurs seither auf niedrigem Niveau stabil.

BEISPIEL

Am 18.5.2012 ging Facebook an die Börse. Der Ausgabepreis der Aktie lag bei 38 $. Statt – wie vermutet wurde – auf 70 $ anzusteigen, lag der Kurs in den ersten Tagen zwischen 38 $ und 42 $; der Börsenwert war circa 100 Milliarden $. Zeitgleich soll es gegen Facebook eine 15 Milliarden $-Klage wegen Datenschutzverletzung gegeben haben.

Das erste Quartal als börsennotiertes Unternehmen endete mit einem deutlichen Verlust von 157 Millionen $ (umgerechnet 128 Millionen Euro), das zweite mit 59 Millionen $ Verlust. Der Umsatz betrug etwa 1 Milliarde $ pro Quartal (die Haupteinnahmequelle ist Werbung).

Zeitweise brach die Aktie auf unter 18 $ ein. Die Zahl der Mitarbeiter dagegen stieg binnen eines Jahres um circa 1.000 auf über 4.000; 2018 waren es 33.600 weltweit.

Allen Vorwürfen wegen Datenmissbrauchs zum Trotz erreichte der Umsatz im ersten Quartal 2017 8 Milliarden $, im dritten Quartal 2018 waren es 13,7 Milliarden US-$ Umsatz (ca. 5 Milliarden $ Gewinn). Der Kurs liegt seit Anfang 2017 kontinuierlich über 130 $; 2018 wurde zwischenzeitlich im Herbst die 200 $-Marke überschritten.

Kurspflege, Investor Relations

Sinkt der Kurs, ist das Unternehmen nicht unmittelbar berührt: Nur die Halter der Aktien sind, wenn sie diese verkaufen möchten, ebenso wie interessierte Käufer von einer solchen Preisschwankung, sprich Kursschwankung, betroffen. Für die Aktiengesellschaft ist eine „Kurspflege" dennoch von Vorteil (letztlich sprechen wir hier von Imagepflege), weil bei einer weiteren Ausgabe von Aktien (sog. „jungen" Aktien) potenzielle Käufer bei einem entsprechenden Image bereit sind, mehr für eine Aktie zu zahlen. Für die AG bringt damit die Kapitalbeschaffung bei einem höheren Kurs mehr liquide Mittel ins Unternehmen (zur Bedeutung der Liquidität siehe 2.1.7 oder zur Illiquidität und Insolvenz 4.7.4). In großen Unternehmen kümmern sich eigene „Investor-Relations"-Abteilungen um die Pflege der Beziehungen zu aktuellen und potenziellen Aktionären.

Gewinnbeteiligung über die Dividende

Die Aktionäre erhalten pro gehaltener Aktie eine **Dividende**. Das ist die Verzinsung ihrer Kapitaleinlage und gleichzeitig ihr Anteil am Gewinn der AG. Über die Höhe der Dividende wird daher in der Hauptversammlung in Abhängigkeit vom Gewinn der AG entschieden. Wird in einem Jahr kein Gewinn erzielt, kann die Dividendenauszahlung ausgesetzt werden.

Maximaler Verlust des Aktionärs: Sein Kapitalanteil

Für eingetretene Verluste haften die Aktionäre nur mit ihrem Kapitalanteil. Wie bei der GmbH führen Verluste auch bei der AG zu einer Minderung des Eigenkapitals.

BEISPIEL

Sämtliche Aktien der Bayer AG sind zum amtlichen Markt an deutschen Börsen zugelassen und befinden sich im Streubesitz. Etwa 343.000 Aktionäre waren Ende 2017 im Aktienregister der Bayer AG eingetragen. Interessierte Investoren können Aktien der Gesellschaft über die Börse erwerben. Das Grundkapital beträgt über 2,3 Milliarden Euro. Sieben Vorstände führen heute die Geschäfte. Der Aufsichtsrat besteht aus 20 Mitgliedern, die gemäß dem deutschen Mitbestimmungsgesetz jeweils zur Hälfte aus Kreisen der Aktionäre und der Arbeitnehmer stammen.

(Quelle: www.investor.bayer.de)

MERKE

Analog zur GmbH handelt es sich bei der AG um eine juristische Person: Sie kann klagen und verklagt werden. Das Grundkapital von mindestens 50.000 Euro ist in Aktien zerlegt; nur das Gesellschaftsvermögen steht für die Haftung zur Verfügung. Die Aktionäre sind die Eigentümer einer AG. Ihr maximaler Verlust ist der Wert ihrer Aktien. Die Geschäfte einer AG führt ihr Vorstand. Er wird vom Aufsichtsrat kontrolliert. Die AG ist als Kapitalgesellschaft offenlegungspflichtig, muss also den Jahresabschluss veröffentlichen. Neben der Gewerbesteuer wird ihr auch die Körperschaftsteuer auferlegt.

Nicht einmal eines aus 500 Unternehmen in Deutschland ist eine AG (weniger als 0,2 %). Gemessen am Umsatz erwirtschaften die AGs nicht wesentlich mehr als Einzelunternehmen und Offene Handelsgesellschaften zusammen. Kommanditgesellschaften erzielen mehr, GmbHs etwa das 1,5-fache.

3.6 Personen- und Kapitalgesellschaften im Überblick

In Anlehnung an die bisher aufgezeigten Merkmale fasst folgende Tabelle noch einmal im Überblick die Unterschiede von Personengesellschaften und Kapitalgesellschaften zusammen:

	Personengesellschaften	Kapitalgesellschaften
	OHG/KG	GmbH/AG
Mindestausstattung mit Eigenkapital	(keine Vorschriften)	25.000 Euro Stammkapital/50.000 Euro Grundkapital
Geschäftsführung und Vertretung	Gesellschafter/ Komplementäre	Geschäftsführer/ Vorstand
Haftung	unbeschränkt, unmittelbar, gesamtschuldnerisch	beschränkt, nur mittelbar
Beteiligung am Gewinn	4 % + Rest nach Köpfen/ nach Anteilen	nach Beschluss der Gesellschafterversammlung/Hauptversammlung (Aktionäre)
Offenlegung	keine (Ausnahme: Publizitätsgesetz)	ausnahmslos elektronisch im Bundesanzeiger
Kapitalbeschaffung	in der Regel einfach möglich über Kreditaufnahme	in der Regel eher eingeschränkte Kreditwürdigkeit/einfach bei Ausgabe von Aktien
Besteuerung	Gewerbesteuer	Gewerbesteuer, Körperschaftsteuer
Aufsichtsrat	keiner	erst > 500 Arbeitnehmer/ grundsätzlich erforderlich

3.7 Zwitter

3.7.1 GmbH & Co. KG

Spezielle Form der Personengesellschaft

Zunächst lesen wir die Rechtsform von hinten: KG. Es handelt sich um eine Kommanditgesellschaft, dem Wesen nach liegt also eine Personengesellschaft vor. In der Abbildung zu Beginn des Kapitels wurde sie entsprechend unter Personengesellschaften eingeordnet.

Die gesetzliche Grundlage ist die der KG (siehe oben: §§ 161–177 HGB), spezielle Regelungen finden wir in § 264a, b und c HGB. §

Die Besonderheit der GmbH & Co. KG besteht nun darin, dass mindestens ein **Komplementär** (wir erinnern uns: das ist der „Vollhafter" in der KG) eine **GmbH** ist. Wir sprechen von einer „Komplementär-GmbH".

GmbH als Komplementär

Das Eigenkapital, welches im Haftungsfall zur Verfügung steht, setzt sich damit aus mehreren Komponenten zusammen: a) dem Kapital des Komplementärs, das ist das Stammkapital der Komplementär-GmbH, sowie b) dem Kapital möglicher weiterer Komplementäre, sofern es solche gibt, und schließlich c) den Einlagen der Kommanditisten.

Eigenkapital

Faktisch ist die Haftung demnach in den meisten Fällen beschränkt (nämlich auf das Kapital der Komplementär-GmbH oder mehrerer Komplementär-GmbHs plus die Einlagen der Kommanditisten): Der Komplementär haftet als GmbH nur mit seinem Stammkapital, und die Kommanditisten haften definitionsgemäß ohnehin nur mit ihrer Einlage. Also ist die Haftung insgesamt beschränkt, obwohl es sich um eine KG handelt. Ausnahmen bestehen dort, wo zusätzlich zu einer oder mehreren Komplementär-GmbHs mindestens eine natürliche Person als Komplementär eingetragen ist: In diesen Fällen ist die Haftung unbeschränkt wie bei anderen KGs.

Typischerweise Haftungsbeschränkung

Die Befugnis zur **Geschäftsführung** liegt bei den Komplementären: Falls es sich um eine einzelne **GmbH** handelt, also bei dieser. Wahrgenommen wird dieses Recht zur Führung der Geschäfte dann vertretungsweise durch die Geschäftsführer dieser GmbH.

Geschäftsführung bei der GmbH

Die Kreditwürdigkeit dieser Gesellschaft ist aufgrund der beschränkten Haftung oft nur mäßig, auch wenn es sich der Form nach um eine Personengesellschaft handelt.

Mäßige Kreditwürdigkeit

Wenn keine natürliche Person als Komplementär eintritt, dann muss sich die Gesellschaft in Bezug auf die **Offenlegung wie eine Kapitalgesellschaft** behandeln lassen (§ 264a HGB). Das bedeutet: Eine Veröffentlichung des Jahresabschlusses dem Wortlaut nach im Bundesanzeiger ist Pflicht.

Offenlegung wie Kapitalgesellschaft

Auch in Bezug auf den Aufsichtsrat gilt für eine solche KG eine Besonderheit: Sofern die Mehrheit der Kommanditisten mit der Mehrheit der GmbH-Gesellschafter identisch ist (und die GmbH nicht ohnehin schon über 500 Arbeitnehmer in einem eigenen Geschäftsbetrieb hat, also nach

Über 2.000 Arbeitnehmer: Aufsichtsrat wie Kapitalgesellschaft dem DrittelbG einen Aufsichtsrat braucht), werden die **Arbeitnehmer der KG** denen der GmbH zugerechnet: Dann gilt bei **mehr als 2.000** Arbeitnehmern das MitbestG, wonach ein **Aufsichtsrat zu bilden und paritätisch** zu besetzen ist (§ 4 MitbestG, siehe nochmals 3.2.8).

UG (haftungsbeschränkt) & Co. KG

Die für die GmbH & Co. KG gemachten Aussagen gelten analog für die UG (haftungsbeschränkt) & Co. KG.

MERKE

Bei der GmbH & Co. KG (analog: UG (haftungsbeschränkt) & Co. KG) handelt es sich um eine Personengesellschaft, bei der mindestens ein Komplementär eine GmbH (analog: eine UG (haftungsbeschränkt)) ist.

Sofern keine natürliche Person mehr bereit ist, die volle Haftung zu übernehmen, muss sich die GmbH & Co. KG/die UG (haftungsbeschränkt) & Co. KG dem Gesetz nach wie eine Kapitalgesellschaft behandeln lassen. Gleiches gilt für die AG & Co. KG.

BEISPIEL

Bei der Haribo GmbH & Co. KG (Grafschaft, vorher Bonn) gibt es zwei persönlich haftende Gesellschafter (Komplementäre): Da ist zum einen die HR Verwaltungs GmbH, Bonn. Sie hat ein Stammkapital von 25.000 Euro und wird vertreten durch drei Geschäftsführer. Zum anderen die HRB Beteiligungs-KG, ebenfalls Grafschaft. Diese hat wiederum persönlich haftende Gesellschafter: Erstens die HARIBO Holding Verwaltungs-GmbH, Linz/Österreich, zweitens eine natürliche Person: Frau Anna Maria Bischof, Siebenborn. Ähnlich verhält es sich bei der HARIBO Produktions-GmbH & Co. KG, Bonn, ebenfalls mit einer KG als Komplementärin.

Solange eine natürliche Person im Unternehmensgeflecht als Vollhafter auftritt, ist eine Offenlegung nicht erforderlich. Es sei denn, aufgrund der Größe der Gesellschaft greift das Publizitätsgesetz, siehe 3.2.5.

Bei der Netto Marken-Discount AG & Co. KG ist persönlich haftender Gesellschafter die EDEKA ZENTRALE AG & Co. KG, Hamburg, und deren Komplementärin die EDEKA Aktiengesellschaft, Hamburg. Die Netto Marken-Discount AG & Co. KG muss sich wie eine Kapitalgesellschaft behandeln lassen und folglich den Jahresabschluss offenlegen. Durch Einbeziehung in den Konzernabschluss der EDEKA ZENTRALE AG & Co. KG kann sie sich allerdings von der Offenlegung ihres Einzelabschlusses befreien (siehe dazu 6.2.4).

3.7.2 Kommanditgesellschaft auf Aktien (KGaA)

Wir lesen wieder von hinten: Es handelt sich also um eine spezielle Form einer Aktiengesellschaft, einer Kapitalgesellschaft also.

Spezielle Form der Kapitalgesellschaft

Mindestens ein Gesellschafter haftet unbeschränkt (ein Komplementär oder mehrere Komplementäre), während die übrigen Gesellschafter an dem in Aktien zerlegten Grundkapital beteiligt sind, ohne persönlich zu haften. Sie heißen **Kommanditaktionäre** und haften nur mit ihrem Anteil.

Unbeschränkt haftender Komplementär

Die gesetzliche Grundlage für die KGaA bildet das zweite Buch des Aktiengesetzes (§§ 278–290 AktG). Im Wesentlichen gelten für die KGaA die Vorschriften aus dem ersten Buch des Aktiengesetzes sinngemäß (z.B. Grundkapital 50.000 Euro, Gewinn- und Verlustverteilung wie bei der AG).

§

Die Organe der KGaA sind Vorstand, Aufsichtsrat und Hauptversammlung. Der Vorstand wird von den Komplementären gebildet; man spricht deshalb von einem „geborenen Vorstand". Bei ihm liegt die Geschäftsführungsbefugnis und Vertretungsmacht. Als Komplementäre haften Vorstände unmittelbar, gesamtschuldnerisch und unbeschränkt.

Geschäftsführung und Haftung beim Vorstand = Komplementär

Eine KGaA geht oftmals aus einer KG hervor, die sich Zugang zum Kapitalmarkt verschaffen möchte. Die Ausgabe von Aktien ermöglicht eine Kapitalbeschaffung auf breiter Basis, wie bei der AG. Darüber hinaus besteht aber ein hohes persönliches Interesse der Komplementäre an der Geschäftsführung der Gesellschaft, weil sie mit ihrem privaten Vermögen haften. Das kann für die Gläubiger der Unternehmung im Vergleich zur AG als Vorteil gewertet werden, weil bei der AG die Vorstände lediglich Angestellte sind, bei der KGaA aber haftende Miteigentümer.

BEISPIEL

Die Firma Henkel firmierte bis 2008 als KGaA mit drei persönlich haftenden geschäftsführenden Gesellschaftern (heute Henkel AG & Co. KGaA). Bei deutschen Privatbanken fanden wir diese Rechtsform, solange die Eigentümer bereit waren, ihre traditionelle persönliche Haftung aufrecht zu erhalten, bis Mai 2017 z.B. Hauck & Aufhäuser Privatbankiers KGaA, jetzt AG. In München gab es die Sedlmayr Grund und Immobilien KGaA bis 2018, nun ebenfalls AG. Aktuell gegen den Strom schwimmt noch die Merkur Bank als KGaA in München.

Diese persönliche Haftung allerdings wird in einer beliebten Variante der KGaA außer Kraft gesetzt: der GmbH & Co. KGaA.

BEISPIEL

Bei der BORUSSIA DORTMUND GmbH & Co. KGaA besteht der Komplementär in einer BORUSSIA DORTMUND Geschäftsführungs-GmbH. Das **Kapital** wird demnach **von den Kommanditaktionären aufgebracht,** die eigentlichen unternehmerischen **Entscheidungen** fallen aber nicht in der Versammlung der Aktionäre, sondern **bei der Komplementär-GmbH,** vertreten durch deren zwei Geschäftsführer. **Gesellschafter** dieser Komplemetär-GmbH ist der **Ballspielverein** Borussia 09 e.V. Dortmund.

Bei der Firma Henkel handelt es sich heute um eine AG & Co. KGaA. Vertreten wird sie durch die persönlich haftende Gesellschafterin Henkel Management AG, diese wird wiederum vertreten durch ihren Vorstand.

Aus der REWE Deutscher Supermarkt KGaA wurde 2015 die neue Firma REWE Deutscher Supermarkt AG & Co. KGaA. Eingetreten als persönlich haftender Gesellschafter: REWE Beteiligungs-Holding AG anstelle von sechs natürlichen Personen.

3.8 Europäische Rechtsformen

3.8.1 Private Company Limited by Shares (Limited, Ltd.)

Ltd.= Kapitalgesellschaft, in einem EU-Mitgliedstaat gegründet

Wie kann man (fast) ohne Geld eine Firma gründen? Die Zahl der Gründungen einer „Private Company Limited by Shares“ (kurz Limited bzw. Ltd., frei übersetzt als: „private Gesellschaft, haftungsbeschränkt auf ihre Kapitalanteile“) war in Deutschland deutlich angestiegen: Der Europäische Gerichtshof hatte nämlich entschieden, dass eine **in einem EU-Mitgliedstaat wirksam gegründete Kapitalgesellschaft** auch in allen anderen Mitgliedstaaten anzuerkennen ist.

Eintragung im Gründungsland, Zweigniederlassung in Deutschland

Einem deutschen Unternehmensgründer stand es daher frei, z.B. nach englischem Recht eine Limited zu gründen, deren Verwaltungssitz oder sogar Hauptniederlassung sich in Deutschland befindet. Änderungen in Folge des Brexit Großbritanniens bleiben abzuwarten, doch finden wir die Rechtsform einer haftungsbeschränkten Kapitalgesellschaft auch in anderen EU-Ländern (z.B. Luxemburg, Ungarn, Polen). Notwendig sind grundsätzlich die Eintragung der Gesellschaft ins Handelsregister des Gründungslandes und der Eintrag einer Zweigniederlassung in dem Land, in dem das Unternehmen tatsächlich arbeitet. Der formale Aufwand ist hierbei überschaubar, die Eintragung ist binnen weniger Tage möglich, Internetfirmen bieten ihre Hilfe hierzu an (das kostet etwa zwischen 250 und 900 Euro, hierfür erhält der Interessent z.B. Unterlagen zu seiner näheren Information und Formulare für die Anmeldung).

Kein Mindestkapital

Die Vorschriften des deutschen Gesellschaftsrechtes, wonach ein bestimmtes Mindestkapital aufgebracht und erhalten werden muss, werden auf die Limited **nicht** angewandt.

Haftung beschränkt

So haftet der Limited-Gründer **nicht** mit seinem Privatvermögen, sondern nur mit seiner Einlage, und die kann – wie soeben festgestellt – gegen Null tendieren.

Organe: Geschäftsführer, Schriftführer, Gesellschafter

Ansonsten ist diese Rechtsform mit der GmbH insofern vergleichbar, als es sich ebenfalls um eine juristische Person handelt und diese über drei Organe verfügt: a) die directors (Direktoren), die den Geschäftsführern entsprechen (mindestens einer ist Pflicht), b) dem company secretary (Schriftführer), der den Gerichten bzw. dem Handelsregister als Ansprechpartner zur Verfügung stehen muss, und c) den members, der Gesamtheit der Gesellschafter.

Zwingende Erfordernisse

Direktoren und Schriftführer, die nicht gleichzeitig Gesellschafter der Limited sind, entsprechen den Fremdgeschäftsführern der GmbH und sind abhängig Beschäftigte der Gesellschaft. Die Limited kann aber auch als Ein-Personen-Gesellschaft geführt werden. Der company secretary, der formelle Aufgaben wahrzunehmen hat, ist nach britischem Recht ebenso zwingend vorgeschrieben wie ein postalisch erreichbares Büro in Großbritannien, und muss entsprechend bezahlt werden.

Offenlegung der Jahresabschlüsse in England

Jahresabschlüsse einer englischen Limited sind nach britischer Rechnungslegung und in englischer Sprache beim Companies House (= Handelsregister) einzureichen und zu veröffentlichen. Wer den Verpflichtungen nicht nachkommt, wird aus dem englischen Handelsregister gelöscht, das Vermögen fällt der englischen Krone zu, und wegen Pflichtverletzung wird dann auch der Geschäftsführer einer Limited in Anspruch genommen. Die Vorschriften über laufende Pflichten ergeben sich aus dem britischen Recht bzw. der britischen Rechtsprechung, so etwa die Pflicht zur Jahresmeldung beim Companies House oder Geld- und Freiheitsstrafen bei Verstoß gegen die Pflicht zur Übersendung von Dokumenten.

Besteuerung in Deutschland

Es wurde schon von Rechtsexperten die Auffassung vertreten, dass die Limited mit Verwaltungssitz in Deutschland auch nach HGB-Vorschriften bilanzieren muss. Vermutlich wird dieser Auffassung nach dem Brexit auf breiterer Basis gefolgt werden. Die Limited ist mit ihrer Zweigniederlassung bzw. Betriebsstätte in Deutschland steuerpflichtig. Dafür muss sie eine deutsche Steuerbilanz aufstellen und sich beim örtlich zuständigen Finanzamt anmelden.

Gericht in England

Der Geschäftspartner einer Limited muss im Problemfall in England Klage einreichen. Da nicht nur kleine Firmen den Gang vor ausländische Gerichte scheuen, sind Limiteds im Geschäftsverkehr – obwohl international üblich – hierzulande eher suspekt.

International übliche Rechtsform, in Deutschland eher suspekt

Industrie- und Handelskammern warnten mitunter davor, dass durch die Limited auch zwielichtige Existenzen mit nur einem englischen Pfund Einlage zum Direktor einer Kapitalgesellschaft mit wohlklingendem Namen werden können. Obwohl sie in England die häufigste Rechtsform ist, haben Limiteds hierzulande eher einen schlechten Ruf erworben: Zum einen als Folge von Gründungen mit unzureichender Finanzdecke, zum anderen, weil sich eine Limited gerade für Gründer anbietet, denen die Gründung einer GmbH nach Insolvenz bereits untersagt ist.

BEISPIEL

Im Amtsgericht Charlottenburg in Berlin finden wir bereits seit 2006 die „Altberliner City Biergarten Ltd.", HRB 101896, als „Zweigniederlassung der unter derselben Firma in Birmingham/Großbritannien bestehenden Hauptniederlassung (Companies House Cardiff, Company No. 5675272)". Eine Neueintragung von 2017 ist dagegen die EASY HAUSMEISTER LTD. in Niederkrüchten, Zweigniederlassung der gleichnamigen Gesellschaft mit Sitz in London.

Neben Niederlassungen von englischen Limiteds gibt es längst auch Zweigstellen nach französischem, österreichischem, lettischem, luxemburgischem, polnischem, serbischem, ungarischem u.a. europäischem Recht in Deutschland. Die Bandbreite ist groß und reicht von Handel/Handwerk und Gewerbe bis zur Industrie.

MERKE

Mit der Rechtsform der Limited findet der Existenzgründer eine in der Gründungsphase einfache und kostengünstige Gesellschaftsform vor.

Die Haftung ist auf die Einlagen beschränkt. Mindestvorschriften für die Kapitalausstattung gibt es nicht.

Die Vernachlässigung rechtlicher Pflichten wie das jährliche Einreichen von Bilanzen, die regelmäßige Abgabe von Meldungen an das Companies House etc. wird streng sanktioniert.

Die Limited ist für Existenzgründer interessant, die geschäftlich international tätig sein wollen und die hierfür erforderlichen Qualifikationen mitbringen.

Auch auf Basis der Limited sind Zwitter in der Rechtsform möglich: So entsteht die Limited & Co. KG (siehe hierzu oben noch einmal analog die Ausführungen zur GmbH & Co. KG), welche zunehmend auch bei Großunternehmen „salonfähig" wird.

Ltd. & Co. KG

BEISPIEL

In Hamburg betrieb eine große Druckerei ihre Gesellschaft unter der Firma „PRINOVIS Ltd. & Co. KG". 2016 ersetzte sie die Limited als persönlich haftenden Gesellschafter durch eine GmbH und firmiert nun als PRINOVIS GmbH & Co. KG.

Die Drogeriekette Müller ist mit 480 Filialen einer der großen Anbieter auf dem deutschen Drogeriemarkt. Das Unternehmen hat vor ca. 10 Jahren umfirmiert und sich für die Rechtsform der Ltd. & Co. KG entschieden (vorher: GmbH & Co. KG).

Die ehemalige Starbucks Coffee Deutschland Ltd. & Co. KG mit Sitz in München firmiert heute mit einem Komplementär polnischen Rechts als AmRest Coffee Deutschland S. z o. o. & Co. KG.

3.8.2 Public Company Limited by Shares (PLC)

Die Public Company Limited by Shares (oder Public Limited Company, auch p.l.c.; „öffentliche Gesellschaft, haftungsbeschränkt auf ihre Kapitalanteile") ist ebenfalls eine Gesellschaft britischen Rechts. Als solche ist sie schnell errichtet. Selbst wenn die Gesellschaft nicht in Großbritannien ansässig ist, wird sie nach den dort geltenden Vorschriften gegründet und eingetragen, Organe und Vertretungsbefugnisse richten sich nach dem Recht Großbritanniens.

PLC = Kapitalgesellschaft britischen Rechts

Die PLC erleichtert die Kapitalbeschaffung wie bei einer deutschen Aktiengesellschaft durch Ausgabe von Anteilsscheinen: An der Wertpapierbörse werden „shares" (Anteile) gehandelt.

Ausgabe von „shares"

Verwaltungsorgan

Es gibt nur **ein** Verwaltungsorgan mit mehrerlei Mitgliedern: Die „Executive Directors" entsprechen deutschen Vorständen, die „Non Executive Directors" übernehmen dem Aufsichtsrat ähnliche Funktionen.

Keine Mitbestimmung der Arbeitnehmer im Aufsichtsrat

Da die betriebliche Mitbestimmung nach dem BetrVG nicht an die Rechtsform anknüpft, kann sie in Deutschland auch bei Betrieben eines ausländischen Rechtsträgers eingeführt werden. Was aber den Aufsichtsrat betrifft, so greift die unternehmerische Mitbestimmung nach dem DrittelbG und dem MitbestG (das bedeutet die Beteiligung der Arbeitnehmer durch Vertreter im Aufsichtsrat) nur bei deutschen Kapitalgesellschaften. Eine Gesellschaft britischen wie auch anderen europäischen Rechts umgeht also die deutsche Mitbestimmung.

BEISPIEL

Die KMG Kliniken PLC – vormals AG – ließ sich 2010 in Bad Wilsnack neu eintragen als „Zweigniederlassung der unter der Firma KMG Kliniken PLC in London UK bestehenden Hauptniederlassung".

Die Air Berlin (vor der Insolvenz zweitgrößte Fluggesellschaft in Deutschland) ersetzte 2006 die Komplementär-GmbH durch eine PLC und ging mit dieser an die Börse. Die deutsche KG (genauer: Air Berlin PLC & Co. Luftverkehrs KG) hatte damit einen ausländischen Gesellschafter als Komplementär (die Air Berlin PLC). Während also die Air Berlin PLC in London registriert war, blieb Berlin (Amtsgericht Charlottenburg) Firmensitz der deutschen KG. Eine Mitbestimmung von Arbeitnehmern im Aufsichtsrat entfällt auf diese Weise.

Zahlreiche Banken und Versicherungen nutzen die Rechtsform PLC (Barclays Bank, Citybank, Lloyds Bank, Zurich Insurance).

Nach einem Zusammenschluss der Linde AG mit dem US-Rivalen Praxair Inc. wird nur mehr die irische Linde PLC unter diesen Namen an der Börse notiert sein.

3.8.3 Europäische Aktiengesellschaft (SE)

SE = Gesellschaft europäischen Rechts

Nach ihrer lateinischen Bezeichnung „Societas Europaea" wird die Europäische Aktiengesellschaft (oder Gesellschaft europäischen Rechts) abgekürzt mit SE. Mitunter wird sie auch schlicht „Europa-AG" genannt oder Europäische Gesellschaft. Es handelt sich dabei um eine Rechtsform für Aktiengesellschaften in der Europäischen Union.

Seit Ende 2004 ermöglicht die EU damit Gesellschaften aus verschiedenen Mitgliedstaaten die Gründung einer Gesellschaft in einer einheitlichen europäischen Rechtsform. Vorher drohte ein derartiges Vorhaben erdrückt zu werden von den rechtlichen und praktischen Zwängen, die sich aus dem Bestehen von 15 verschiedenen Rechtsordnungen ergeben.

Einheitliche Rechtsform

Die Europäische Gesellschaft macht demnach für solche Unternehmen Sinn, die gemeinschaftsweit vertreten sind. Sie kann gegründet werden:

Gemeinschaftsweite Tätigkeit

- durch Errichtung einer Holdinggesellschaft, wenn Kapitalgesellschaften aus verschiedenen Mitgliedstaaten unter einem gemeinsamen Dach zusammengefasst werden sollen,
- in Form einer gemeinsamen Tochtergesellschaft,
- durch Umwandlung einer Aktiengesellschaft nationalen Rechts,
- durch Verschmelzung von Aktiengesellschaften verschiedener Mitgliedstaaten,
- als Tochter-SE einer bestehenden SE.

Rechtsgrundlage für die Europäische Aktiengesellschaft ist eine EG-Verordnung (d. h. unmittelbar geltendes Recht). Sie wird ergänzt durch eine EG-Richtlinie (diese entfaltet keine unmittelbare Rechtswirkung, muss also von den EG-Mitgliedstaaten in nationales Recht umgesetzt werden). In Deutschland wird die SE-Verordnung noch durch das SE-Ausführungsgesetz ergänzt. Das SE-Beteiligungsgesetz (Gesetz über die Beteiligung der Arbeitnehmer in einer Europäischen Gesellschaft) setzt die SE-Richtlinie in deutsches Recht um.

Rechtsgrundlage SE-Verordnung, SE-Ausführungs- und SE-Beteiligungsgesetz

Auch die SE stellt eine Handelsgesellschaft dar, also eine juristische Person. Das Mindestkapital beträgt 120.000 Euro und ist in Aktien zerlegt. Sofern die Rechtsvorschriften eines Mitgliedsstaates ein höheres Kapital für Gesellschaften bestimmter Wirtschaftszweige vorsehen, gilt dieses auch für die SE.

Handelsgesellschaft, Mindestkapital, Aktien

Der Sitz der SE, der gem. ihrer Satzung bestimmt wird (Satzungssitz), muss dem Ort ihrer Hauptverwaltung entsprechen, d. h. ihrem tatsächlichen Sitz. Die SE soll ihn aber innerhalb der Gemeinschaft leicht verlegen können, ohne dass das Unternehmen – wie derzeit üblich – die Gesellschaft in einem Mitgliedstaat auflösen muss, um sie dann in einem anderen Mitgliedstaat neu zu gründen.

Sitz der SE

Satzung Die SE muss sich eine Satzung (eine schriftlich niedergelegte Grundordnung, ein Statut) geben. Deren Besonderheit besteht darin, dass sie etwaigen nationalen Gesetzen vorgeht (eine ungewöhnliche Normenhierarchie, welche aber in der SE-Verordnung festgelegt ist).

Organe An Organen ist zum einen eine **Hauptversammlung der Aktionäre erforderlich**, zum anderen entweder ein Leitungs- und ein Aufsichtsorgan (dualistisches System) oder **ein** Verwaltungsorgan (monistisches System). Nach dem dualistischen System führen die Mitglieder des Leitungsorgans die Geschäfte der Gesellschaft und vertreten sie gegenüber Dritten. Ein Mitglied des Leitungsorgans kann nicht ein Amt im Aufsichtsorgan bekleiden. Beim monistischen System obliegt dem Verwaltungsorgan die Geschäftsführung und die Vertretung. Das Verwaltungsorgan kann die Geschäftsführung einem oder mehreren seiner Mitglieder übertragen.

Jahresabschluss, Besteuerung Die SE stellt einen Jahresabschluss auf, ggf. einen konsolidierten (Konzern-)Abschluss (d. h., sowohl einen Abschluss für die SE als solche, und wenn es Tochtergesellschaften gibt, darüber hinaus einen zusammenfassenden Abschluss für sie und die Töchter, quasi über das „Familien-Vermögen"). Die Rechnungslegung folgt weiterhin nationalem Recht. Ebenso unterliegt die SE steuerlich den nationalen Gesetzen; sie ist also sowohl an ihrem Sitz als auch in allen Mitgliedstaaten, in denen Niederlassungen bestehen, steuer- und abgabenpflichtig.

Mitbestimmung Für die Arbeitnehmer-Mitbestimmung stehen mehrere Modelle zur Wahl. Unternehmensleitung und Arbeitnehmer müssen sich auf ein bestimmtes Mitbestimmungsmodell einigen, z.B. Arbeitnehmervertreter im Aufsichts- oder Verwaltungsorgan oder Vertretung in einem eigenen Organ, welches das Recht hat, vom Leitungs- oder Verwaltungsorgan der Gesellschaft unterrichtet und gehört zu werden. Zwingende Voraussetzung für die Gründung und Eintragung einer SE ist, dass der Arbeitnehmerseite von der Unternehmensleitung konkrete Verhandlungen zum Abschluss der Mitbestimmungsvereinbarung angeboten werden.

Vorrang von Verhandlungslösungen gegenüber „Vorher-Nachher-Prinzip" Arbeitgeber- und Arbeitnehmerseite sollen sich in freier Verhandlung über die Ausgestaltung der Arbeitnehmerbeteiligung einigen und hierüber eine Vereinbarung schließen. Der Gesetzgeber verzichtet auf detaillierte Vorgaben für die inhaltliche Ausgestaltung der Mitbestimmung: Er überträgt damit die Verantwortung über die gefundene Regelung auf die beteiligten Parteien. So gibt er die Möglichkeit, eine maßgeschneiderte und interessengerechte Lösung für den konkreten Einzelfall zu schaffen. Nur für den Fall der Nicht-Einigung (insbesondere bei einem Scheitern der Verhandlungen) besteht eine gesetzliche Auffangregelung: Die Mitbestimmung richtet sich dann nach dem höchsten bisherigen Mitbestimmungsgrad der Gesellschaften, aus denen die SE hervorgeht („Vorher-Nachher-Prinzip" als Ersatz für die vorrangige Verhandlungslösung).

Langzeitwirkung

Besondere Bedeutung und „Langzeitwirkung" erlangt diese Lösung durch den nun eintretenden sogenannten „Zementierungseffekt": Das entweder durch Einigung vereinbarte oder sich gesetzlich als Auffanglösung ergebende Mitbestimmungsstatut ist für die Zukunft festgeschrieben. Aus dem Zusammenspiel von Vorher-Nachher-Prinzip und dem nachfolgenden Zementierungseffekt entstehen in der Praxis vielfältige Gestaltungen, die beiderseits genutzt werden können, um das Mitbestimmungsregime für die Zukunft zu sichern.

Zeitlicher Ablauf

Der zeitliche Ablauf des Verfahrens stellt sich wie folgt dar: Nach Erstellung der Gründungsdokumentation wird die Arbeitnehmervertretung informiert (vgl. § 4 Abs. 2 S. 3 SEBG). Diese Information löst eine Zehn-Wochenfrist aus, binnen derer das „Besondere Verhandlungsgremium" zu bilden ist (§ 11 Abs. 1 SEBG). Unverzüglich nach Ablauf dieser zehn Wochen ist zur konstituierenden Sitzung des „Besonderen Verhandlungsgremiums" zu laden (§ 12 Abs. 1 SEBG). Mit dieser Ladung wird eine Verhandlungsfrist von sechs Monaten ausgelöst (vgl. § 20 Abs. 1 S. 2 SEBG). Die Dauer der Verhandlungen ist somit auf sechs Monate begrenzt, kann jedoch einvernehmlich auf die Dauer eines Jahres verlängert werden (vgl. § 20 Abs. 1 und Abs. 2 SEBG).

Einige Praxisfälle

In Österreich ließ sich die Bauholding STRABAG schon 2004 als Gesellschaft europäischen Rechts eintragen.

In Deutschland gründete die Allianz 2006 in zwei Schritten eine SE: Übernahme der italienischen RAS (Riunione Adriatica di Sicurtà), dann Verschmelzung auf die Allianz AG mit Umwandlung in eine SE mit Sitz in München. Anfang 2007 wurde die Gesellschaft im Handelsregister eingetragen. Die erste ordentliche Hauptversammlung bestellte gem. Satzung sechs Aufsichtsräte auf Vorschlag der Arbeitnehmer (Erhalt der paritätischen Besetzung): vier aus Deutschland (davon ein Gewerkschaftsvertreter) sowie jeweils einen aus Frankreich und dem Vereinigten Königreich, 2012 dann aus Frankreich und Italien, 2017 aus England und Frankreich. Im Aufsichtsrat sind somit Arbeitnehmer aus mehreren europäischen Ländern vertreten. Die Amtszeit beträgt fünf Jahre.
(Quelle: www.allianz.com/de)

Die Hauptversammlung der BASF AG stimmte im April 2007 dem Vorschlag von Vorstand und Aufsichtsrat zu und beschloss für 2008 die Umwandlung in eine BASF SE. Seit Januar 2008 firmiert die Gesellschaft unter dem Namen BASF SE, der Sitz blieb Ludwigshafen am Rhein.

Im Juni 2007 wurde bei Porsche die Formung einer Porsche Automobil Holding SE und die Ausgliederung des operativen Geschäfts in eine hundertprozentige Tochtergesellschaft beschlossen. Der Vorstand von Porsche – richtig: der Dr. Ing. h.c. F. Porsche AG, Stuttgart – traf mit dem sog. Besonderen Verhandlungsgremium (BVG) eine Vereinbarung, welche die Mitbestimmung der Arbeitnehmer in der neuen Holding regelte. Das BVG bestand aus insgesamt 17 Delegierten aus dem Porsche-Konzern und dessen Gesellschaften in den EU-Mitgliedstaaten Deutschland, Frankreich, Großbritannien, Irland, Italien, Österreich, Spanien und Tschechien sowie aus Vertretern der IG Metall. In der Vereinbarung wurden insbesondere die Kompetenzen und Aufgaben der Arbeitnehmer im Betriebsrat der neuen Holding sowie das Verfahren zur Wahl des künftigen SE-Betriebsrats und die Vertretung der Arbeitnehmer im SE-Aufsichtsrat festgelegt. Der Aufsichtsrat der Porsche Automobil Holding SE bestand weiterhin aus zwölf Mitgliedern und wurde paritätisch besetzt: Die Mitglieder der Kapitalseite waren identisch mit denen der früheren Dr. Ing. h.c. F. Porsche AG vor der Umwandlung. Die Arbeitnehmervertreter wurden in der Mitbestimmungsvereinbarung benannt. Alle Aktionäre der früheren Dr. Ing. h.c. Porsche AG wurden durch den Formwechsel zu Anteilseignern der Porsche Automobil Holding SE.
(Quelle: www.porsche-se.com)

2009 unterstrichen der Fahrzeugbauer MAN, tesa und die Gesellschaft für Konsumforschung GfK, 2 Jahre später der Sportartikelanbieter PUMA mit einer Umfirmierung zur SE ihre internationale Ausrichtung.

2012 stieß der Plan, E.ON in eine SE umzuwandeln, zunächst auf den Widerstand der Arbeitnehmervertreter: Gewerkschaften und Betriebsräte hatten die beabsichtigte Verkleinerung des Aufsichtsrats von 20 auf zwölf Mitglieder abgelehnt. In der Hauptversammlung wurde die Umwandlung beschlossen und die Wahl der ersten sechs Vertreter der Anteilseigner für den künftigen Aufsichtsrat durchgeführt. Die Eckpunkte der Arbeitnehmerbeteiligung in der Gesellschaft wurden in den folgenden sechs Monaten mit Vertretern von Arbeitnehmern aus allen europäischen Ländern verhandelt.
(Vgl. hierzu: www.manager-magazin.de vom 22.3.2012: „Eon droht Ärger" und www.eon.com/de)

Axel Springer, eines der größten Verlagshäuser in Europa, Fuchs Petrolub, der weltweit größte unabhängige Anbieter von Schmierstoffen, folgen dem Beispiel großer Konzerne und leiten 2013 die Umwandlung zur SE ein. 2014 lassen sich der Internetdienstleister Zalando, Softwarehersteller SAP und der Fahrzeugteile-Großhandel Wessels + Müller (schlicht WM) als SE eintragen.

Seit Februar 2015 ist Dachser eine SE. Gegründet 1930 von Thomas Dachser, gehört das Familienunternehmen zu den großen Logistikdienstleistern in Europa. Ein Börsengang ist nicht vorgesehen, auch nicht die Beteiligung externer Investoren. Ziel ist, unter dem Dach einer Holding die gesellschaftsrechtliche Struktur mit Tochterunternehmen im In- und Ausland zu vereinheitlichen. Der bisherige Verwaltungsrat fungiert als Aufsichtsrat in der DACHSER SE. Managing Directors leiten acht operative „Divisions". Die DACHSER SE ist eine 100 %-Tochter der Konzernführungsgesellschaft Dachser Group SE & Co. KG.
(www.dachser.com/de/de/DACHSER-changes-legal-form-to-SE_3300.htm)

2015 wird Rocket Internet zur SE, 2016 windeln.de, Datagroup und Wittenstein, 2017 kommen dazu MLP, init innovation in traffic systems, PHOENIX Pharma, RIB Software, Drees & Sommer usw.

Unter 3.7 genannte Zwitter, welche die Eigenschaften von Personen- und Kapitalgesellschaften kombinieren, lassen sich auch mit einer SE bilden. So firmieren der „Gesundheitskonzern" Fresenius wie auch Bertelsmann als internationales Medienunternehmen heute in der Rechtsform einer SE & Co. KGaA: eine Kommanditgesellschaft auf Aktien mit einer SE als geschäftsführender Gesellschafterin. Während die Europäische Aktiengesellschaft SE in der Hand der Eigner bleibt, sollte das Unternehmen auf diese Weise auf Ebene der KGaA frisches Geld aufnehmen können, um etwa größere Investitionen zu stemmen. Sowohl die Aufnahme neuer Gesellschafter als auch ein Börsengang sind damit möglich, ohne etwa bei Bertelsmann den Einfluss der Eignerfamilie Mohn oder der Bertelsmann-Stiftung auf die Konzernlenkung zu verwässern.

TIPP

Tipp für die Praxis

Stellen Sie fest, um welche Rechtsform es sich bei Ihrem Arbeitgeber tatsächlich handelt. Einen ersten Hinweis liefert das Briefpapier für geschäftliche Korrespondenzen oder bei einem Internetauftritt das Impressum: Beide müssen den vollständigen Namen mit der Rechtsform nennen, den Sitz der Gesellschaft und die Handelsregisternummer.

Im Zweifelsfall kann beim Handelsregister des Amtsgerichtes, an dem das Unternehmen seinen Sitz hat, ein Handelsregister-Auszug kostenlos eingesehen werden, der verbindlich über Name und Rechtsform Auskunft gibt. Eine beglaubigte oder unbeglaubigte Kopie eines Handelsregister-Auszuges kann gegen Gebühr angefordert werden. Ansonsten können über die Internetadressen www.handelsregister.de oder www.unternehmensregister.de diese Informationen gegen eine geringe Gebühr ebenfalls abgerufen werden: „Aktuelle Daten" (durch Anfordern eines „aktuellen Abdrucks") nennen die Rechtsform, den vollständigen Namen, den Sitz, den Geschäftszweck und die Geschäftsführer.

Finden Sie heraus, wer bei Ihnen Gesellschafter ist, also das Kapital aufbringt. Die Gesellschafter-Liste schafft Klarheit darüber, wer letztlich Eigentümer des Unternehmens ist und wer die Haftung übernimmt. Handelt es sich um natürliche Personen oder um eine Kapitalgesellschaft als Muttergesellschaft?

Wer führt die Geschäfte? Auch die Geschäftsführer müssen verzeichnet sein. Hat eine GmbH diese Aufgabe inne? Möglicherweise übernimmt sie die Haftung, ist aber nicht am Kapital beteiligt.

Den offenlegungspflichtigen Jahresabschluss, ggf. den Konzernabschluss eines deutschen Unternehmens, können Sie sowohl über www.bundesanzeiger.de im Suchbereich „Rechnungslegung/Finanzberichte" als auch über www.unternehmensregister.de kostenlos einsehen. Da die Pflicht zur elektronischen Veröffentlichung von Unterlagen der Rechnungslegung (Jahresabschluss, Konzernabschluss) seit 1. Januar 2007 europaweit besteht, können diese Unterlagen auch in den meisten anderen EU-Mitgliedstaaten – zumeist kostenpflichtig – online recherchiert werden.

Eine Hilfe zur europaweiten Suche bietet heute ein Link auf der Seite www.unternehmensregister.de, welcher unter der Überschrift „EU-Unternehmensdaten" zur Suche im European Business Register führt.

Sofern es sich um eine englische Ltd. oder PLC handelt, finden Sie genauere Informationen im Handelsregister in Großbritannien:
www.gov.uk/government/organisations/companies-house.

In Österreich ist die sog. Firmenbuchabfrage nur über Verrechnungsstellen möglich: Einstiegsseiten sind z.B.:
www.auszug.at,
www.bundesdienste.at,
www.bundesregister.at,
www.firmenbuchgrundbuch.at
oder
www.registerauskunft.at.

Das österreichische Bundesministerium für Justiz nennt die beauftragten Verrechnungsstellen auf seiner Website www.justiz.gv.at unter dem Reiter E-JUSTICE und dem dortigen Stichwort Firmenbuch/Die Firmenbuchdatenbank. Hier werden die Adressen bzw. Links im Einzelnen vorgestellt.

Weitere Zugänge zu europäischen Daten sind beispielsweise:

Belgien: www.nbb.be. Hier führt das Stichwort „Bilanzzentrale" und „Konsultieren" weiter zur Suche nach Jahresabschlüssen.

Frankreich: www.infogreffe.fr

Italien: www.registroimprese.it

Niederlande: www.kvk.nl

Luxemburg: www.rcsl.lu

Schweiz: www.zefix.ch

Darüber hinaus ist die Einsicht in Unterlagen der Rechnungslegung – allerdings unterschiedlich gut nutzbar – möglich über:

Bulgarien: www.bia-bg.com. Hier gibt es einen Zugriff auf das „Bulgarian Enterprises Information System (BEIS)".

Dänemark: www.erhvervsstyrelsen.dk

Estland: www.rik.ee

Finnland: www.prh.fi

Griechenland: www.acci.gr

Polen: www.krs.pl

Portugal: www.cmvm.pt, http://publicacoes.mj.pt

Rumänien: www.mfinante.gov.ro

Schweden: www.bolagsverket.se

Slowakei: www.justice.gov.sk

Slowenien: www.ajpes.si

Spanien: www.rmc.es, www.registradores.org

Tschechien: http://portal.justice.cz/justice2/uvod/uvod.aspx, http://wwwinfo.mfcr.cz/ares/

Ungarn: https://occsz.e-cegjegyzek.hu

Zypern: www.mcit.gov.cy

BEISPIEL

Für US-amerikanische Abschlüsse ist die amerikanische Börsenaufsicht SEC (security exchange commission) zuständig: www.sec.gov.

Hier gelangt man etwa über den Menüpunkt „Filings“ zu „Requesting Public Documents“ und unter der Überschrift „Company Filings“ weiter zum „sec search feature“ (http://www.sec.gov/search/search.htm).

Schritte der Unternehmensplanung

4

Ein Unternehmen führen, das ist wie ein Schiff durch die Wogen lenken. Bei beidem stellt sich die Frage, wie ein Ziel am besten erreicht werden kann. Ist das Ziel einmal klar (siehe dazu das Kapitel Ziele), dann gilt es, einzelne Etappen zu bestimmen, die dabei helfen, den Überblick zu bewahren und sich schließlich zu einem logischen Ganzen zusammenfügen lassen.

Hierfür ist eine strukturierte Planung notwendig. Die Teiletappen sind, auf Unternehmen angewendet, sog. Teilpläne für die verschiedenen Aufgabenbereiche im Unternehmen, z. B. ein Personalplan, ein Investitionsplan, ein Absatzplan etc. Jeder Teilplan ist erst einmal für sich zu entwickeln und muss dann mit den anderen, wie Teile eines Puzzles, aufeinander abgestimmt werden bis sie an allen Seiten zueinander passen: Die produzierten Stückzahlen mit den voraussichtlichen Verkaufszahlen, das Personal mit dem Maschinenpark, die finanziellen Mittel mit den erforderlichen Investitionen etc.

4.1 Funktionsbereiche im Unternehmen

Bis eine Leistung für einen Abnehmer zur Verfügung steht, sind im Unternehmen zahlreiche Aufgaben zu bewältigen, die jeweils zu Funktionsbereichen zusammengefasst werden – von der Beschaffung der Produktionsfaktoren bis zum Verkauf (Absatz) der Erzeugnisse:

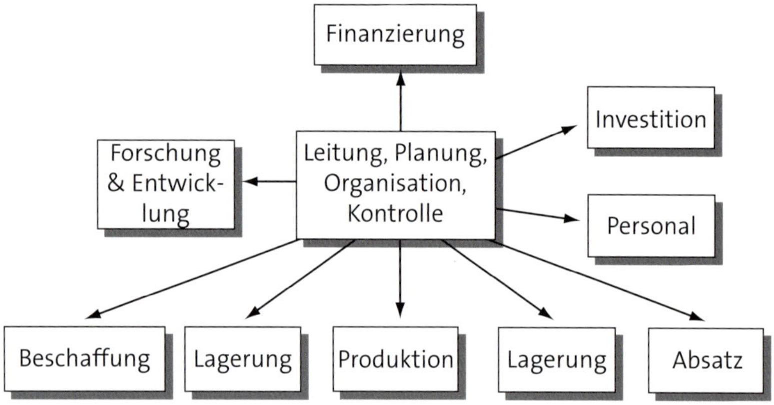

Abbildung: Funktionsbereiche im Unternehmen

Unternehmensleitung

Die **Leitung, Planung, Organisation und Kontrolle** umfasst die Leitung und Lenkung aller anderen betrieblichen Aufgaben. Insbesondere besteht sie im Vorbereiten und Fällen von Entscheidungen. Planung, Organisation und Kontrolle wirken in die Leitungsfunktion für alle anderen betrieblichen Aufgabenfelder hinein.

Beschaffung

Die **Beschaffung** betrifft demgegenüber nur einen Teilbereich des Unternehmens. Den Verantwortlichen einer Beschaffungsabteilung obliegt die Versorgung des Unternehmens mit Betriebsmitteln und Werkstoffen. Denn sowohl Anlagen und Maschinen als auch die zur Produktion notwendigen Roh-, Hilfs- und Betriebsstoffe müssen in richtiger Menge und Qualität zum richtigen Zeitpunkt am richtigen Ort vorhanden sein.

Lagerhaltung

Eine **Lagerhaltung** ist in Unternehmen häufig mehrfach erforderlich. Zunächst lagert man die eingekauften Betriebsmittel und Werkstoffe, bis sie zur Produktion benötigt werden. Eventuell ist eine weitere Lagerhaltung im Fortgang der Produktion als Puffer notwendig, und schließlich wird ein Fertigwaren-Lager benötigt, wenn die erstellten Produkte nicht sofort verkauft werden können.

Im Rahmen der **Produktion** erfolgt die eigentliche Herstellung der Güter und Dienstleistungen. Hier werden Produktionsfaktoren in Wirtschaftsgüter umgewandelt.

Produktion

Die **Absatzfunktion** befasst sich zunächst mit der Erkundung des Marktes, auf dem die erstellten Produkte oder Dienstleistungen verkauft werden können (Marktforschung), dann mit der Beeinflussung möglicher Käufer, um deren Bedürfnisse zu wecken (Werbung), und schließlich dem Verkauf der erstellten Produkte (Preisfindung, Wahl des Absatzkanals etc.).

Absatz

Im **Personalbereich** soll sichergestellt werden, dass die Anzahl vorhandener Mitarbeiter den bestehenden Bedarf deckt und ihre Qualifikation stets dem erforderlichen Stand entspricht, so dass die Mitarbeiter beispielsweise in der Lage sind, neue Technologien zu nutzen.

Personal

Im Bereich **Forschung und Entwicklung** sollten die Mitarbeiter eines Unternehmens neue Produkte und neue Produktionstechnologien entwickeln, damit auch in der Zukunft konkurrenzfähige Produkte angeboten werden können.

Forschung und Entwicklung

Im Rahmen der **Investitionsplanung** wird ein vollständiges Programm für den Erwerb von Sachanlagen, Finanzanlagen und immateriellen Anlagen erarbeitet.

Investition

Der **Finanzbereich** ist gefordert, eine Brücke zu schaffen zwischen dem Eingang finanzieller Mittel (vor allem aus Umsatzerlösen) und den notwendigen Ausgaben (z.B. für Investitionen oder Warenkäufe). In der Regel sind diese Zahlungsströme nicht gleich hoch und fallen zu unterschiedlichen Zeitpunkten an, so dass ein Ausgleich bzw. eine Verschiebung erforderlich wird.

Finanzierung

Unternehmensindividuell, d.h. je nach Unternehmen, bestehen noch weitere Funktionen, wie etwa Qualitätssicherung, Instandhaltung, Betriebsrat, Werksfeuerwehr etc.

Alle diese Aufgaben stehen in Wechselwirkung zueinander. Im Übrigen kommt ihnen eine hohe Bedeutung für die Arbeitsplätze im Unternehmen zu. Dies soll an drei Beispielen erläutert werden.

Wechselwirkung und Auswirkung auf Arbeitsplätze

BEISPIEL

Beispiele zu den Wechselwirkungen der Aufgaben

Wird die Absatzaufgabe von den hierfür verantwortlichen Mitarbeitern nicht erfolgreich genug wahrgenommen, so kann das Unternehmen seine Produkte nicht in gewünschter Zahl verkaufen (selbst wenn die Produkte wünschenswert und qualitativ sehr gut sind!). Ein unzureichender Verkauf aber hat zur Folge, dass die Produktionsabteilung einen Teil ihrer Mitarbeiter entbehren kann und entlassen muss.

Wird die Technologieentwicklung im Unternehmen vernachlässigt und somit die Entwicklung von weiterhin konkurrenzfähigen Produkten, ist der Fortbestand der Unternehmung und damit wiederum der Erhalt der Arbeitsplätze gefährdet.

Gibt es Lücken bei der Lösung der Finanzierungsaufgabe, droht dem Unternehmen Zahlungsunfähigkeit und damit die Insolvenz.

Nachdem die Zusammenhänge und Wechselwirkungen der Funktionsgebiete unstrittig sind, ist es an der Zeit, die Teilpläne genauer zu beleuchten. Als erster Teilplan sei hier – den betrieblichen Ablauf von der Marktseite her gesehen rückwärts verfolgend – der Bereich **Absatzwirtschaft** genauer vorgestellt. Anschließend werden weitere wesentliche Funktionsbereiche des Unternehmens Schritt für Schritt folgen (Produktion, Beschaffung, Personal usw.).

4.2 Absatzplanung

4.2.1 Der Begriff „Marketing"

Marketing: Denken vom Markt her

Unternehmerisches Denken ist heute überwiegend vom Markt her bestimmt. Das heißt, die erste und wichtigste Frage eines Unternehmers wird lauten: Was lässt sich verkaufen? Der Begriff „Marketing" bringt dieses zum Ausdruck: Wie wird den Wünschen am Markt begegnet, welche Bedürfnisse äußern sich, welcher Bedarf tritt auf? Wie kann ein Unternehmen diesem Bedarf begegnen?

Im Gegensatz dazu stünde ein Denken, wonach bereits produzierte Dinge nur noch verkauft werden müssen (wie in der Nachkriegs-Situation). Aus einem Marketing-Denken heraus, das unternehmerisches Tun vom Markt her angeht, ist der Absatzbereich als Teilbereich der Gesamtplanung an erster Stelle zu sehen.

4.2.2 Die Rolle der Marktforschung

Marktforschung

Um den vorhandenen oder auch sich noch entwickelnden Bedarf ausfindig zu machen, stehen Unternehmen zahlreiche Marktforschungsinstitute zur Verfügung. Diese versuchen, durch Befragungen und Beobachtungen von Marktteilnehmern, durch Experimente mit diesen sowie durch die Auswertung bereits vorliegender Daten, Informationen über bestimmte Märkte zu gewinnen.

BEISPIEL

Zu den bekannten Marktforschungsunternehmen in Deutschland gehören beispielsweise die GfK (Gesellschaft für Konsumforschung) in Nürnberg, das Institut für Demoskopie Allensbach oder Kantar Deutschland GmbH (vorher TNS Deutschland/TNS Infratest) in München.

Unsere drei Schifffahrtsfreunde könnten z.B. im Hafen Spaziergänger befragen, für welche Anlässe und zu welchem Preis sie an Rundfahrten interessiert wären. Damit würden sie Marktforschung betreiben.

4.2.3 Der Begriff „Umsatz“

Absatz als Mengenbegriff

Umsatz hat mit Absatz zu tun. Der Absatz ist eine bestimmte Menge, eine Stückzahl. Der Begriff „Absatz“ beschreibt, wie viele Stücke wir veräußern bzw. wie oft wir unser Produkt verkaufen.

Umsatz = Absatzmenge x Preis

Multiplizieren wir diese Menge, also die abgesetzte Menge des Produktes, mit seinem Preis, so gelangen wir zum Begriff „Umsatz“ oder auch „Umsatzerlöse“.

MERKE

Umsatz = Menge x Preis

Wenden wir uns jetzt der rechten Seite der Gleichung genauer zu und betrachten wir den Faktor „Menge" näher: Egal, ob wir Dinge verkaufen oder Dienstleistungen, Aufträge oder Rechte: Wir veräußern davon eine bestimmte Zahl.

Mindestabsatz 1 Stück

Selbst wenn es nur einen einzigen Abnehmer gibt, vielleicht die eigene Muttergesellschaft oder eine Tochtergesellschaft unseres Unternehmens, so setzen wir eine bestimmte Menge, im Extremfall nur ein einziges Stück ein einziges Mal ab.

BEISPIEL

Um noch einmal das Beispiel unserer Schiffsbesitzer aufzugreifen: Es kann sich bei der Absatzmenge um Fischstäbchen in beliebiger Anzahl handeln, die wir nur verkaufen oder selbst an Bord produziert haben, ebenso gut aber auch um einzelne Aufträge wie die Übernahme von Transportgütern von Hier nach Dort, vielleicht auch nur um die Zusage, eine gewisse Zeit mit gewissen Mitteln als Forschungsschiff auf offener See Studien zu betreiben, oder schlicht um ein individuelles Anrecht, wenn unser Schiff zu einem bestimmten Datum für irgendeine Veranstaltung reserviert wurde.

Risiko Fehlplanung der Absatzmenge

Wenn wir nun von dem Sonderfall absehen, dass wir mit Absicht nur einen einzigen Auftrag bedienen, sondern vielmehr auf größere Verkaufszahlen hoffen, welche Probleme können dann im Hinblick auf die Mengen-Komponente unserer Gleichung auftreten?

BEISPIEL

Nehmen wir an, wir hätten beispielsweise beim Anlegen in einem Naturhafen irgendwo Gelegenheit gehabt, von einer Plantage Ficusbäumchen zu erwerben. Nun möchten wir unsere Fracht schnellstmöglich in der Heimat gewinnbringend am Markt verkaufen. Falls die Pflanzen jetzt gerade in Verruf geraten, Allergien auszulösen, wird es schwierig werden mit dem Verkauf, also damit, Umsatz zu erzielen. Zwar steht die Menge an Bäumchen für Abnehmer am freien Markt zur Verfügung; eine unendliche Zahl potenzieller Nachfrager könnte sie erwerben, aber die Menge wird nicht nachgefragt: Der „Absatz" lässt sich unerwarteterweise nicht realisieren, die Mengen-Komponente unserer obigen Gleichung geht gegen Null.

Dies führt uns zum zweiten Teil der Gleichung, dem Faktor „Preis": Für unsere Leistung bzw. unser Angebot fordern wir einen Preis. Wir erhalten ihn so oft, wie wir das Produkt verkaufen.

Welche Probleme können im Hinblick auf den Preis auftreten? Die Preis-Komponente in unserer Gleichung könnte zu gering gegenüber unserem Plan ausfallen.

Risiko Preisverfall

BEISPIEL

Betrachten wir noch einmal unser Beispiel mit den Ficusbäumchen: Wir können vielleicht immer noch eine hohe Anzahl an Bäumchen verkaufen, aber nur zu einem niedrigeren Preis: Die Preis-Komponente ist geringer als vorgesehen.

In beiden Fällen – niedrige Menge oder niedriger Preis oder auch beides zusammen – führt das Produkt aus Menge und Preis zu einem kleineren Betrag, und somit ist der „Umsatz" geringer.

Noch nicht berücksichtigt ist in der Gleichung die Zeitkomponente: Wie entwickelt sich der Umsatz im Zeitablauf? Wie kam es zu den erwirtschafteten Umsätzen und wohin geht die Entwicklung?

Umsatzentwicklung im Zeitablauf

Beispielsweise besteht schon im Zeitpunkt der Markteinführung eines neuen Produkts ein Risiko im Hinblick auf den Umsatz: Verzögert sich die Einführung, so lassen auch die erhofften Umsätze auf sich warten. Lieferverzögerungen oder technische Probleme des Unternehmens können auch später zu Engpässen führen, die sich – obwohl keine Veränderung des Kundenbedarfs vorliegt – unmittelbar auf den Absatz und damit auf den Umsatz auswirken. Eine Erhöhung der Mehrwertsteuer wirkt aus der Sicht von Konsumenten wie ein Preisaufschlag und bedeutet daher für Konsumartikel-Anbieter einen eher ungünstigen Umstand: Sofern die Kunden Verzicht üben, leidet damit wiederum der Absatz.

Einflussfaktoren der Umsatzentwicklung bei der Einführung eines Produkts

Den Umsatz, oder genauer die **Umsatzerlöse,** des vergangenen Geschäftsjahres finden wir im **Jahresabschluss** eines Unternehmens **in der ersten Zeile der Gewinn- und Verlustrechnung (GuV).**

Position „Umsatzerlöse" im Jahresabschluss in der GuV

Seit BilRUG (BilanzRichtlinie-Umsetzungsgesetz von 2015) ist der Begriff der Umsatzerlöse nicht mehr beschränkt auf typische Geschäfte, wie sie für die Geschäftstätigkeit des Unternehmens üblich sind, sondern auf Basis der europäischen Vorgaben umfassen Umsatzerlöse nach § 277 Abs. 1 HGB nun alle Erlöse aus dem Absatz von Produkten sowie der Erbringung von Dienstleistungen und sämtliche Miet- und Pachteinnahmen.

Umsatzerlöse nach BilRUG

Macht jedes Unternehmen Umsatz? Wie verhält es sich, wenn z.B. die Muttergesellschaft nur ein bestimmtes „Budget" vorgibt? Ein festgelegtes Budget bedeutet, dass bestimmte finanzielle Mittel ausreichen

Vereinbarkeit von Budgetvorgabe und Umsatzerzielung

müssen, um die geforderte Leistung zu erbringen. Das heißt, die Höhe der zulässigen Kosten ist von einer übergeordneten Instanz im Vorhinein festgelegt. Das ändert allerdings nichts an der Tatsache, dass die Überlassung der Leistung an die Mutter ebenfalls ihren Preis hat. In Folge dessen machen wir also auch in diesem Fall Umsatz. Dies gilt sogar bei vollständiger Abhängigkeit von der Mutter, die dann unser einziger Kunde ist.

BEISPIEL

Nehmen wir den oben schon erwähnten Fall, dass wir als Forschungsschiff unterwegs sind: Mit einer Budgetvorgabe werden unsere „zulässigen Kosten" eingegrenzt; zugleich wird aber unser Auftrag/unsere Leistung entgolten werden, also machen wir auch hier Umsatz, nämlich in Höhe des Entgelts, das wir für unsere Tätigkeit bzw. unsere Leistung erhalten.

MERKE

Jede rechtlich eigenständige Gesellschaft macht Umsatz unter der Voraussetzung, dass sie ein Gut anbietet und dafür von einem Abnehmer eine Entlohnung erhält.

Umsatzerlöse sind Entlohnung von Leistung

Selbst in dem Sonderfall, dass der Empfänger der Leistung diese nicht selbst bezahlen muss, wie es häufig im Gesundheitswesen der Fall ist, erzielt der Anbieter dennoch Erträge, die Umsatzerlösen gleichgestellt werden können: Vielleicht heißen sie aber hier „Erlöse aus allgemeinen Krankenhausleistungen." Bei einer Bank sind es „Zinserträge" und „Provisionserträge", bei Versicherungen „Verdiente Beiträge".

Folge eines niedrigen Umsatzes

Wie wir oben (im Kapitel Ziele) schon gesehen haben, errechnet sich der Gewinn aus Umsatz minus Kosten. Mit einem niedrigen Umsatz ist also noch nicht gleich ein Verlust verbunden. Zumindest nicht, solange die Kosten geringer sind als der Umsatz. Aber es wird schwieriger, eine Differenz aus Umsatz und Kosten zu erhalten, wenn ersterer sich schon auf einem niedrigen Niveau bewegt: Der Gewinn aus der gewöhnlichen Geschäftstätigkeit schmilzt.

Untergliederung des Gesamtumsatzes in Teilbereiche

Um für einzelne **Teilbereiche** Aussagen treffen zu können, was den jeweiligen Umsatz angeht, muss der Gesamtumsatz in einer genaueren Betrachtung selbstverständlich in verschiedene Teilgebiete (wir könnten auch sagen: Standbeine) untergliedert werden.

Geschäftsfelder/ Tätigkeitsbereiche

Die Aufteilung von Umsatzerlösen kann etwa nach Geschäftsfeldern bzw. Tätigkeitsbereichen erfolgen.

BEISPIEL

Ein Chemie-Unternehmen erzielt vielleicht seinen Umsatz in drei Kernbereichen: Agrochemie, Bauchemie und Sonstige.

Bei einem Maschinenbauer könnte die Untergliederung lauten: Der Verkauf von Maschinen ergab 380.000 Euro, durch Dienstleistungen konnten 130.000 Euro erzielt werden, in Summe 510.000 Euro.

Produkte

Logischerweise können wir auch nach verschiedenen Produkten untergliedern. Im Fahrzeugbau wären dies vielleicht Automobile und Motorräder.

Geographische Merkmale

Die Aufteilung kann aber auch nach geographischen Merkmalen geschehen.

BEISPIEL

510.000 Euro werden erzielt durch Geschäfte im Inland mit einem Anteil von 280.000 Euro, im europäischen Ausland mit 150.000 Euro und in der weiteren Welt mit 80.000 Euro.

Bei kleinen Gesellschaften kann es auch sein, dass im Jahresabschluss nur erwähnt wird, dass die Umsatzerlöse zu ca. 42 % im Inland erzielt werden.

Bedeutung der Auftragslage für den Umsatz

Kurzfristig bestimmt die aktuelle **Auftragslage** unseren bevorstehenden Umsatz, weshalb sie besondere Beachtung verdient. Durch intensive Kundenpflege und andere Maßnahmen ist eine Erhöhung des Auftragseingangs erreichbar.

Deshalb wollen wir uns im Folgenden mit Möglichkeiten befassen, wie Angebote von Unternehmen gestaltet werden können, so dass die potenziellen Kunden sie als attraktiv empfinden und zum Kauf motiviert werden.

4.2.4 Aktionsbereiche der Absatzwirtschaft

Aktionsbereiche der Absatzförderung

Die zahlreichen Möglichkeiten von Unternehmen, auf die Attraktivität ihrer Produkte Einfluss zu nehmen und damit ihren Absatz zu fördern, werden üblicherweise in vier Felder eingeteilt, die als „Aktionsbereiche“ bezeichnet werden.

Aktionsbereiche der Absatzwirtschaft sind damit gleichzeitig Teilbereiche der Absatzplanung.

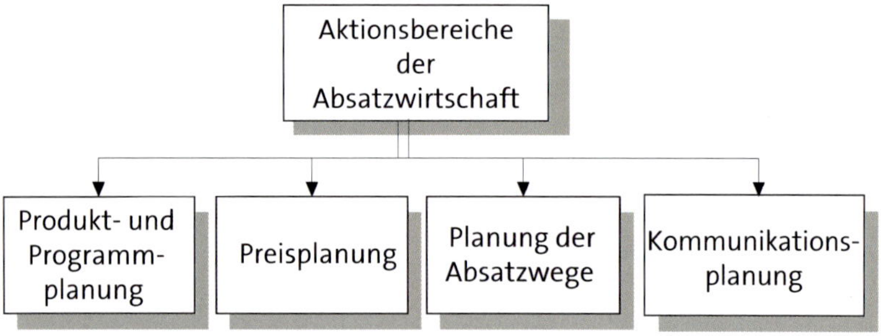

Abbildung: Aktionsbereiche der Absatzwirtschaft

Marketing-Mix

Der Ausdruck „Marketing-Mix" weist auf die Notwendigkeit hin, diese Bereiche wechselseitig aufeinander abzustimmen. Wie bereits ausgeführt, bedeutet „Marketing" ein „Denken vom Markt her": Im Unterschied dazu, einfach zu versuchen das bereits Produzierte wieder „loszuwerden", bedeutet diese Betrachtungsweise, dass zuerst festzuhalten ist, was der Markt, genauer der mögliche Kunde, wünscht und zu erwerben bereit ist (siehe hierzu auch die Erläuterungen in 1.2.2 zu Bedürfnis und Kaufkraft). Dann erst sollten produktionswirtschaftliche Überlegungen folgen.

A) Aktionsbereich Produkt- und Programmplanung

Gestaltung des einzelnen Produkts

Der Aktionsbereich Produkt- und Programmplanung befasst sich zum einen mit der Gestaltung des einzelnen Produkts: Darunter versteht man das Design im weitesten Sinne. Es umfasst etwa die Funktionalität des Gegenstands, die Materialwahl, seine Farbgebung, künstlerische Gestaltung usw. Bei Dienstleistungen müsste man im Rahmen der Produktgestaltung besser von der genaueren Ausgestaltung des Angebotes sprechen. Die Namensgebung für das einzelne Produkt gehört ebenfalls zu diesem Gestaltungsfeld, bei Sachleistungen darüber hinaus auch die Verpackung.

Gestaltung des Produktprogramms

Zum zweiten befasst sich der Aktionsbereich mit dem Zusammenspiel der angebotenen Produkte im Sinne eines abgestimmten Programms. Man spricht dabei von einem „breiten" oder einem „tiefen Sortiment". „Breit" ist ein Sortiment, wenn es unterschiedlichste Artikel beinhaltet, „tief" dagegen, wenn von einem bestimmten Artikel unterschiedlichste Varianten erhältlich sind (z.B. Besen aller Maße, Materialien und Farben).

BEISPIEL

In einem Kaufhaus finden wir üblicherweise ein „breites“ Sortiment an Waren, während ein Fachgeschäft ein „tiefes“ Sortiment anbietet und damit auf spezielle Wünsche von Kunden zu bestimmten Artikeln eingehen kann.

BEISPIEL

Unsere drei Freunde müssten sich in ihrer unternehmerischen Tätigkeit im Rahmen der Produkt- und Programmplanung entscheiden, welches Produkt oder welches Sortiment sie zukünftig anbieten wollen: ein Sachgut, das an Bord hergestellt oder verarbeitet werden soll (etwa eine Fischstäbchen-Produktion) oder das nur erworben und weiterverkauft wird (vielleicht ein Handel mit Krabben), eine Dienstleistung, wie der Transport von Menschen oder Gütern (als Fähre oder für Rundfahrten), oder ein Nutzungsrecht wie die Anmietung zu bestimmten Anlässen (Hochzeitsgesellschaft, Forschungsfahrt). Möglich ist aber auch eine Kombination hieraus, so dass ein breites Sortiment unterschiedlichster Leistungen erhältlich ist. Und es muss die Frage geklärt werden: Zu welchen Bedingungen?

Folgen eines vielfältigen Programms

Je vielfältiger das angebotene Programm ist, desto höher sind auch die Kosten, welche etwa durch einen größeren Raumbedarf, einen höheren Verwaltungsaufwand, bei Eigenfertigung auch durch höhere Produktionskosten (Rüstzeiten) etc. entstehen. Dafür können über ein umfangreicheres Angebot unterschiedliche Käuferschichten angesprochen werden.

B) Aktionsbereich Preisplanung

Preisgestaltung

In diesem Aktionsbereich finden Psychologen ein breites Betätigungsfeld: Welche Preisschwellen haben Verbraucher? Wie wirken Preise auf sie? Welche Preisänderungen werden ignoriert oder hingenommen, wann „verweigern“ Kunden den Kauf?

BEISPIEL

Nahezu allerorts finden sog. „gebrochene“ Preise Anwendung: 2,99 Euro oder gar 99,98 Euro sollen uns Verbraucher einen niedrigen, knapp kalkulierten Preis vermuten lassen und uns so leichter zu einem Kauf anregen als beim nächsthöheren ganzzahligen Wert.

Mit der Frage, zu welchem Preis ein Unternehmen seine Produkte auf dem Markt verkaufen will, dringt es ein in ein Spannungsfeld zwischen Kostenorientierung, Nachfrageorientierung und Konkurrenzorientierung.

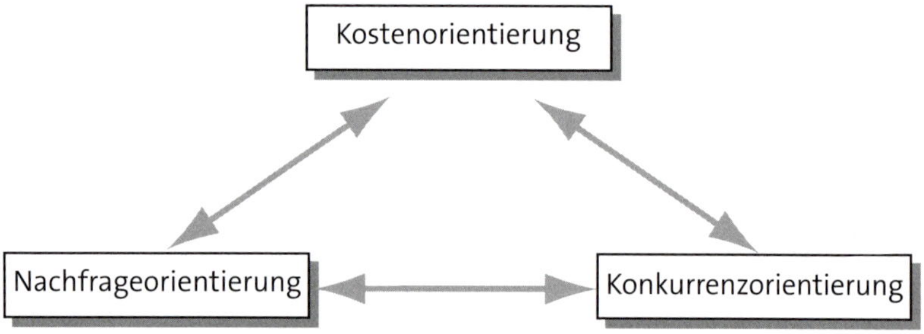

Abbildung: Orientierungsmöglichkeiten bei der Preisplanung

Selbstkosten, Konkurrenzpreis und Zahlungsbereitschaft der Kunden

Erstens soll der Preis des einzelnen Produktes auf Dauer über den Selbstkosten des Unternehmens liegen (Kostenorientierung). Zudem, und damit zweitens, muss der kalkulierte Preis am Markt durchsetzbar sein. Das heißt, dass auch eine entsprechende Zahlungsbereitschaft der Konsumenten vorhanden sein muss (Nachfrageorientierung). Und drittens ist der Preis etwaiger Konkurrenten zu berücksichtigen: Möglicherweise bieten sie eine qualitativ gleichwertige Leistung bereits zu einem geringeren Preis an (Konkurrenzorientierung).

C) Aktionsbereich Absatzweg (Distribution)

Die Planung des Absatzweges fragt ganz einfach danach: Wie gelangt unsere Ware bzw. unsere Leistung zum Abnehmer?

Direkter Absatz

Im Falle eines sog. **direkten Vertriebs** kann der Kunde die Leistung in eigenen Verkaufsstätten oder bei eigenen Vertretern des Unternehmens erwerben.

BEISPIEL

Bei Groß- und Einzelprojekten wie im Schiffsbau, im Flugzeugbau oder bei Großanlagen wird der Hersteller seine Produkte nur direkt verkaufen.

Eigene Verkaufsbüros und Werksverkäufe bieten Kunden ebenfalls die Möglichkeit zum direkten Erwerb.

Handlungsreisende und der Automatenverkauf sind weitere Formen eines direkten Absatzes.

Wichtige Vorteile bei direktem Absatz sind der unmittelbare Kontakt zum Kunden, die Spezialisierung werkseigener Mitarbeiter und die schnelle Belieferung. Der Hersteller spart damit auch die Handelsspanne des Zwischenhandels ein (Spanne nennt man den Unterschiedsbetrag von Verkaufspreis und Einkaufspreis, hier also den Aufschlag auf den Preis des Herstellers, den der Zwischenhändler für seine Leistung erhält). Zudem ist der Hersteller beim direkten Absatz von Handelsbetrieben unabhängig, z.B. in seinem Werbeauftritt oder auch in seiner Preisgestaltung.

BEISPIEL

Im Fall unseres Schiffes könnte ein direkter Absatz z.B. darin bestehen, dass der Gast sein Ticket für die Rundfahrt direkt an Bord oder in einem eigenen Verkaufsstand löst. Frische Fische, die direkt vom Boot gekauft werden können, wären ebenfalls direkt abgesetzt.

Indirekter Absatz

Beim **indirekten Absatz** bedient sich ein Unternehmen spezialisierter Vermittler, typischerweise ist das der Einzelhandel oder der Großhandel.

Ein Einzelhändler ist ein Organ zwischen Hersteller und Kunde. In der Regel schafft er – vor allem durch seine Marktkenntnis oder auch z.B. durch räumliche Nähe – quasi die Brücke vom Produkt zum Kunden.

BEISPIEL

Formen des Einzelhandels finden wir im Supermarkt oder beim Discounter ebenso wie im Versandhandel, im Fachgeschäft, Warenhaus, Kaufhaus oder Einkaufszentrum.

BEISPIEL

In unserem Beispielsfall wären die Fahrkarten für einen Ausflug mit unserem Schiff vielleicht in örtlichen Hotels oder Reisebüros erhältlich und die Fische bei einem Händler am Markt, der sie vorher bei uns erworben hat.

Wenn ein Hersteller seine Waren an den Großhandel verkauft, dann ist dieser als zusätzliches Glied in der Absatzkette dem Einzelhandel vorgeschaltet: Der Großhändler kauft relativ große Bestellmengen ein und verteilt sie an Einzelhändler weiter. Häufig übernimmt er dabei auch die Lagerung, das Aufteilen und den Transport.

BEISPIEL

Vor allem im Bereich der Süß- und Schreibwaren stellen sog. Sortimentsgroßhändler aus den Produkten verschiedenster Hersteller ein spezielles, möglichst abgerundetes Sortiment zusammen. So unterstützen sie wiederum den Einzelhandel in seiner Warenbeschaffung.

BEISPIEL

In unserem Beispiel könnte etwa ein Reiseveranstalter die Funktion des Großhändlers übernehmen, was die Rundfahrten oder die Nutzung der Räumlichkeiten betrifft. Er würde Kontingente bei uns erwerben und verschiedene Anteile im Rahmen von Ausflugspaketen weiterveräußern. Frische Fische oder auch Fischstäbchen würden von uns an den Fischgroßhandel geliefert oder von diesem abgeholt. Der Großhandel würde unsere Fische dann in seinen Hallen zusammen mit dem Angebot anderer Lieferanten wiederum an Einzelhändler, vielleicht aber auch an Sterne-Restaurants, weitergeben.

Der Vorteil des Großhandels liegt auf der Hand: Er nimmt dem Hersteller einen beträchtlichen Teil des Vertriebsaufwands ab und verhilft ihm zu einem schnellen Rückfluss finanzieller Mittel. Darüber hinaus verfügt der Großhändler über eine spezielle Marktkenntnis.

D) Aktionsbereich Kommunikationsplanung

Was bedeuten die Begriffe Werbung, Öffentlichkeitsarbeit, „Product Placement"?

Steigendes Auftragsvolumen in der Werbebranche

Die Wirtschaftslage der letzten Jahre bereitete vielen Unternehmen große Unsicherheit und Sorge. Das hatte Auswirkungen auf die Werbebranche, weil gerade die Ausgaben für Werbung in konjunkturellen Flauten häufig auf ein Minimum reduziert werden. Vor allem bei Printmedien und im TV schwankt das Auftragsvolumen für Werbung stark. Heute verzeichnet die Werbebranche verhaltene Zuwächse. Offensichtlich gelingt es den Werbe-Agenturen nicht durchgängig, bestehende Kunden und Neukunden von der Wichtigkeit einer professionellen Vermarktung ihrer Produkte zu überzeugen.

BEISPIEL

Eine Anzeige in der lokalen Zeitung oder im Anzeigenblatt ist oft der erste Schritt, um auf Angebote hinzuweisen (etwa für örtliche Händler).

Weitere mögliche Wege sind Poster bzw. Plakate, Wurfsendungen, Prospekte, Beilagen, Werbung auf Autos oder Bussen, im Radio, TV und Internet und bei Veranstaltungen.

Auch Banden- und Trikotwerbung im Sport stellen wichtige Werbemaßnahmen dar.

Werbung geschieht für Produkte. Der Käufer wird ausdrücklich aufgefordert, ein bestimmtes Produkt zu erwerben.

Werbung für Produkte

BEISPIEL

Wenn einer unserer Freunde ruft: „Frische Fische, geräucherter Aal, sensationelle Krabben!", so ist das ebenso Werbung, wie wenn er ein Plakat aufhängt, das ankündigt: „Schiff zu vermieten."

Von „Product Placement" spricht man, wenn ein Produkt (oder auch die Verpackung oder ein Firmenlogo) bewusst in einem Medium platziert wird, ohne dass der Betrachter dieses als Werbung wahrnimmt. In Deutschland ist diese Art der Beeinflussung bisher verboten, allerdings soll nach einer EU-Richtlinie eine bedingte Erlaubnis umgesetzt werden. Eine Ausnahme vom bisherigen Verbot stellt heute schon die sog. „Produktbeistellung" dar, bei der Produkte unentgeltlich für Filmproduktionen überlassen werden und dort dann zu sehen sind. Unerlaubtes Product Placement heißt im deutschen Sprachraum „Schleichwerbung".

BEISPIEL

Beispiele für Product Placement

Ein BMW wirkt im James-Bond-Film mit. In der Serie Marienhof wurde L´Tur beworben, die Namen von Pharmafirmen sind in Ärzteserien zu finden. Im Kinofilm „Die Götter müssen verrückt sein" fällt eine leere Coca-Cola-Flasche vom Himmel.

Öffentlichkeitsarbeit zur Imagepflege

Während Werbung offensichtlich auf den Verkauf eines Produktes gerichtet ist, sollen Maßnahmen der Öffentlichkeitsarbeit (auch bekannt unter dem englischen Begriff PR-Maßnahmen, PR für „public relations", also die Beziehung zur Öffentlichkeit) das Image eines Unternehmens pflegen. Dem dienen etwa Erfolgsmeldungen, die aus dem Unternehmen nach außen kommuniziert werden. Freundlichkeit, Offenheit und Ehrlichkeit sollten unabdingbare Bestandteile der PR-Arbeit sein.

PR wird nicht nur durch eine zuständige Person gemacht, sondern auch von Mitarbeitern, von Artikeln der Redakteure der eigenen Homepage ebenso wie durch das Auftreten von Unternehmens-Vertretern in der Öffentlichkeit. So kann jegliche PR-Arbeit von Repräsentanten des Unternehmens, die sich nicht adäquat verhalten, im Nu zunichte gemacht werden.

BEISPIEL

Beispiele für Öffentlichkeitsarbeit sind Hochglanzbroschüren über das Unternehmen, ob als Unternehmensreport, Geschäftsbericht oder Aktionärsbrief bezeichnet, eine gläserne Produktionsstätte oder ein Museum (Volkswagen in Dresden, BMW Erlebniswelt in München), das Sponsern von Sportlern, Künstlern oder Veranstaltungen und vieles mehr.

Öffentlichkeitsarbeit könnten unsere Freunde betreiben, wenn sie Interviews geben, um ihr Engagement für den Umweltschutz zum Ausdruck zu bringen, oder das Schiff auf Hochglanz bringen und kostenlose Führungen an Bord anbieten.

BEISPIEL

Der Bereich der Absatzplanung kennt vier Aktionsbereiche:
- die Produkt- und Programmgestaltung,
- die Preisgestaltung,
- die Gestaltung der Distribution (Absatzweg),
- die Kommunikationsgestaltung (Werbung, Öffentlichkeitsarbeit).

4.2.5 Wechselwirkungen des Absatzbereiches mit anderen Funktionsgebieten

Wechselwirkungen mit anderen Funktionsbereichen

Eine Umsatzausweitung wie auch eine langfristige Umsatzeinschränkung berührt nicht nur den Absatzbereich, sondern zieht logischerweise weitere Folgen in anderen Aufgabengebieten nach sich: So mögen Lagerbestände an verschiedenen Stellen im Unternehmen zu- oder abnehmen, der Finanzbereich verspürt höhere oder fehlende Zahlungseingänge, nach und nach muss der Produktionsbereich in die eine oder andere Richtung angepasst werden, sowohl im dinglichen wie auch im personellen Bereich, und es ist mit weitergehenden Folgeinvestitionen und -kosten zu rechnen.

4.3 Produktionsplanung

Wahl von Produktionsprogramm und Art der Fertigung

Liegen die Ergebnisse der Absatzplanung vor, so sind sie eine wichtige Entscheidungsgrundlage für die Planungsaktivitäten im Produktionsbereich. Aufgabe der Absatzabteilung war es ja zu ermitteln, welche Mengen des zu erstellenden Produktes in welcher Eigenart voraussichtlich abgesetzt werden können. Nun gilt es, im Rahmen der Produktionsplanung zu klären, **was** produziert wird und **wie** die Fertigung geschehen soll.

4.3.1 Wahl des Produktionsprogramms

Eigenfertigung gegenüber Fremdbezug

Zunächst muss unterschieden werden zwischen den Teilen des Absatzprogramms, die selbst erstellt und denen, die demgegenüber zugekauft werden sollen.

BEISPIEL

Ein Händler verkauft nur zugekaufte Ware weiter, ohne selbst etwas herzustellen.

So, wie wir beim Absatzprogramm schon in „Breite" und „Tiefe" des Programms unterschieden haben, können wir es auch hier tun: Bei dem Teil des Programms, das wir selbst erstellen, handelt es sich um unser „Produktionsprogramm", und hier haben wir wiederum die Möglichkeit, ein breites oder tiefes Programm zu wählen.

4.3.2 Möglichkeiten der Anpassung an Absatzschwankungen

Nachdem wir uns auf ein bestimmtes Produktionsprogramm (oder ein einzelnes Produkt, ein Sachgut oder eine Dienstleistung) festgelegt haben, haben wir drei Möglichkeiten um die Absatz- und Produktionsmenge aufeinander abzustimmen:

A) Anpassung

Produktion entsprechend Absatz

Die Produktionsmenge könnte den Absatzschwankungen folgen: Wir fertigen nur in dem Maß, in dem sich die Erzeugnisse auch verkaufen lassen. Und wir erbringen eine Dienstleistung genau dann, wenn sie angefragt wird (z.B. eine Beratung).

Allerdings bedeutet das, dass wir eventuell starke Schwankungen in der Produktionsmenge hinnehmen müssen (etwa dann, wenn wir einem ungleichmäßigen Auftragseingang folgen, was vor allem bei Saisonartikeln vorkommt).

BEISPIEL

Wenn Überstunden zu leisten sind oder eine zunehmende Anzahl an Leiharbeitern beschäftigt wird, deutet dies darauf hin, dass eine Anpassung der Produktionsmenge an ein erhöhtes Absatzvolumen stattfindet.

Eine sehr individuelle Dienstleistung, etwa psychologische Unterstützung in Krisensituationen oder die Änderung eines Bauplanes sowie ein bestimmtes Menü für eine Familienfeier, kann nur als prompte Anpassung an die Nachfrage erfolgen.

B) Gleichbleibendes Produktionsniveau

Produktionsniveau gleichbleibend

Die Produktionskapazitäten werden gleichmäßig ausgelastet, Leerkosten somit vermieden. Eine durchgängig gleiche Auslastung während des Jahres senkt die Produktionskosten: Maschinen und Personal sind gleichmäßig beansprucht (z.B. bei Massenfertigung von Sachgütern, bestimmte Zyklen bei der Reinigung, Gesundheitsleistungen usw.). Entweder wird ein Lager unterhalten, oder Aufträge können nacheinander abgearbeitet werden (Erstellen von Plänen, Sprechstunden usw.).

Ein Anheben und Senken der Verkaufspreise kann hier helfen, Absatzschwankungen entgegenzuwirken und hohe Lagerkosten oder Leerkapazitäten (z.B. im Kino) zu vermeiden.

BEISPIEL

Das Anstreben eines gleichbleibenden Produktionsniveaus ist der Regelfall, ob im Automobilbau oder in der Nahrungsmittelindustrie, im Handwerk oder im Gewerbe.

Auch bei Dienstleistungsunternehmen wie Fluggesellschaften, Forschungseinrichtungen oder im Hallenbad wird versucht, ein gleichmäßiges „Produktionsniveau“ aufrechtzuerhalten und die entsprechende Nachfrage über das Werben um Kunden gerade zu weniger attraktiven Zeiten hervorzurufen.

C) Stufenweise Anpassung

Stufenweise Anpassung der Produktion

Zwischen der Anpassung und dem gleichbleibenden Produktionsniveau gibt es auch eine Zwischenlösung: Die Produktionsangleichung in Form einer stufenweisen Anpassung. Sowohl Lagerkosten als auch Leerkosten sollen möglichst vermieden werden. Das Produktionsniveau wird stufenweise angehoben oder abgesenkt; den Absatzschwankungen entsprechend wird ein Lager auf- oder abgebaut.

BEISPIEL

Ein Zu- oder Abschalten einer Maschine oder eines Aggregats, die Inbetriebnahme oder Stilllegung eines Fahrzeugs, das Einstellen oder Entlassen eines Saisonarbeiters, das Öffnen bzw. Schließen eines zusätzlichen Raumes im Restaurant oder einer weiteren Kasse im Supermarkt, das alles sind Schritte einer stufenweisen Produktionsangleichung.

4.3.3 Unterscheidung von Fertigungsverfahren nach dem Grad der Automation

A) Manuelle Fertigung und geistige Arbeit

Manuelle Fertigung

Diese Erzeugnisse werden ganz oder überwiegend in Handarbeit erstellt: Bei Tätigkeiten, die ein spezielles Geschick und eine hohe Anpassungsfähigkeit sowie körperlich oder geistig schöpferische Leistung erfordern, herrscht manuelle Fertigung vor.

BEISPIEL

Ob Goldschmied oder Steinmetz, Maler, Schreiner, Polsterer, Gärtner, Friseur oder Restaurateur, Kfz-Mechaniker oder Architekt, Masseur oder Krankengymnast, Lehrer oder Heilpraktiker, Berater oder Hellseher: Der Einsatz technischer Hilfsmittel schreitet zwar fort, im Wesentlichen handelt es sich aber um manuelle oder geistige Tätigkeit, die ganz individuell erbracht wird.

B) Maschinelle Fertigung

Maschinen übernehmen gleichbleibende Arbeitsgänge, Menschen steuern und überwachen sie.

C) Automatische Fertigung

Automation

Wo Arbeitskräfte nicht mehr eingreifen, sondern Maschinen nach einem vorgegebenen Programm Arbeitsvorgänge ablaufen lassen, besteht die Aufgabe von Menschen in der Überwachung der Produktionsabläufe. Eine automatische Fertigung ist aus Kostengründen erst bei hohen Stückzahlen sinnvoll.

4.3.4 Unterscheidung von Fertigungstypen der Produktion nach der Anzahl gleichartiger Produkte

Je nachdem, wie oft ein Produkt in gleicher Weise hergestellt werden soll, lassen sich folgende Fertigungstypen (auch Fertigungsarten oder -prinzipien genannt) unterscheiden:

A) Einzelfertigung

Typischerweise wird in Branchen wie dem Schiffsbau, Brückenbau, Großanlagenbau oder allgemein in der Bauindustrie, bei Forschungstätigkeiten und bei Unikaten in Einzelfertigung gearbeitet, normalerweise auf Bestellung. So lassen sich individuelle Kundenwünsche und -bedürfnisse erfüllen.

B) Sorten- und Serienfertigung

Serienfertigung

Bei der Serienfertigung werden Produkte in begrenzten Stückzahlen hergestellt, die unterschiedliche Fertigungsgänge erfordern. Daher ist ein Umrüsten der Anlagen erforderlich. Die Menge der Produkte, die in einer Serie gefertigt werden, wird als Losgröße bezeichnet. Mit zunehmenden Stückzahlen erfolgt mehr und mehr ein Übergang von Universal- zu Spezialmaschinen.

Sortenfertigung

Bei der Sortenfertigung unterscheiden sich die Produkte in Material und Herstellung nur geringfügig voneinander; die verschiedenen Sorten können auf denselben Produktionsanlagen gefertigt werden.

BEISPIEL

Bei Automobilen, Möbeln, Computern findet man Serien. Teilweise kann der Kunde auf die letztendliche Ausführung noch Einfluss nehmen.

Bei Bekleidung, Werkzeugen, Büroartikeln spricht man von Sorten.

C) Massenfertigung

Massenfertigung liegt vor, wenn ein identisches Produkt in riesigen Stückzahlen auf stets gleichen Produktionsanlagen erstellt wird. Typischerweise herrscht hierbei eine Untergliederung der Arbeitsgänge in zahlreiche kleine Einzelschritte – man spricht von einer hohen Arbeitszerlegung – bei einem hohen Automatisierungsgrad.

BEISPIEL

In Wasser- und Elektrizitätswerken, bei einfachen Stanz- oder Pressvorgängen (Stahlnägel, Gummibären) begegnet uns Massenfertigung.

4.3.5 Unterscheidung nach der Fertigungsorganisation

Fertigungsorganisation

In einer weiteren Unterscheidungsmöglichkeit der Fertigungsverfahren gliedert man üblicherweise danach, wie die räumliche Organisation der Erstellung geschieht: Da gibt es

A) **Werkbankfertigung** – Platzierung von Hilfsmitteln um einen einzelnen Arbeitsplatz, insbesondere im Handwerk, aber auch in einzelnen Abteilungen bei industrieller Fertigung, z.B. im Werkzeugbau.

B) **Werkstättenfertigung** – Anordnung gleichartiger Maschinen in Werkstätten, die damit räumlich zusammengefasst sind.

C) **Fließfertigung** – strenge organisatorische und zeitliche Abstimmung, eventuell sogar als Fließbandfertigung.

D) **Reihenfertigung** – der Arbeitsablauf erlaubt Variationsmöglichkeiten, die zeitliche Bindung an den vorhergehenden und den nachfolgenden Arbeitsplatz entfällt, es gibt Puffer.

E) **Gruppenfertigung** – verschiedene Fertigungsabschnitte werden jeweils von unterschiedlichen Gruppen selbständig produziert; Arbeitsbefriedigung und Arbeitsproduktivität sollen damit gegenüber einer reinen Fließfertigung verbessert werden.

F) **Baustellenfertigung** – Transport von Menschen, Maschinen und Material zu wechselnden Erstellungsorten, vor allem im Baugewerbe.

MERKE

Im Rahmen der Produktionsplanung ist zum einen über das Produktionsprogramm zu entscheiden, d.h. welche Leistungen im Unternehmen selbst gefertigt werden sollen, und zum anderen, wie die Erstellung vor sich gehen soll: Dies betrifft das Produktionsniveau (Höhe, Schwankungsbreite), die Anpassung an die Nachfrage, den Grad der Automation, die Fertigungstypen (von der Einzel- bis zur Massenfertigung) und die Organisation der Erstellung (vor Ort oder in Fließfertigung).

4.3.6 Wechselwirkungen des Produktionsbereiches mit anderen Funktionsgebieten

Wechselwirkungen mit anderen Funktionsbereichen

Wie oben schon festgestellt wurde, unterliegt der Produktionsbereich den Vorgaben aus dem Absatzplan. Dies gilt im Hinblick auf Menge, Qualität und auch Zeit: Liefertermine sind mit Arbeitsplänen abzustimmen. Umgekehrt kann der Produktionsbereich auch Anpassungen seitens des Absatzbereiches fordern, etwa Sonderangebote oder Werbeoffensiven, wenn eine gleichmäßige Produktionsmenge aufrechterhalten werden soll.

Vor allem die Beschaffungsplanung (wie viel Material wird benötigt?) sowie die Personal- und Investitionsplanung (welches Personal ist erforderlich und inwiefern ist die Produktions-Kapazität den geplanten Mengen anzupassen?) sind von den Vorgaben aus dem Produktionsbereich unmittelbar betroffen. Außerdem muss in weiterer Folge dann im Finanzbereich entschieden werden, ob die geplanten Vorgaben auch finanziell realisierbar sind.

4.4 Beschaffungs- und Lagerplanung

4.4.1 Aufgabe der Beschaffungsplanung

Bereitstellung von Material

Zentrale Aufgabe der Beschaffungsabteilung ist die Bereitstellung der Materialien, die für die Erstellung der Leistung bzw. des Produkts benötigt werden. Zu beschaffen sind sowohl Betriebsmittel als auch Werkstoffe, d.h. Rohstoffe und eventuell zur Produktion benötigte Halb- und Fertigfabrikate.

Die Bereitstellung muss erfolgen:

- zum richtigen Zeitpunkt,
- in der richtigen Menge,
- am richtigen Ort,
- in der erforderlichen Art und Qualität sowie
- zu möglichst geringen Kosten.

Fehlplanungen können, selbst wenn nur ein Kriterium betroffen ist (Menge, Qualität, Zeitpunkt), zu schwerwiegenden Folgen führen, im einfacheren Fall zu niedrigerer Produktionsmenge oder minderer Qualität, schlimmstenfalls sogar zum Produktionsstillstand. Sind die Kosten für das beschaffte Material zu hoch (Fehler in der Kostenplanung), wird der Gewinn geschmälert.

BEISPIEL

Beispiel für eine Fehlplanung

Eine Gaststätte mit Biergarten plant die Nachfrage nach Speisen und Getränken nach ihren bisherigen Erfahrungen für einen saisonal typischen Verlauf. Entsprechende Bestellungen werden an die Lieferanten (Gastronomie-Bedarf, Brauereien etc.) weitergegeben. Tatsächlich überrascht das Frühjahr mit anhaltend hohen Temperaturen. Diese führen zu einer verstärkten Nachfrage nach leichten Sommersalaten, Eis und antialkoholischen Getränken, aber auch Bier in Maßkrügen und großen Brezeln. Sowohl bei den Speisen als auch bei den Getränken und den Krügen kann die umgehende Nachbeschaffung der fehlenden Mengen und Stückzahlen vielleicht nur zu höheren Kosten erfolgen oder sogar schwierig werden, falls auch bei den Lieferanten – die Nachfrage ist allgemein erhöht – Engpässe auftreten. Obwohl die Gefrierfächer aufgrund von Vorratsbeschaffung gefüllt sind, bleibt der Absatz hinter den Möglichkeiten zurück, denn die Gaststätte kann die Gäste nicht wunschgemäß bedienen.

4.4.2 Planung der Lagerhaltung

Die Planung der Lagerhaltung ist eng mit der Beschaffungsplanung verbunden, denn die beschafften Materialien müssen häufig auch gelagert werden. Drei typische Varianten der Beschaffung seien hier vorgestellt. Sie haben jeweils entsprechende Auswirkungen auf die Belegung des Lagers:

A) Fallweise Beschaffung

Wenn Einzelaufträge zu bearbeiten sind, ist eine fallweise Beschaffung vorherrschend.

BEISPIEL

Ein Kunde bestellt eine Spezialmaschine. Der Materialbedarf für die Maschine steht erst mit der Auftragserteilung fest. Daher kann die Beschaffungsabteilung erst ab diesem Zeitpunkt aktiv werden und die zur Produktion erforderlichen Materialien bestellen

Ein Patient benötigt einen speziellen Impfstoff. Dieser ist nicht vorrätig und muss erst bestellt werden.

Die beschafften Materialien werden bei der fallweisen Beschaffung also sofort für die Produktion bzw. für die Dienstleistung benötigt und gehen im Produktionsprozess unter. Eine Lagerhaltung findet hier deshalb nicht statt.

B) Vorratsbeschaffung

Beschaffung auf Vorrat

Sofern Materialien ständig zur Verfügung stehen sollen, müssen sie gelagert werden können. Dann wird ein Materiallager eingerichtet. Eine Lagerbestandskontrolle gewährleistet, dass genügend Material für die Produktion vorhanden ist, aber andererseits die durch die Lagerhaltung verursachten Kosten nicht zu hoch werden.

BEISPIEL

Rohstoffgranulat, Heizöl, Flüssigkeiten, Getriebeteile, Verbandsmaterial, Kopierpapier, Druckerpatronen etc.: Die Reihe möglicher Materialien für unterschiedlichste Sach- und Dienstleister, die typischerweise auf Vorrat gekauft und gelagert werden, lässt sich lange fortsetzen.

C) Fertigungssynchrone Beschaffung

Beschaffung „Just-in-time“

Auch unter dem Stichwort „Just-in-time“ bekannt geworden, hat die sog. fertigungssynchrone Beschaffung insbesondere in der Automobil-Industrie vor Jahren einen Siegeszug erlebt. Dabei werden die benötigten Materialien genau zu dem Zeitpunkt angeliefert, zu dem sie tatsächlich in der Produktion benötigt werden. Das mindert die Lagerkosten. Allerdings besteht eine zwangsläufige Abhängigkeit vom Lieferanten und das Risiko eines Produktionsstillstands ist groß. Mancherorts wurden einschlägige Erfahrungen bereits durchlitten, so dass heute in der Regel auf eine ausschließliche auf Just-in-time basierende Beschaffung verzichtet wird zugunsten einer geringen Lagerhaltung. Oder aber das Risiko wird auf den Lieferanten abgewälzt.

JIS, Just-in-sequence, ist eine Steigerung von Just-in-time: Die Teile werden zu dem Zeitpunkt, zu dem sie eingebaut werden sollen, durch einen externen Lieferanten in der passenden Reihenfolge angeliefert (sequenzgerecht).

„Just-in-sequence"

BEISPIEL

Welche Faszination die Just-in-time-Belieferung schon vor vielen Jahren ausübte, zeigt folgender Zeitungsausschnitt von 1990:

„Gemächlich rollt der weiße Brummi entlang der Donau nach Regensburg. Kein Stau, keine Komplikationen. Pünktlich gegen Mittag dockt er bei BMW an. Außer dem Fahrer ist vor der Werkhalle kein Mensch in Sicht. Auf Knopfdruck bewegen sich fünfzehn Autositz-Garnituren vom Lastwagen: karminrote Sitze, sportliche Ledermodelle, bürgerlich-beige Kombinationen. Wie von Geisterhand bewegt, ordnen sie sich an einem Förderband und schweben lautlos zur Montagehalle.

Am frühen Morgen hatte der BMW-Computer die Sitze beim Computer des Polsterfabrikanten geordert – passend zu den ersten frisch gespritzten Chassis aus der Lackiererei. Vom Rechner ferngesteuert, machten sich die Näherinnen in der zwanzig Kilometer von Regensburg entfernten Firma Schmitz & Co ans Werk. Der BMW-Computer duldet keine Trödelei: Detailliert und mit genauen Zeitvorgaben erteilt er der Polsterfabrik alle zwei Minuten einen neuen Auftrag. Pausen, Sonderschichten, Urlaub – alles richtet sich im Werk der Firma Schmitz & Co nach dem großen Bruder BMW. Pünktlich um 11 Uhr schickt der Computer den Lastwagen, um die Sitze abzuholen. Das Timing grenzt an Zauberei. Während jetzt die ersten roten Sitze in die Regensburger Montagehalle gleiten, steuert genau zeitgleich und ohne menschliches Zutun auch die passende Karosserie heran. Die Ledergarnitur gesellt sich zu einem Cabrio, die beiden Modelle zu der Familienausführung. Keine Kontrolle, nur ein paar Handgriffe, dann sind die Sitze eingebaut. *Just in time* nennen die Fachleute diese auf die Minute abgestimmte Produktion und pilgern aus ganz Deutschland an die Donau, um von den Niederbayern zu lernen. (...)"
(Quelle: Irene Mayer-List: Der Computer befiehlt, in: Die Zeit vom 6.4.1990, Nr. 15 S. 36)

Im Februar 2005 hatten Autobauer mit großen Komplikationen zu kämpfen, die auf Zulieferprobleme zurückzuführen waren: Zwar bestand das Problem hier nicht in der zeitgenauen Belieferung, sondern in schadhaften Teilen. Beides führt aber zum gleichen Ergebnis und zeigt das Risiko der nahtlosen Verknüpfung von Zulieferer und Abnehmer: „Nach dem Produktionsstopp bei BMW muss jetzt auch

DaimlerChrysler die größte Fabrik des Konzerns in Sindelfingen für zwei Tage schließen. Noch immer hat der Zulieferer Bosch das Problem mit der Dieseleinspritzpumpe nicht gelöst (...). Bei DaimlerChrysler können wegen des Engpasses an zwei Tagen 4000 Wagen der C-, E- und S-Klasse nicht gefertigt werden. 20 000 Mitarbeiter in der Produktion in Sindelfingen sind davon betroffen. (...) BMW kündigte an, den im Werk Dingolfing geplanten zweitägigen Produktionsstopp über Fasching auf fünf Tage bis Ende nächster Woche zu verlängern. Von längeren Lieferzeiten für Kunden sei aber noch nicht die Rede, hieß es bei der BMW-Niederlassung in Hamburg. (...) Zu Regressforderungen der Autohersteller machte Bosch noch keine Angaben. (...)“
(Quelle: Hamburger Abendblatt vom 2. Februar 2005: Daimler stoppt die Produktion)

Nach dem Erdbeben in Japan 2011 stand die Produktion von Chips vorerst still. Die Preise schnellten in die Höhe; die Fertigstellung von Mobiltelefonen und Tablets geriet in Verzug. Auch die Automobilindustrie musste in Europa wie in Amerika ganze Fabriken anhalten, weil Teile aus Japan fehlten.
(Quelle: z.B. www.manager-magazin.de vom 3.8.2012: Produktionsstopp trifft den Westen)

Im April 2017 gab es deutschlandweit einen Lieferengpass für ein wichtiges Narkosemittel. Dem Vernehmen nach waren alle sechs Hersteller betroffen, sei es aufgrund einer Streik- oder Krankheitswelle, wegen verunreinigter Grundsubstanzen aus dem Ausland oder anderweitig.
(Quelle: www.faz.net/aktuell/wirtschaft/narkosemittel-fuer-ambulante-operationen-werden-knapp-14987584.html)

Ende 2018 drohte zahlreichen Mitarbeitern im Volkswagenwerk in Zwickau Kurzarbeit wegen Lieferengpässen bei der Zulieferung von Motorteilen. Die Produktion des Golf in der Fertigungslinie 2 musste gestoppt werden.

MERKE

Die Beschaffungs- und die Lagerhaltungsplanung haben die Versorgung des Unternehmens mit den erforderlichen Produktionsfaktoren zum Ziel. Im Einkauf und in der Bereitstellung müssen die geeignete Menge, Art und Qualität sowie der zutreffende Ort, Zeitpunkt und die Kosten beachtet werden.

4.4.3 Wechselwirkungen der Beschaffungs- und Lagerplanung mit anderen Funktionsbereichen

Wechselwirkungen mit anderen Funktionsbereichen

Wie bereits angesprochen, können Fehlplanungen im Beschaffungsbereich erhebliche Folgen für den Produktionsbereich haben. Es kann aber auch sein, dass die Fehlplanungen aus falschen Vorgaben aus dem Produktionsbereich resultieren.

Um die beschafften Materialien lagern zu können, müssen ausreichend große und geeignete Lager vorhanden sein. Auch dafür hat die Beschaffungsplanung zu sorgen, eventuell ist eine entsprechende Investitionsplanung erforderlich. Darüber hinaus ist die Personalplanung dem Mitarbeiterbedarf aus dem Beschaffungs- und Lagerbereich anzupassen. Und schließlich muss mit dem Finanzbereich abgestimmt werden, inwieweit und zu welchem Zeitpunkt die finanziellen Mittel zur Bezahlung der eingekauften Betriebsmittel und Werkstoffe zur Verfügung stehen können.

4.5 Personalplanung

4.5.1 Aufgabe der Personalplanung

Bereitstellung von Mitarbeitern

Analog der oben vorgestellten Beschaffungsaufgabe kann auch für die Personalabteilung eine Aufgabe formuliert werden. Ziel ist die Versorgung des Unternehmens mit Mitarbeitern:

- zum richtigen Zeitpunkt,
- in der erforderlichen Anzahl,
- für die notwendige Dauer,
- mit der geeigneten Qualifikation und
- zu minimalen Kosten.

Da die Personalabteilung mit Menschen umgeht und es sich deshalb nicht um eine schlichte Sachaufgabe handelt, ist die Aufgabenerfüllung und ihre Beurteilung erheblich komplexer als bei materiellen und finanziellen Sachverhalten.

Enge Verknüpfung mit Interessen der Arbeitnehmer

Die Personalplanung ist insbesondere für Betriebsräte und Wirtschaftsausschuss-Mitglieder ein wichtiges Themengebiet, da hier die Interessen der Arbeitnehmer in offenkundiger Weise tangiert sind. (Sehen Sie hierzu die Mitbestimmungs- und Beteiligungsrechte des Betriebsrats nach §§ 87–105 BetrVG, insbesondere § 92 BetrVG zur Personalplanung.)

MERKE

Aufgabe der Personalabteilung ist die Bereitstellung von Personal zum richtigen Zeitpunkt, in der erforderlichen Anzahl, für die notwendige Dauer, mit der geeigneten Qualifikation, unter Berücksichtigung der anfallenden Kosten.

Einen ersten Einblick in die Vielfalt der Aufgaben einer Personalabteilung gibt die folgende Übersicht:

Teilbereich	Problemstellung	Maßnahme
Personalbedarfsplanung	Wie viele Mitarbeiter werden wo und wann benötigt? Mit welcher Qualifikation?	Kopfzahlplanung, Stundenplanung
Beschaffungs-/ Freisetzungsplanung	Wie kann Personal gewonnen, gehalten oder freigesetzt werden?	Personalwerbemaßnahmen, Arbeitszeitgestaltung, Sozialplan
Einsatzplanung und Anreizgestaltung	Wie können Mitarbeiter ihren Fähigkeiten entsprechend eingesetzt und motiviert werden?	Beförderung, Umsetzung, Entlohnungssystem, Leistungsbewertung
Entwicklungsplanung	Wie können Mitarbeiter für neue oder geänderte Aufgaben qualifiziert und gefördert werden?	Schulungsmaßnahmen, insbesondere im Bereich Karriere- und Persönlichkeitsentwicklung
Personalverwaltung	Welche Daten müssen gewonnen, verwertet, gespeichert/gelöscht, weitergegeben werden?	Sozialversicherungsnachweise, Stammdaten, Personalakte, Entgeltabrechnung, Statistik
Kostenplanung	Welche Kosten ergeben sich aus den Maßnahmen?	Personalkostenbudget

Hieraus wird im Übrigen deutlich, dass es sich bei der Funktion „Personal“ um eine sog. „Querschnittsfunktion“ handelt, die also in allen anderen betrieblichen Bereichen Auswirkungen hat. Im Unterschied dazu waren die bisher behandelten Funktionen Beschaffung, Lagerung, Produktion und Absatz „Längsschnittfunktionen“, weil sie im betrieblichen Ablauf Teilaufgaben darstellen, im direkten Kontakt der zu erstellenden Leistung, welche das Unternehmen vom Einkauf bis zum Verkauf durchläuft.

Querschnittsfunktion

Die Querschnittsfunktion bedingt zudem, dass die Aufgabe der Personalführung und -betreuung von allen Personalverantwortlichen – innerhalb und außerhalb der Personalabteilung – zwangsläufig mitgetragen wird, bewusst oder unbewusst. So macht auch eine Einsatzplanung nur Sinn in wohlwollender Zusammenarbeit des Personalbereiches mit den Vorgesetzten der jeweiligen Längsschnittfunktionen, in welcher der betreffende Mitarbeiter tatsächlich zum Einsatz kommen soll.

Zusammenarbeit von Personalbereich und anderen Funktionsbereichen

MERKE

Planungsbereiche der Personalabteilung sind die Ermittlung des Personalbedarfs, die Personalbeschaffung und -freisetzung, der Einsatz und die Anreizgestaltung, die Personalentwicklung, die Personalverwaltung und die Verfolgung der Kosten.

4.5.2 Planung des Personalbedarfs

Die Planung des Personalbedarfs ist ein Kernbereich der Personalplanung. Dabei soll festgestellt werden, wie viele Arbeitskräfte ein Unternehmen in der Zukunft benötigt. In einem ersten Schritt muss hierfür der Bedarf jeder einzelnen Abteilung ermittelt werden. Erst in einem zweiten Schritt können die einzelnen Pläne der verschiedenen Abteilungen und Unternehmensbereiche dann aufeinander abgestimmt und ein Personalplan für das gesamte Unternehmen entworfen werden.

Kernbereich Personalbedarf

Bei der Planung des Personalbedarfs ist folgende Vorgehensweise üblich:

Aktueller Personalbestand
+ Personalzugänge
- Personalabgänge
= Zukünftiger Personalbestand

Personalbestand, Personalzugänge, Personalabgänge

Ausgehend vom aktuellen Personalbestand ist der zukünftige Personalbestand zu erfassen. Dazu müssen zum aktuellen Personalbestand alle Personalzugänge hinzugezählt und alle Personalabgänge abgezogen werden.

BEISPIEL

Auf unserem Schiff wie auch anderenorts sind Personalzugänge insbesondere durch die Rückkehr von Mitarbeitern von der Bundeswehr, dem Zivildienst oder aus dem Erziehungsurlaub zu erwarten. Außerdem durch die Übernahme von Auszubildenden, eventuell durch Versetzungen oder auch durch den Arbeitsantritt von Mitarbeitern, mit denen bereits ein Arbeitsvertrag abgeschlossen wurde.

Personalabgänge werden durch Austritte wegen Kündigung, Pensionierung, Krankheit, Todesfall, Entlassung, Versetzung, Beförderung oder durch Einberufung zu Bundeswehr oder Zivildienst sowie durch Erziehungsurlaub verursacht. Teilweise muss hierfür auf statistische Methoden oder Erfahrungswerte zurückgegriffen werden.

Ist der **zukünftige Personalbestand** ermittelt, muss dieser mit dem zukünftigen **Personalbedarf** verglichen werden, d.h. dem voraussichtlichen Bedarf an Arbeitskräften in der Zukunft. Dieser Bedarf ist von den verschiedenen Unternehmensbereichen an die Personalabteilung zu melden, wobei die Abhängigkeit von anderen Planungsbereichen und die Notwendigkeit einer wechselseitigen Abstimmung deutlich wird (Produktionsvorgaben, finanzielle Mittel).

Durch den Vergleich können sich zwei Situationen ergeben:

Unterdeckung

Einerseits kann der zukünftige Personalbedarf höher liegen als der zukünftige Personalbestand. Dies bedeutet, dass in der Zukunft zu wenige Arbeitskräfte in einer Abteilung vorhanden sein werden, also eine Unterdeckung besteht. Die Personalabteilung wird zunächst versuchen, den Bedarf innerhalb des Unternehmens zu decken. Eventuell ist in anderen Abteilungen die umgekehrte Situation gegeben, so dass Arbeitskräfte durch Umsetzung einen neuen Aufgabenbereich übernehmen und so einen Ausgleich schaffen können. Eventuell sind vorher Qualifikationsmaßnahmen notwendig, damit der Arbeitnehmer die neuen Arbeitsanforderungen bewältigen kann. Ist dies nicht möglich, muss über den Arbeitsmarkt zusätzliches Personal beschafft werden.

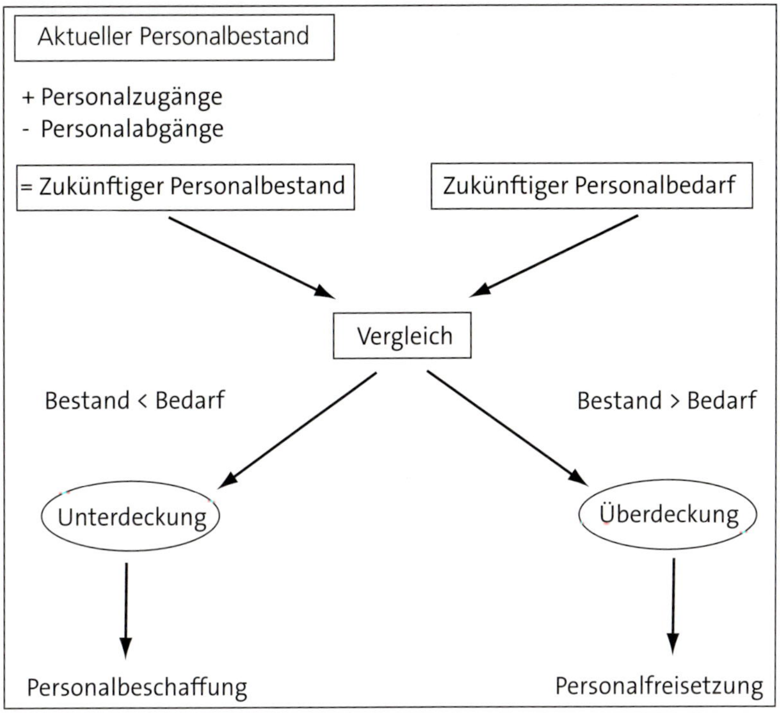

Abbildung: Vergleich von zukünftigem Personalbestand und Personalbedarf

Überdeckung

Andererseits kann der zukünftige Personalbedarf auch geringer sein als der zukünftige Personalbestand. Das heißt, dass in einer Abteilung in Zukunft zu viele Arbeitskräfte vorhanden sein werden. Es besteht somit eine Überdeckung. Die Personalabteilung muss also wie im obigen Fall der Unterdeckung vorgehen und versuchen, Arbeitskräfte dorthin umzusetzen, wo ein Arbeitskräftemangel vorherzusehen ist. Kann auch durch Qualifikationsmaßnahmen nicht erreicht werden, dass die vorhandenen Arbeitskräfte innerhalb des Unternehmens eine neue Stelle bekommen, müssen Arbeitnehmer – unter Berücksichtigung der rechtlichen Vorschriften – entlassen werden.

Nur bei Gleichheit von Bestand und Bedarf kann auf die Beschaffung und Freisetzung von Personal verzichtet werden. Nichtsdestotrotz sind auch dann Maßnahmen zum Personalerhalt und zur Entwicklung auf in Zukunft benötigte Qualifikationen hin zu berücksichtigen (siehe auch 5.4 und 5.5).

4.5.3 Personalbeschaffungs- und Freisetzungsplanung

Personalbeschaffung, Personalfreisetzung

Wie sich aus der obigen Abbildung ersehen lässt, schließt sich an das Teilgebiet der Bedarfsplanung innerhalb des Bereiches Personalplanung logischerweise bei einer Unterdeckung eine **Personalbeschaffungsplanung** (zentrale Problemkreise sind die interne oder externe Personalwerbung und Instrumente der Personalauswahl) bzw. bei einem Personalüberhang eine **Personalfreisetzungsplanung** an.

BEISPIEL

Bei der Beschaffungsplanung wäre etwa zu erwägen, welche Wege bei der Stellenausschreibung beschritten werden sollen (innerbetrieblich und/oder außerbetrieblich, überregional in diversen Medien, Lohnerhöhung im Falle einer innerbetrieblichen Umsetzung nach Qualifizierungsmaßnahmen etc.).

Der Auswahlprozess kann durch verschiedene Prüfmethoden vonstatten gehen: Bewertung von Bewerbungsunterlagen, Interviews, Tests (z.B. Assessment Center), Probezeit.

Bei einem Personalabbau sind sozialverträgliche Maßnahmen wie Sozialplan, Abfindungen, Altersteilzeit etc. zu prüfen.

4.5.4 Einsatzplanung und Anreizgestaltung

Zuordnung von Mitarbeitern auf Stellen

Entscheidungen über den Personaleinsatz versuchen eine Zuordnung von Mitarbeitern auf vorhandene Stellen im Unternehmen vorzunehmen. Die Zuordnung ist abhängig von den betrieblichen Erfordernissen und sollte die Interessen und Stärken der betroffenen Personen sowie deren persönliche Situation berücksichtigen. Auch die Art und Weise, wie Mitarbeiter in neue Tätigkeitsbereiche eingeführt werden, gehört zur Einsatzplanung.

Gestaltung von Leistungsanreizen

Entscheidungen über Leistungsanreize betreffen zum einen die Höhe des direkten Lohns und der gesetzlich vorgeschriebenen Nebenkosten, zum anderen freiwillige Leistungen verschiedenster Art sowie flexible Arbeitszeiten und Altersgrenzen, Erfolgsbeteiligungen und Aufstiegsanreize.

Gesetzliche und freiwillige Lohnnebenkosten

Mit Lohnnebenkosten sind die Personalkosten gemeint, die vom Unternehmer über das Direktentgelt für die geleistete Arbeit hinaus aufzubringen sind. Größter Posten bei den Nebenkosten sind die gesetzlich vorgeschriebenen Arbeitgeberzahlungen in die Sozialversicherungskassen, also in die Kassen der Renten-, Arbeitslosen-, Kranken- und Pflegeversicherung. Außerdem umfassen die Lohnnebenkosten das Weihnachts- und Urlaubsgeld, die Lohnfortzahlung im Urlaub und an Feier- oder Krankheitstagen, vermögenswirksame Leistungen, die betriebliche Altersversorgung, Versicherungen, Bonussysteme etc.

BEISPIEL

Auf 100 Euro Direktentgelt eines Arbeitnehmers in der Industrie entfallen in den alten Bundesländern noch einmal ca. 69 Euro an Lohnnebenkosten; in den neuen Bundesländern sind es 60 Euro.
(Quelle: www.picture-alliance.com/infografic „Die Arbeitskosten in der Industrie" vom 11. November 2016, umgerechnet auf 100 Euro Direktentgelt. 100 Euro Bruttolohn entsprechen im Westen 75 Euro Direktentgelt, im Osten 77,90 Euro.)

Neben der Differenzierung verschiedener Lohnformen (Zeitlohn, Stücklohn) sind häufig verschiedene Prämien und Erfolgsbeteiligungen (etwa Gewinnbeteiligung bzw. erfolgsabhängige Entlohnung) vorgesehen.

Das Spektrum möglicher Leistungsanreize ist auch außerhalb des monetären Bereiches breit. Dazu zählen: kooperativer Führungsstil, Gruppen-Zugehörigkeit, Leistungsbewertung, Ausbildungsanreize, Laufbahnplanung.

4.5.5 Personalentwicklungsplanung

Anpassung der Qualifikation

Aufgabe der Personalabteilung ist es nicht nur, zahlenmäßig den Personalstand an einen vorher erhobenen Bedarf anzupassen, sondern sie hat auch für eine entsprechende Qualifikation der Mitarbeiter Sorge zu tragen. Die Maßnahmen sind im Rahmen einer Personalentwicklungsplanung vorzusehen.

Mögliche Vorgehensweise in kurzer Frist

So kann etwa auf der Basis von Stellenbeschreibungen und Anforderungsprofilen ein „Soll" für einen bestimmten Arbeitsplatz festgestellt werden. Demgegenüber zeigt eine Potenzialanalyse des vorgesehenen Kandidaten den aktuellen „Ist"-Zustand seiner Fähigkeiten und eventuell seine Entwicklungsmöglichkeiten. Neben expliziten Weiterbildungsmaßnahmen, Trainings „on the job" und „off the job" usw., kann eine Entwicklung von Mitarbeitern auch über das Beurteilungssystem erfolgen, indem der Stelleninhaber etwa anhand bestimmter vorgegebener Ziele belegt, dass er sich innerhalb einer gewissen Zeitspanne auf das Soll zubewegt.

Strategische Personalentwicklungsplanung

Die Personalentwicklungsplanung sieht zum einen kurzfristige Maßnahmen einer Qualifizierung für bestimmte Personen vor, sie kann aber auch in langfristiger Perspektive, also strategisch, angegangen werden. Eine strategische Personalentwicklungsplanung beginnt ebenfalls mit einem Soll/Ist-Vergleich:

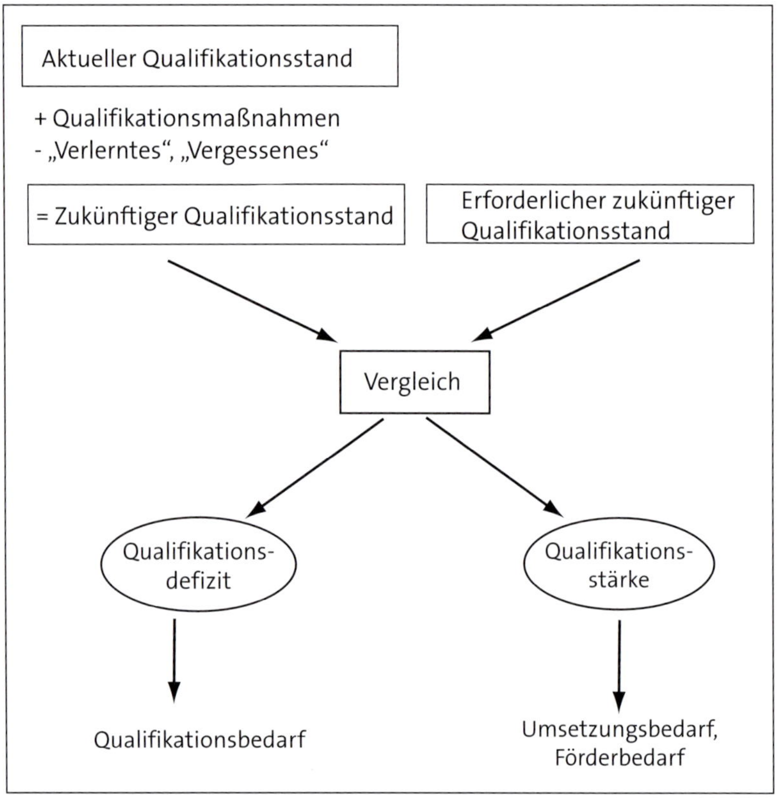

Abbildung: Vorgehensweise bei der Personalentwicklungsplanung

Defizitbeseitigung und Förderung von Stärken

Handlungsfelder der Personalabteilung ergeben sich sowohl dort, wo Qualifikationsmaßnahmen getroffen werden müssen, weil Defizite zu beseitigen sind, als auch dort, wo vorhandene Stärken genutzt und gefördert werden sollten. Über spezifische Qualifikationen der Mitarbeiter für das jeweilige Unternehmen kann so schlüssig auf ein Erreichen der Unternehmensziele hingearbeitet werden (Schlüsselqualifikationen).

Eng mit der Personalentwicklungsplanung verbunden ist die Personaleinsatzplanung bzw. die Personalorganisation. Sie behandelt die Frage, wie Mitarbeiter ihren gegebenen Fähigkeiten entsprechend im Unternehmen eingesetzt und einander zugeordnet werden können (siehe hierzu auch Kapitel 5 zur Organisation).

4.5.6 Personalverwaltung

Personalverwaltung oder Administration

Während die bisher angeführten Teilaufgaben als personalpolitische Entscheidungen in der Regel größere Gestaltungsspielräume zulassen, handelt es sich bei der Personalverwaltung eher um Routine-Aufgaben, auch wenn sie meist viel Akribie erfordern.

BEISPIEL

Beispiele für die vielfältigen Aufgaben der Personalverwaltung sind: Die Bekanntmachung von Stellenausschreibungen, das Entgegennehmen von Bewerbungsunterlagen, Krankmeldungen oder Kündigungsschreiben, die Bearbeitung und Rückgabe von Unterlagen, die Abwicklung von Eintritten und Austritten, die Bestimmung von Terminen und deren Verfolgung, das Ermitteln und Überweisen von Lohn und Gehalt, von Lohnsteuer und Sozialversicherungsbeiträgen, das Erfassen, Verarbeiten, Speichern oder Löschen von Daten, das Führen von Statistiken (z.B. zu geleisteten Stunden, Unfall- und Krankheitsdaten, Urlaubs- und Ausfallzeiten, zur Altersstruktur oder dem Raumbedarf) und Personalakten, die Abwicklung von Schulungsmaßnahmen, Versetzungen etc., diverse Korrespondenzen, ob innerbetrieblich oder extern mit aktuellen, potentiellen und ehemaligen Mitarbeitern sowie mit Ämtern usw.

4.5.7 Personalkostenplanung

Kostenplanung im Personalbereich

Schließlich umfasst das Gebiet der Personalplanung auch eine Personalkostenplanung. Diese ermittelt die finanziellen Folgen personalpolitischer und damit verbundener administrativer Maßnahmen (also Maßnahmen im Rahmen der Personalverwaltung).

BEISPIEL

Personalpolitische Aufgaben verursachen Kosten: Hierzu zählen beispielsweise die Änderungen von Lohn- und Gehaltsstrukturen, die Sorge für ein arbeitsförderliches Betriebsklima, die Gestaltung von Arbeitsplätzen und Fragen der Arbeitszeitregelung, die Entwicklung von Grundsätzen der Personalführung usw.

Administrative Aufgaben brauchen gleichermaßen Zeit und verursachen daher ebenfalls Kosten: Sie umfassen etwa Formalitäten bei der Gestaltung von Arbeitsverträgen, die Führung von Personalakten, die Erstellung von Statistiken, die Abwicklung von Lohn- und Gehaltsabrechnungen.

4.5.8 Wechselwirkungen des Personalbereichs mit anderen Funktionsgebieten

Wechselwirkungen mit anderen Funktionsbereichen

Augenscheinlich ist, dass die Personalplanung, die früher als Verwaltungsaufgabe betrachtet wurde, mittlerweile zunehmend als Managementaufgabe anerkannt ist: Statt Personal nur wie Produktionsfaktoren streng ökonomisch zu bewirtschaften, müssen sich die Personalverantwortlichen in den Unternehmen zunehmend rechtlichen und personellen wie sozialen Aufgaben stellen. Zuständig hierfür ist allerdings nicht nur die Personalabteilung; vielmehr sind die Vorgesetzen allgemein in ihrer personellen Verantwortung gefordert.

4.6 Investitionsplanung

Festlegen des Investitionsprogramms

Im Rahmen der Investitionsplanung soll ein vollständiges Investitionsprogramm für ein Unternehmen erarbeitet werden. Dieses bezieht sowohl Sachanlagen (Gebäude, Maschinen) als auch Finanzanlagen (Wertpapiere) sowie immaterielle Anlagen (wie Patente, Lizenzen, Weiterbildung) mit ein.

4.6.1 Unterscheidung von Investitionsarten

Investitionsobjekt

In Abhängigkeit davon, wohin die Investitionen fließen bzw. in welchem Objekt das Kapital anschließend gebunden ist, unterscheidet man folgende Investitionsarten:

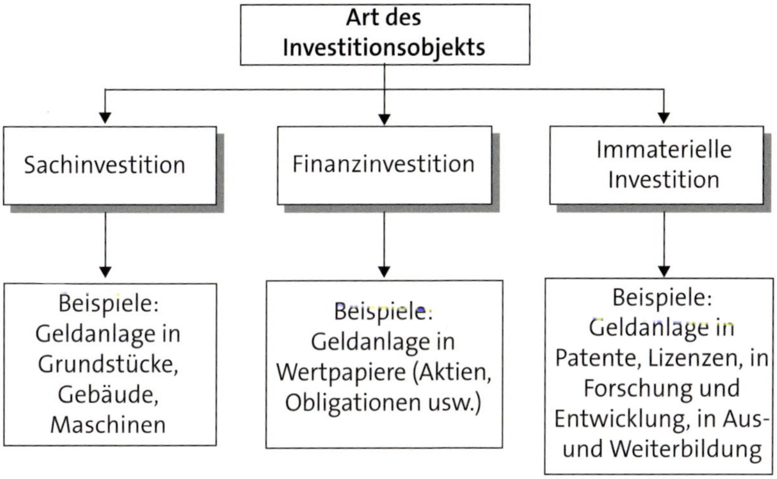

Sachinvestitionen

Als **Sachinvestitionen** bezeichnet man die Geldanlage in Sachgüter. Beispiele hierfür sind Investitionen in Grundstücke, Gebäude, Maschinen oder in den Fuhrpark.

BEISPIEL

Erwerben unsere Freunde einen stärkeren Schiffsmotor, so tätigen sie eine Sachinvestition.

Finanzinvestitionen

Finanzinvestitionen sind Investitionen in Finanzanlagen wie die Geldanlage in Aktien, Obligationen, Sparbücher oder anderen Wertpapieren.

BEISPIEL

Der Erwerb einer Beteiligung an einem anderen Schifffahrtsunternehmen würde in unserem Fall eine Finanzinvestition darstellen.

Immaterielle Investitionen

Immaterielle Investitionen haben insbesondere den Erwerb von Konzessionen und gewerblichen Schutzrechten, die Forschung und Entwicklung, die Werbung sowie die Aus- und Weiterbildung zum Gegenstand.

BEISPIEL

Beim Erwerb von Fangrechten wird eine immaterielle Investition vorgenommen.

Kapazitätswirkung

Je nach der Wirkung, die mit der Investition im Hinblick auf die Kapazität verfolgt wird, können Investitionsarten auch in folgender Weise unterschieden werden:

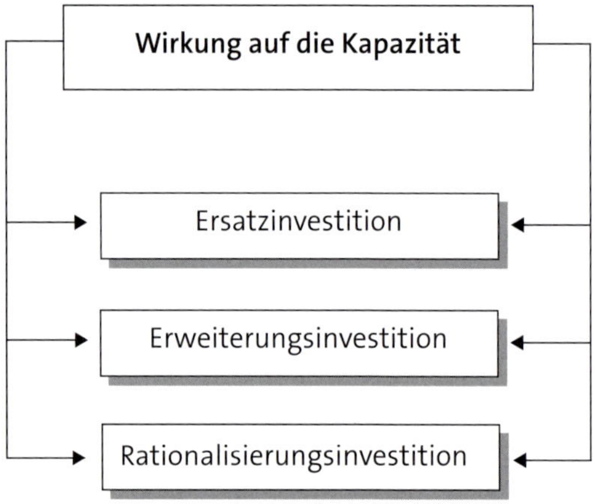

Ersatzinvestition

Ersatzinvestitionen werden getätigt, um bereits vorhandene Investitionsobjekte durch neue zu ersetzen.

BEISPIEL

> Vermutlich müssten für den laufenden Fischfang in unserem Beispiel nach einer gewissen Zeit die Netze erneuert werden oder auch die Brücke, die fallweise für den Einstieg der Passagiere ausgelegt wird.

Keine Kapazitätsänderung

Bei dieser Investitionsart wird die betriebliche Leistungsfähigkeit nicht erhöht; es ergibt sich also keine Kapazitätswirkung. In der Regel werden verbrauchte oder abgenutzte Investitionsgüter ersetzt.

Erweiterungsinvestition

Von einer **Erweiterungsinvestition** spricht man dagegen, wenn das betriebliche Leistungspotenzial in Folge der Investition steigt.

BEISPIEL

> Vielleicht lässt die Entwicklung der Umsätze den Erwerb eines zweiten Schiffes zu, eventuell sogar mit der bisher nicht gegebenen Möglichkeit, Übernachtungsgäste im Sinne eines Hotelschiffs aufzunehmen.

Erweiterung der Leistungsfähigkeit

Erweiterungsinvestitionen dienen somit der Vergrößerung der vorhandenen oder der Schaffung neuer Leistungsfähigkeit. Die Kapazitätswirkung bezieht sich auf quantitative und qualitative Aspekte.

Rationalisierungsinvestition

Rationalisierungsinvestitionen haben die Verringerung des Faktoreinsatzes zum Ziel. Neben einer Modernisierung der Anlagen soll durch eine Kostensenkung eine wirtschaftlichere Leistungserbringung erreicht werden. Häufig ist damit eine Kapazitätserhöhung verbunden. In diesem Fall ist die Rationalisierungsinvestition gleichzeitig eine Erweiterungsinvestition.

BEISPIEL

Möglicherweise könnten die bisher auf dem Schiff vorhandenen Anlagen zur Verarbeitung von Fischen durch modernere ersetzt werden: Sei es, weil diese höhere Stückzahlen von Fischstäbchen in gleicher Zeit produzieren, sei es, weil sie eine schonendere Behandlung des Fischfleisches erlauben, was wiederum eine höhere Ausbeute erlaubt, sei es, dass die Anlagen weniger störanfällig sind, oder auch, dass manuelle Arbeit durch maschinelle ausgetauscht wird. Darüber hinaus könnte eine Automation von Antrieb und Steuerung ins Auge gefasst werden (computergesteuerte Geschwindigkeitsregelung, Satelliten-Navigation, „Auto-Pilot").

Einflüsse der Stimmung in der Wirtschaft

Die deutsche Wirtschaft kann auf einen jahrelang stabilen Wachstumskurs verweisen: Preisbereinigt liegt die gesamtwirtschaftliche Leistung seit 5 Jahren zwischen 1,7 und 2,2 %. Davon profitiert auch der Arbeitsmarkt; denn Konjunkturlage, Investitionsklima und Arbeitsplätze sind eng verknüpft: Läuft es mit der Wirtschaft reibungslos und sind zufriedenstellende Überschüsse zu erwarten, dann stecken die Unternehmen auch mehr Geld in neue Maschinen, Anlagen und Gebäude. Dann wächst – zum Teil mit etwas zeitlicher Verzögerung – auch die Zahl der Arbeitsplätze. In der Flaute dagegen, wenn Unternehmen sparen und ihre Investitionslust schwindet, werden in der Regel Arbeitsplätze abgebaut; so etwa zu Beginn der 2000er Jahre, als 700.000 Arbeitsplätze verloren gingen. In der Finanzkrise 2008/2009 kam Deutschland noch mit einem blauen Auge davon: Obwohl die Wirtschaft 2009 um fast 6 % einbrach, gab es ein kleines Plus bei den Arbeitsplätzen (36.000), da die Bundesregierung mit Konjunkturprogrammen und Regelungen zur Kurzarbeit gegensteuerte. Ab dem Jahr 2010 setzte in Deutschland ein Konjunkturaufschwung ein, der bisher anhält – mit entsprechenden Auswirkungen auf den Arbeitsmarkt. Weit mehr als drei Millionen neue Arbeitsplätze entstanden; bis Ende 2018 kletterte die Zahl der Erwerbstätigen in Deutschland auf rund 44,7 Millionen.

Im Herbst 2018 trübte die Stimmung ein wenig ein. Insbesondere schafften internationale Handelskonflikte (z.B. mit den USA) und politische Krisen (etwa ungelöste Fragen rund um den Brexit) Verunsicherung. Dies dämpfte die Exporterwartungen von Unternehmen. Obwohl weniger Firmenchefs eine Zunahme des Auslandsgeschäftes erwarteten, gehen DIHK-Experten (Deutscher Industrie- und Handelskammertag DIHK) davon aus, dass sich der Beschäftigungsaufbau – wenn auch mit verringertem Tempo – weiter fortsetzen wird.

Nach einer Umfrage des ifo-Instituts zu den Perspektiven der deutschen Wirtschaft gaben 70 % der befragten Industrieunternehmen an, sie wollten die sog. Bruttoanlageinvestitionen im Jahr 2018 erhöhen. Nur 27 % planten weniger Investitionen ein, 3 % wollten ihre Investitionen gegenüber dem Vorjahr unverändert lassen. Zu diesen Investitionen gehören z.B. Ausgaben für neue Maschinen und Anlagen, aber auch Fabrikhallen, Verwaltungsgebäude, Software und Computer. Die Kapazitätserweiterung stand an erster Stelle bei den Investitionsabsichten: Zwei Drittel (65 %) der Unternehmen wollten investieren, um ihre Produktionskapazitäten zu erweitern, also um mehr zu produzieren oder die Produktpalette um neue Produkte zu ergänzen. 30 % wollten alte Anlagen durch modernere ersetzen. 5 % planten Rationalisierungsmaßnahmen, was bedeutet, dass hier durch den Einsatz von neuen Maschinen oder die Änderung von Arbeitsabläufen Arbeitsplätze eingespart werden können.

(Quellen: www.bmwi.de und www.destatis.de sowie www.picture-alliance.com/infografik „Die Stimmung in der Wirtschaft" vom 2.11.2018, „Die Leistung unserer Wirtschaft" vom 26.10.2018, „Die Pläne der Industrie" vom 7.9.218 und „Konjunktur und Arbeitsplätze" vom 27.7.2018)

MERKE

Im Rahmen der Investitionsplanung unterscheidet man Investitionsarten nach dem Objekt, in welches investiert werden soll (Sach-, Finanz- oder immaterielle Investition), und nach der Wirkung auf die Kapazität, die mit der Investition einhergeht (Ersatz-, Erweiterungs- oder Rationalisierungsinvestition).

4.6.2 Kriterien einer Investitionsentscheidung

Vorteilhaftigkeit und Zeitpunkt

Die wohl wichtigste Aufgabe der Investitionsplanung liegt darin, zu prüfen, ob ein bestimmtes Investitionsobjekt vorteilhaft ist. Stehen mehrere Möglichkeiten zur Wahl, muss die Vorteilhaftigkeit an bestimmten Kriterien festgemacht werden. Aufgabe der Investitionsplanung ist zudem, den günstigsten Investitionszeitpunkt zu ermitteln.

Zur Feststellung der Vorteilhaftigkeit stehen verschiedene mathematische Verfahren zur Verfügung, die wiederum verschiedene Kriterien in die Berechnung einbeziehen:

Kostenvergleich, Vergleich der Rückflüsse, Amortisationszeitpunkt und Verzinsung

Im einfachsten Fall einer „statischen" Betrachtung werden nur die Kosten der Investitionsobjekte (insbesondere die Anschaffungspreise) direkt miteinander verglichen. Genauere Berechnungen stellen die zu erwartenden Gewinne (Rückflüsse, cash flow) der Objekte einander gegenüber oder ermitteln, in welcher Zeit sich das investierte Kapital in Form von Rückflüssen „amortisiert" (das bedeutet, dass die Anschaffungskosten aufgrund der erwirtschafteten Erträge gedeckt sind) und welche Verzinsung über die Rückflüsse erreicht werden kann.

BEISPIEL

Unsere Freunde werden zumindest zeitweise mit dem Gedanken spielen, das Schiff auszuflaggen, die Tätigkeit mit polnischer Besatzung fortzuführen u.Ä.

Einbeziehung von Zinsniveau und Preisentwicklung

Kompliziertere, sogenannte „dynamische" Rechenverfahren berücksichtigen auch den Zeitfaktor, also beispielsweise das Zinsniveau über die Dauer der Laufzeit bzw. die Preisentwicklung der angebotenen Produkte. Schließlich ist die Sachanlagen-Investition für den Kapitalgeber nur attraktiv, wenn er durch sie dauerhaft eine höhere Verzinsung erreicht, als dies durch eine sichere Finanzinvestition möglich wäre.

Weitere Kriterien bei Investitionen

Welches Verfahren zur Wirtschaftlichkeitsberechnung im jeweiligen Unternehmen angewendet wird, hängt von verschiedenen Faktoren ab. Manche lassen sich nicht in mathematische Formeln fassen. Fragen, die bei einer Investition neben den oben genannten Kriterien noch berücksichtigt werden können, sind z.B.: Entspricht die vorgesehene Anschaffung genau den gesuchten Anforderungen? Welche bzw. wie viele Alternativen sind zu berücksichtigen? Wie amortisiert sich innerhalb der Laufzeit das investierte Kapital (gleichmäßig oder in Schüben)? Was passiert nach Vertragsablauf (z.B. bei Leasing)? Sind öffentliche Fördermittel in der Kalkulation zu berücksichtigen? Gibt es einen steuerlich vorteilhaften Investitionszeitpunkt? Welche Anforderungen stellen Banken und Kreditgeber? Wie reagiert die Konkurrenz?

Die besondere Bedeutung der Investitionstätigkeit zeigt sich in der Bundesrepublik Deutschland sehr deutlich. So ist ein Rückgang der Arbeitslosenquote auch auf die Investitionstätigkeit der Unternehmen in den letzten Jahren zurückzuführen. Eine Problematik für die heimischen Arbeitsplätze ergibt sich aus Investitionstätigkeiten, die ins Ausland verlagert werden.

MERKE

Kriterien einer Investitionsentscheidung sind vor allem die mit ihr verbundenen Kosten, die voraussichtlich zu erzielenden Gewinne, die Dauer der Amortisation, die erreichbare Verzinsung des Kapitals.

4.6.3 Wechselwirkung der Investitionsplanung mit anderen Funktionsgebieten

Wechselwirkungen mit anderen Funktionsbereichen

Eine Investitionsplanung kann nicht losgelöst von den anderen Planungsbereichen erfolgen, vielmehr ist sie eng mit der Absatzplanung, der Produktionsplanung und der Finanzplanung verknüpft.

Zunächst ist im Rahmen der Absatzplanung erforderlich, die voraussichtlichen Absatzmengen zu ermitteln und darauf aufbauend das Produktionsprogramm auszuarbeiten. Anschließend kann die erforderliche Produktionskapazität bestimmt und in Folge dessen dann das Investitionsprogramm unter Berücksichtigung von Kosten, Rückflüssen, personellen und anderen Anpassungserfordernissen etc. geplant werden. Den finanziellen Rahmen für die Investitionsplanung gibt die Finanzplanung vor.

TIPP

Tipp für die Praxis

Für den Wirtschaftsausschuss ist die frühzeitige und umfassende Information über Investitionsprojekte von besonderer Bedeutung (siehe hierzu die Pflicht des Unternehmers zur Unterrichtung des Wirtschaftsausschusses nach § 106 Abs. 2 BetrVG; siehe hierzu genauer Kapitel 7). Investitionen haben in der Regel Auswirkungen auf die Arbeitsplätze und auf die mit den Arbeitsplätzen verbundenen Qualifikationsanforderungen.

Sollen beispielsweise Rationalisierungsinvestitionen durchgeführt werden, ist dies in der Regel mit einer Freisetzung von Arbeitskräften verbunden. Zudem kommen auf diejenigen Arbeitnehmer, deren Arbeitsplätze gesichert werden können, oftmals höhere Anforderungen zu. Aufgabe von Wirtschaftsausschuss und Betriebsrat ist hier die rechtzeitige Suche nach Information zugunsten einer Wahrung der Arbeitnehmerinteressen.

4.7 Finanzplanung

4.7.1 Gegenüberstellung von Einzahlungen und Auszahlungen

Aus den vorhergehenden Abschnitten Beschaffung und Personal kann leicht die Aufgabe der Finanzplanung abgeleitet werden: Die notwendigen Finanzmittel müssen rechtzeitig bereitgestellt werden. Damit verbunden ist, dass überschüssige Zahlungsmittel möglichst zinsbringend angelegt und fehlende kostengünstig beschafft werden.

Bereitstellung von Finanzmitteln

Einzahlungen stellen für ein Unternehmen einen Zufluss von Zahlungsmitteln dar. Sie resultieren vorwiegend aus dem Verkauf von Produkten (Umsatzerlöse), aber auch aus dem Verkauf von Grundstücken, Gebäuden, Maschinen oder Wertpapieren, aus der Abgabe von Lizenzen, der Ausgabe von Aktien, aus Miet- oder Pachteinnahmen.

Einzahlungen

Auszahlungen entstehen dagegen, wenn das Unternehmen Material oder Halb- und Fertigfabrikate kaufen muss. Auch die Bezahlung von Löhnen und Gehältern sind Auszahlungen, ebenso der Erwerb von Grundstücken, Gebäuden und Maschinen, die Tilgung von Krediten, die Zahlung von Zinsen, Mieten und Reparaturen, Werbung, Steuern usw.

Auszahlungen

Da diese Zahlungsströme (Einzahlungen und Auszahlungen) in der Regel weder zur gleichen Zeit noch in gleicher Höhe anfallen, können sich zwei verschiedene Situationen ergeben:

Auseinanderfallen der Zahlungsströme

Sind die Einzahlungen (innerhalb einer Periode) höher als die Auszahlungen, wird dies als Zahlungsmittelüberdeckung bezeichnet. In dieser Situation hat das Unternehmen die Möglichkeit, das augenblicklich nicht benötigte Geld bei einer Bank oder anderweitig anzulegen. Aufgrund der beachtlichen Beträge, die in einem Unternehmen Tag für Tag umgesetzt werden, kann es sich bei einer Aussicht auf Verzinsung sogar lohnen, die Geldmittel nur für einen Tag anzulegen, selbst wenn sie am nächsten Tag schon wieder benötigt werden.

Zahlungsmittelüberdeckung

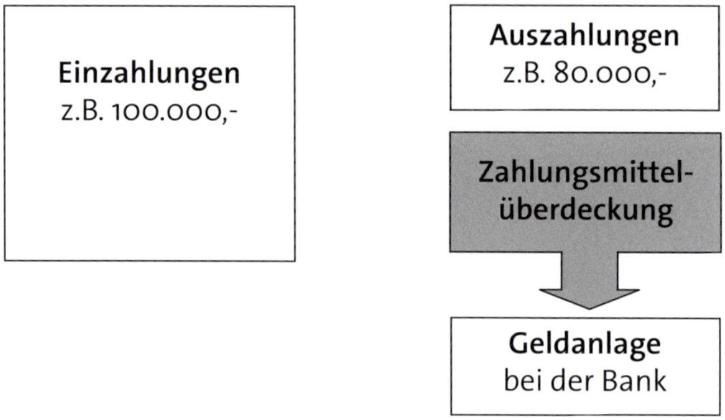

Zahlungsmittel-unterdeckung

Die zweite Situation ist dadurch gekennzeichnet, dass umgekehrt die Auszahlungen einer Periode die Einzahlungen übersteigen. In diesem Fall reichen die vorhandenen Geldmittel nicht aus, um die fälligen Zahlungsverpflichtungen zu erfüllen (Zahlungsmittelunterdeckung). Dann muss das Unternehmen versuchen, einen Kredit zu bekommen, um damit beispielsweise offene Rechnungen oder Löhne zu bezahlen. Steht kein Kredit zur Verfügung, kann das Unternehmen zahlungsunfähig (illiquide) werden. Eine lebensnotwendige Bedingung, nämlich die jederzeitige Liquidität, wäre dann nicht erfüllt.

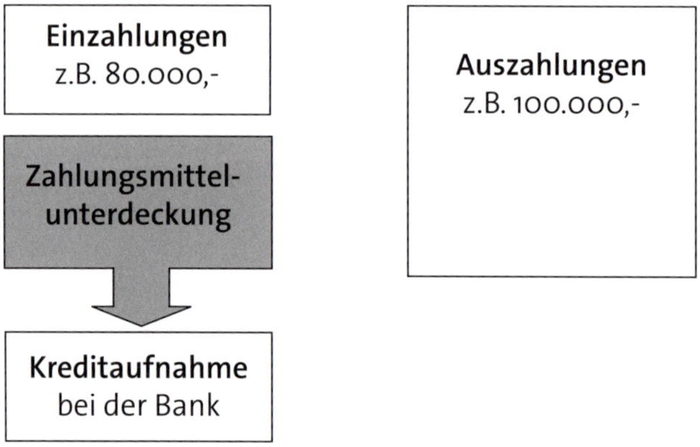

Finanzplan

Ein wichtiges Hilfsmittel zur Beobachtung der Zahlungsströme ist der Finanzplan, der beispielsweise folgendermaßen aussehen kann:

	Januar	Februar	März
Zahlungsmittel-anfangsbestand			
+ **Einzahlungen**			
- **Auszahlungen**			
= **Zahlungsmittel-endbestand**			

Zahlungsmittel-endbestand

Man geht von einem bestimmten Anfangsbestand an Geld aus, dem sog. Zahlungsmittelanfangsbestand. Dann zählt man alle Einnahmen der Periode hinzu und zieht alle Ausgaben der Periode ab. So erhält man den Zahlungsmittelendbestand. Dieser ist gleichzeitig wieder der Anfangsbestand der nächsten Periode usw.

Kredit oder Anlage

Am Zahlungsmittelendbestand ist jeweils abzulesen, ob für den laufenden Monat noch weiteres Geld benötigt wird oder die überschüssigen Geldmittel angelegt werden können. In der Unternehmensrealität muss dieser Finanzplan tagesgenau erstellt werden.

cash pool

In Konzernen ist es üblich, die Über- und Unterdeckung bei verschiedenen Unternehmen in einem „cash pool" auszugleichen.

MERKE

Aufgabe der Finanzplanung ist die rechtzeitige Bereitstellung von Zahlungsmitteln in erforderlicher Höhe.

Weil Zahlungsströme in unterschiedlicher Höhe und zu unterschiedlichen Zeitpunkten stattfinden, müssen Lücken kostengünstig geschlossen und Überschüsse zinsbringend angelegt werden.

Der Finanzplan bietet eine Hilfestellung, um Kapitalbedarf und Kapitalüberschuss ersichtlich und vorhersehbar zu machen.

4.7.2 Möglichkeiten der Finanzierung

Einen Überblick über mögliche Finanzierungsarten gibt die Abbildung:

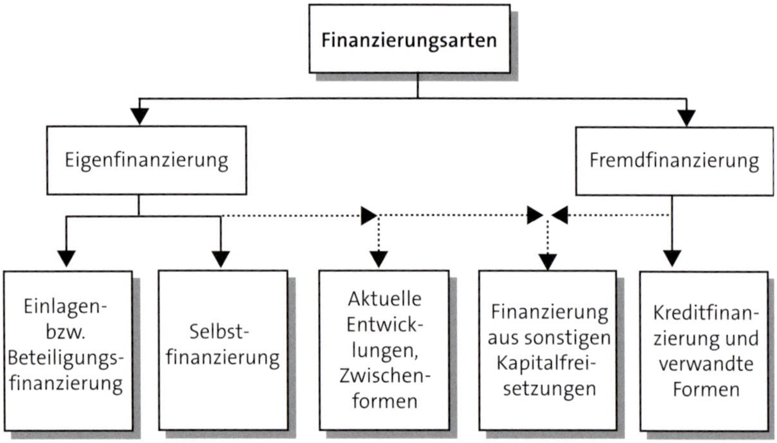

Man kann die verschiedenen Finanzierungsarten zunächst danach einteilen, ob das Unternehmen Eigenkapital oder Fremdkapital erhält. Eigenfinanzierung ist die Zuführung von Eigenkapital, Fremdfinanzierung dementsprechend die Zuführung von Fremdkapital.

Eigenkapital

Eigenkapital wird von den Gesellschaftern des Unternehmens unbefristet zur Verfügung gestellt. Hierfür erhalten die Eigenkapitalgeber grundsätzlich eine Beteiligung am Gewinn.

Fremdkapital

Fremdkapital steht dem Unternehmen dagegen nur befristet zur Verfügung. Die Fremdkapitalgeber haben in der Regel einen Anspruch auf Zinszahlungen und die Tilgung. Dieser Anspruch besteht auch dann, wenn das Unternehmen keine Gewinne erzielt.

Die Unterscheidungsmerkmale von Eigenkapital und Fremdkapital verdeutlicht folgende Tabelle:

Kriterien	Eigenschaften des Eigenkapitals (EK)	Eigenschaften des Fremdkapitals (FK)
Rechtsverhältnis	EK begründet ein Beteiligungsverhältnis.	FK begründet ein Schuldverhältnis.

Kriterien	Eigenschaften des Eigenkapitals (EK)	Eigenschaften des Fremdkapitals (FK)
Haftung	Der EK-Geber haftet als Eigentümer je nach Unternehmensform - mindestens in Höhe der Einlage, - ggf. auch mit seinem gesamten Privatvermögen.	Der FK-Geber haftet als Gläubiger des Unternehmens nicht.
Anspruch auf das Vermögen/ Kapital	Der EK-Geber hat einen anteiligen Anspruch, wenn bei einer Liquidation die Erlöse höher sind als die Schulden.	Der FK-Geber hat Anspruch auf Rückzahlung des zur Verfügung gestellten Kapitals (Tilgung).
Beteiligung an Gewinn und Verlust/Entgelt	Der EK-Geber ist grundsätzlich am Gewinn und Verlust beteiligt.	Der FK-Geber hat grundsätzlich einen festen Zinsanspruch und ist nicht am Gewinn bzw. Verlust beteiligt.
Mitsprache bei Unternehmensentscheidungen	Der EK-Geber ist grundsätzlich (direkt oder über Organe) zur Mitsprache berechtigt.	Der FK-Geber ist grundsätzlich nicht zur Mitsprache berechtigt.
Verfügbarkeit	EK ist zeitlich unbegrenzt verfügbar.	FK ist zeitlich begrenzt verfügbar.
Steuern	EK-Zinsen sind steuerlich nicht absetzbar, der Gewinn ist in Abhängigkeit von der Rechtsform des Unternehmens zu versteuern.	FK-Zinsen sind steuerlich als Aufwand absetzbar.
Umfang	EK ist durch die finanzielle Kapazität und die Risikobereitschaft bisheriger/neuer Kapitalgeber begrenzt.	FK ist durch die Risikobereitschaft des Gebers und durch die vom Unternehmer zu leistenden Sicherheiten begrenzt.

Zur Eigenfinanzierung zählt man – wie in der obigen Abbildung zu den Finanzierungsarten ersichtlich – zwei grundsätzliche Formen: die **Einlagen- bzw. Beteiligungsfinanzierung** sowie die **Selbstfinanzierung**.

Als reine Fremdfinanzierung ordnet man die **Kreditfinanzierung** ein. **Neuere Entwicklungen** sowie die **Finanzierung aus sonstigen Kapitalfreisetzungen** enthalten sowohl Eigen- als auch Fremdfinanzierungselemente.

Alle fünf Formen werden wir im Weiteren behandeln, zunächst die beiden Formen der Eigenfinanzierung, dann die reine Fremdfinanzierung. Im Anschluss daran werden Mischformen vorgestellt, zum einen die sog. „Mezzanine-Finanzierung“, zum anderen unternehmensinterne Wege einer Finanzierung.

A) Einlagen- bzw. Beteiligungsfinanzierung

Einlagen- und Beteiligungsfinanzierung

Bei der Einlagen- bzw. Beteiligungsfinanzierung erhält das Unternehmen **Eigenkapital** durch seine Gesellschafter. Eine begriffliche Abgrenzung wird insofern vorgenommen, als man bei der **Einzelunternehmung und bei Personengesellschaften von Einlagenfinanzierung** spricht: Denn das Geld, das die Gesellschafter einbringen, heißt auch Einlage. Dagegen ist bei **Kapitalgesellschaften von Beteiligungsfinanzierung** die Rede, weil die Gesellschafter einen Anteil am Unternehmen halten und somit beteiligt sind.

Einzelunternehmung

Einbringen von privatem Vermögen

Der Einzelunternehmer kann sein Eigenkapital erhöhen, indem er dem Geschäftskonto zusätzliches privates Vermögen gutschreibt.

BEISPIEL

Hat er beispielsweise ein Sparbuch, kann er das Geld als Einlage dem Eigenkapital des Unternehmens zuführen.

Aufnahme einer stillen Gesellschaft

Der Einzelunternehmer hat zusätzlich die Möglichkeit, einen stillen Gesellschafter aufzunehmen (siehe dazu 3.4.4). Dessen Einlage wird dem Eigenkapitalkonto des Unternehmers gutgeschrieben, ohne dass „der Stille“ nach außen hin sichtbar wird.

Oft engagieren sich hier sog. „business angels“ – zumeist vermögende Privatpersonen – es können aber auch Kapitalgesellschaften als stille Gesellschafter auftreten. Diese Möglichkeit, die Finanzierung mit Hilfe eines stillen Gesellschafters sicherzustellen, besteht im Übrigen auch für die weiteren Rechtsformen, ohne dass dies im Folgenden stets auf Neue ausgeführt wird.

business angels

Offene Handelsgesellschaft (OHG)

Die Offene Handelsgesellschaft besteht aus mehreren persönlich haftenden Gesellschaftern. Diese haben, wie der Einzelunternehmer, die Möglichkeit, aus ihrem Privatvermögen ihre Einlage zu erhöhen. Die Summe der Einlagen der Gesellschafter ergibt das gesamte Eigenkapital des Unternehmens.

Erhöhung der Einlagen

Weil grundsätzlich für Handelsgewerbe gültig, hat auch die OHG die Möglichkeit, stille Gesellschafter aufzunehmen, die zusätzliches Kapital einbringen. Die OHG kann aber darüber hinaus auch weitere OHG-Gesellschafter in das Unternehmen hereinnehmen. Diese bringen mit ihrer Einlage ebenfalls zusätzliche Finanzmittel. Nicht zu vergessen ist dabei allerdings, dass einem neuen OHG-Gesellschafter dann auch diverse Rechte eingeräumt werden müssen, beispielsweise die Geschäftsführungsbefugnis.

Aufnahme von Gesellschaftern

Kommanditgesellschaft (KG)

Kennzeichen einer Kommanditgesellschaft ist, dass sie mindestens einen persönlich haftenden Gesellschafter hat, den Komplementär, und darüber hinaus einen oder mehrere nur beschränkt haftende Kommanditisten (siehe hierzu mehr im Kapitel Rechtsformen).

Im Rahmen der Einlagenfinanzierung kann jeder dieser Gesellschafter (und ggf. auch der stille) seine Einlage erhöhen.

Erhöhung der Einlagen

Außerdem besteht die Möglichkeit, zusätzliche stille Gesellschafter sowie Kommanditgesellschafter oder Komplementäre aufzunehmen. Neuen Komplementären müssen, wie den OHG-Gesellschaftern auch, weit reichende Rechte eingeräumt werden. Dagegen bringen Kommanditisten und stille Gesellschafter lediglich ihre Kapitaleinlage ein und bekommen dafür eine angemessene Verzinsung.

Aufnahme von Gesellschaftern

Für die KG ist es demnach relativ leicht möglich, durch neue Kommanditisten zusätzliches Eigenkapital zu beschaffen.

Gesellschaft mit beschränkter Haftung (GmbH)

Die GmbH benötigt als Kapitalgesellschaft gesetzlich eine Mindestausstattung mit Eigenkapital. Wesentlicher Bestandteil ist das Stammkapital. Dies ist der Betrag, auf den sich die Haftung der Gesellschafter gegenüber den Gläubigern beschränkt. Will sich jemand an einer GmbH beteiligen, kauft er einen Anteil am Stammkapital: Die Stammeinlage.

Zusätzliche Stammeinlagen

Soll der GmbH zusätzliches Eigenkapital zugeführt werden, geschieht das im Rahmen der Beteiligungsfinanzierung über eine Erhöhung des Stammkapitals. Die zusätzlichen Stammeinlagen können dann entweder von den alten Gesellschaftern übernommen oder von neuen Gesellschaftern erworben werden.

Aktiengesellschaft (AG)

Ausgabe neuer Aktien

Das Eigenkapital der AG besteht aus mehreren Bestandteilen. Wesentlicher Bestandteil ist das Grundkapital, das in Aktien gesplittet ist. Soll das Eigenkapital erhöht werden, kann dies durch eine Erhöhung des Grundkapitals erfolgen. Dazu müssen neue, sog. „junge“, Aktien ausgegeben werden. Notwendig ist hierfür ein Beschluss der Hauptversammlung mit Dreiviertelmehrheit.

Private Beteiligungsgesellschaften

In Deutschland und Europa hat die Bedeutung privater Beteiligungsgesellschaften zugenommen, die Unternehmen mittels großer Summen privat finanzieren (englisch „private equity“ im Unterschied zu „public equity“, den börsengehandelten Aktien). Ungewollten Bekanntheitsgrad erreichten solche Finanzinvestoren durch einen Vergleich mit „Heuschrecken“. Dieser Vergleich wurde verwendet, da in einigen Fällen Finanzinvestoren, die die Unternehmen vermeintlich „unterstützten“, diese einem extrem hohen Kosten- und Ertragsdruck bei ungekannter Gefühlskälte aussetzten, um eine kurzfristig hohe Rendite abzuschöpfen und sodann ihr Kapital wieder abzuziehen. Die deutsche Beteiligungsbranche reagierte mit Hilfe von Verhaltens- und Transparenzvorschriften, einer Art „Corporate-Governance-Kodex“, um ihr Image zu verbessern und zu beweisen, dass sie einen Beitrag zur Stärkung von Unternehmen und zur Sicherung von Arbeitsplätzen zu leisten vermag.

BEISPIEL

Beispiele für Private-Equity-Gesellschaften und deren zeitweise Beteiligungen sind APAX Partners (ehemals beteiligt an Kabel Deutschland und an der Bekleidungskette CBR, 2006 bis 2010 an der Tommy Hilfiger Gruppe, seit 2006 an Karl Lagerfeld, seit 2011 an Takko, seit 2012 an Cole Haan, dass von NIKE verkauft worden war), Blackstone (2006 wurde ein 4,5 %-Anteil an der Deutschen Telekom erworben, 2012 auf knapp 3 % reduziert, seit 2014 Anteile an Scout24), Kohlberg Kravis Roberts & Co., KKR (zum Portfolio gehörten Auto-Teile-Unger ATU, ProSiebenSat.1, WMF), Permira (Takko 2000 bis 2007, Cognis 2001 bis 2010, Premiere 2003 bis 2006, Rodenstock 2003 bis 2007, Debitel 2004 bis 2008, Iglo 2006 bis 2015, Hugo Boss 2007 bis 2015, seit 2014 CABB, seit 2015 Lowell Group, seit 2016 P&I), die Texas Pacific Group TPG (Grohe, Mobilcom) sowie Investmentbanken wie Goldman Sachs. Auch Industrieunternehmen und Versicherungsgesellschaften sind auf diesem Gebiet tätig, etwa die Allianz Capital Partners (ACP), eine Tochter des Allianz-Konzerns. Sie hat Infrastrukturbeteiligungen wie Flughäfen, Abwassernetze und Windparks im Fokus. In Zeiten, in denen auch Industrie-Unternehmen tendenziell über hohe Liquidität verfügen, erleben Beteiligungsgesellschaften – im Jargon auch „Sponsoren" genannt – als Finanzinvestoren harte Konkurrenz aus dem Bereich der strategischen Investoren.
(Vgl. hierzu Quellen wie www.apax.com, www.blackstone.com, www.kkr.com, www.permira.com, www.tpg.com, www.handelsblatt.com, www.faz.net und andere)

2007 war Permira mehrheitlich bei Hugo Boss eingestiegen und hatte sich erstmals 2011 und nach und nach in den folgenden Jahren bis 2015 wieder von seinen Anteilen getrennt. Der Finanzinvestor soll seinen Einsatz in dieser Zeit verdoppelt haben, während der Gewinn des Modehändlers um mehr als das Doppelte zulegte. Der Umsatz stieg um fast eine Milliarde auf 2,6 Milliarden Euro.
(Quelle: www.faz.net)

Venture Capital

Für neu gegründete („Start-ups") oder stark wachsende Unternehmen (vor allem im Hochtechnologiebereich, im Transport- und Gesundheitswesen) bieten private Beteiligungsgesellschaften Chancen für eine verbreiterte Finanzbasis in Form von „venture capital", also Risiko- bzw. Wagniskapital. Nach eigenen Aussagen unterstützen Beteiligungsgesellschaften Unternehmen in deren Expansionsstrategie und veräußern diese erst bei einer deutlich verbesserten Wettbewerbsposition.

BEISPIEL

Die Finanzinvestoren Apax und Cinven kauften 2004 den deutschen Modekonzern CBR Fashion Holding und veräußerten ihn im Februar 2007 weiter an die Investmentgruppe EQT. Mit den Marken Street One, Cecil und OneTouch zählt CBR zu den führenden und am schnellsten wachsenden Modeunternehmen in Deutschland.

Nicht immer geht die Strategie auf: Finanzinvestor Permira verkaufte 2007 seine 85 %-Beteiligung an Rodenstock nach dreieinhalb Jahren Dauer an die europäische Beteiligungsgesellschaft Bridgepoint. Der Anteil war bei Finanzinvestoren heiß begehrt: 20 Investoren hatten an dem angeschlagenen Traditionskonzern Interesse gezeigt. Einem Sprecher von Bridgepoint zufolge war ein längerfristiges Engagement vorgesehen, die Verfolgung einer Wachstumsstrategie mit internationaler Ausrichtung, ein entsprechender Stellenaufbau sollte den Erfolg krönen. Doch der Umsatz sank stetig.

2010 wollte der Investor das Unternehmen an die Beteiligungsgesellschaft Trilantic Partners verkaufen. Die Gespräche platzten gegen Ende des Jahres, unter anderem wegen der unsicheren Finanzlage des Unternehmens und zunehmenden Forderungen des bisher schon Rodenstock stützenden Bankenkonsortiums. Die Hoffnungen der über 4.000 Mitarbeiter ruhten daher Anfang 2011 auf den Banken und einem neuen Chef. Trotz wachsenden Umsatzes und Ertrags im Brillengeschäft erlitt das Unternehmen in den Folgejahren weiterhin Verluste, nicht nur aufgrund der hohen Zinsen für Bankkredite und der Belastungen aus Pensionsverpflichtungen. Eigentümer sind nun die Finanzinvestoren Bridgepoint und seit Ende 2015 auch Compass Partners.
(Vgl. hierzu etwa www.handelsblatt.com und www.welt.de)

MERKE

Im Rahmen der Einlagen- und Beteiligungsfinanzierung wird dem Unternehmen von außen Eigenkapital zugeführt. Es handelt sich also um eine Finanzierung mit Hilfe von Eigenkapital und gleichzeitig um Außenfinanzierung.

Dies kann bei Einzelunternehmen und Personengesellschaften durch das Einbringen von privatem Vermögen geschehen, durch die Erhöhung von Einlagen oder die Aufnahme neuer Gesellschafter.

GmbHs können ihr Eigenkapital durch zusätzliche Stammeinlagen erhöhen, Aktiengesellschaften tun dies durch die Ausgabe neuer Aktien. Aufgrund einer Zuführung von Kapital von außen ergibt sich so eine größere Eigenkapitalbasis, die wiederum eine breitere Finanzierungsbasis schafft.

B) Selbstfinanzierung

Eine weitere Möglichkeit der Eigenfinanzierung ist die **Finanzierung aus Gewinnen**, die auch als **Selbstfinanzierung** bezeichnet wird.

Finanzierung aus Gewinnen

BEISPIEL

Armin, Bärbel und Christoph haben mit ihrem Schiff im vergangenen Jahr aufgrund von Rundfahrten für zahlende Passagiere und durch Verkäufe von Frischfisch und Fischstäbchen einen Gewinn in Höhe von 90.000 Euro erzielt. Den könnten sie nun auf ihre Privatkonten überweisen und privat verbrauchen. Am Ende des Jahres stellen sie aber fest, dass ein neuer Schiffsmotor benötigt wird. Sie entnehmen deshalb nicht die gesamten 90.000 Euro für private Zwecke, sondern lassen 60.000 Euro für die Anschaffung eines neuen Motors im Unternehmen. Diese 60.000 Euro erhöhen ihr Eigenkapital.

Die Selbstfinanzierung besteht grundsätzlich – für alle Rechtsformen – darin, dass erzielte Gewinne nicht entnommen, sondern zur Erhöhung des Eigenkapitals verwendet werden. Dies dient – nachdem Eigenkapital unbefristet zur Verfügung steht – der Stabilität des Unternehmens; es vermeidet Fremdkapital und Zinskosten (z.B. bei Investitionen).

Verzicht auf Entnahme von Gewinnen

Im Unterschied zur vorher dargestellten Einlagenfinanzierung wird das Geld nun **durch die unternehmerische Tätigkeit** erwirtschaftet und nicht von außen zugeführt. Deshalb spricht man bei der Selbstfinanzierung auch von **„Innenfinanzierung“.**

Innenfinanzierung

Wie beim Einzelunternehmer können auch bei Personengesellschaften die Gewinne entweder nach einem bestimmten Schlüssel an die Gesellschafter ausgeschüttet oder im Unternehmen belassen und dem jeweiligen Kapitalkonto gutgeschrieben werden. Da sich das Eigenkapital der Gesellschaft aus der Summe der Kapitalkonten der Gesellschafter zusammensetzt, steigt das Eigenkapital im Rahmen der Selbstfinanzierung durch einen Verzicht auf die Entnahme von Gewinnen.

Für Kapitalgesellschaften ist diese Finanzierungsart prinzipiell gleich und nur im Detail etwas komplexer. Auch hier wird der erzielte Gewinn am Jahresende ermittelt und den Gesellschaftern teilweise als Verzinsung ihres eingesetzten Kapitals, als sog. Ausschüttung, gutgeschrieben. Ein anderer Teil des Gewinns kann im Unternehmen zurückbehalten und zur Erhöhung des Eigenkapitals herangezogen werden.

MERKE

Bei der Selbstfinanzierung handelt es sich um eine Finanzierung aus dem Inneren der Unternehmung (Innenfinanzierung): Die aus eigener Kraft erwirtschafteten Gewinne werden einbehalten.

C) Kreditfinanzierung und verwandte Formen

Kreditfinanzierung

Kreditfinanzierung kann einerseits durch **Kreditaufnahme bei Banken** betrieben werden. Es gibt aber andererseits **auch Kreditarten,** bei denen nicht Banken als Gläubiger auftreten, sondern **andere Fremdkapitalgeber** (Personen oder Institutionen). Im Folgenden werden der Lieferantenkredit, die Kundenanzahlungen, der Wechselkredit, der Kontokorrentkredit, der Lombardkredit, das Factoring, das Darlehen, die Industrieanleihe und das Leasing jeweils kurz vorgestellt. In allen Fällen handelt es sich um Finanzierung durch Fremdkapital und um „Außenfinanzierung".

Lieferantenkredit

Lieferantenkredit, Zahlung auf Ziel

Einen Lieferantenkredit kann das Unternehmen in Anspruch nehmen, wenn beim Warenkauf ein „Zahlungsziel" seitens des Verkäufers gewährt wird. Das bedeutet, das Unternehmen muss die gekauften Waren erst innerhalb eines gewissen Zeitraums bezahlen. Bis dahin hat es demzufolge Kredit.

BEISPIEL

Unsere drei Unternehmer kaufen Treibstoff in Höhe von 100.000 Euro. Diese Betriebsmittel sind entweder innerhalb von 30 Tagen zum vollen Betrag zu bezahlen (d.h. „auf Ziel") oder sofort unter Abzug von 2 % Skonto. Nimmt das Unternehmen den Lieferantenkredit in Anspruch, bezahlt es erst nach 30 Tagen. Will es den Kredit nicht in Anspruch nehmen, wird die Rechnung gleich beglichen und ein Skonto von 2 % abgezogen. In diesem Fall müssen nur 98.000 Euro bezahlt werden. 2 % für einen Monat entspricht einem Jahreszins von 24 %, d.h. bei Inanspruchnahme des Kredits handelt es sich zwar um eine bequeme, aber teure Form.

Die Zahlungsbedingungen sind jeweils zwischen den beiden Vertragspartnern zu vereinbaren. Der Vorteil des Lieferantenkredits besteht – wie eben gezeigt – darin, dass er schnell und bequem ist. Er ist insbesondere geeignet, um kurzfristige Zahlungsengpässe des Käufers zu überbrücken.

Kundenanzahlungen

Kundenanzahlungen sind von Käufern vorab zu leisten, obwohl das Produkt oder die Leistung noch gar nicht fertig gestellt ist. Diese Form des Kredits gibt es insbesondere bei Produkten, bei denen zwischen Planung und Fertigstellung ein erheblicher Zeitraum liegt. Das ist im Großanlagen- und Großmaschinenbau sowie im Wohnungs- und Schiffbau der Fall.

Kundenanzahlung

BEISPIEL

Ein Unternehmen baut ein Haus, das bereits verkauft, aber noch nicht fertig gestellt ist. Jeweils ein Drittel des Kaufpreises wird bei Vertragsabschluss, bei Fertigstellung des Rohbaus und bei Gesamtfertigstellung bezahlt.

Der Vorteil einer Kundenanzahlung liegt für das Unternehmen darin, dass die Liquidität verbessert wird. Mit dem erhaltenen Geld können eigene fällige Zahlungen, z.B. Löhne, beglichen werden.

Kontokorrentkredit

Bei einem Kontokorrentkredit räumt die Bank dem Unternehmen einen Kredit in einer bestimmten Höhe ein, der je nach Bedarf in Anspruch genommen werden kann. Diese Kreditform entspricht dem Dispositionskredit bei Privatpersonen. Vorteilhaft am Kontokorrentkredit ist die hohe Flexibilität, allerdings ist sie teuer, denn die Banken fordern hierfür hohe Zinssätze.

Kontokorrentkredit

Wechselkredit

Ein Wechsel ist ein Wertpapier, das ein Zahlungsversprechen des Ausstellers dokumentiert. An einem Wechselgeschäft können zwei oder mehr Personen beteiligt sein.

Wechselkredit

BEISPIEL

Auto August hat der Gesellschafterin Bärbel einen neuen Lieferwagen für die schnelle Auslieferung der frischen Fische verkauft. Bärbel möchte das Auto erst in drei Monaten bezahlen, da sie dann den Eingang einer größeren Geldsumme erwartet. Auto August ist damit einverstanden, möchte aber seine Forderung durch einen Wechsel absichern. August stellt also als Gläubiger einen Wechsel aus, in dem sich Bärbel verpflichtet, das Auto in drei Monaten zu bezahlen (= Zahlungsversprechen). Bärbel unterschreibt den Wechsel und gibt ihn an August zurück. Weil sie nicht sofort zahlen muss, hat Bärbel von August einen Kredit, den Wechselkredit, erhalten.

In der Übersicht sieht ein Wechselgeschäft so aus:

Abwarten bis Fälligkeit

Der Wechsel gibt dem Gläubiger unterschiedliche Möglichkeiten: **Erstens** kann er bis zum Fälligkeitstermin abwarten und ihn dann dem Schuldner vorlegen. Dieser muss den Wechselbetrag dann umgehend bezahlen:

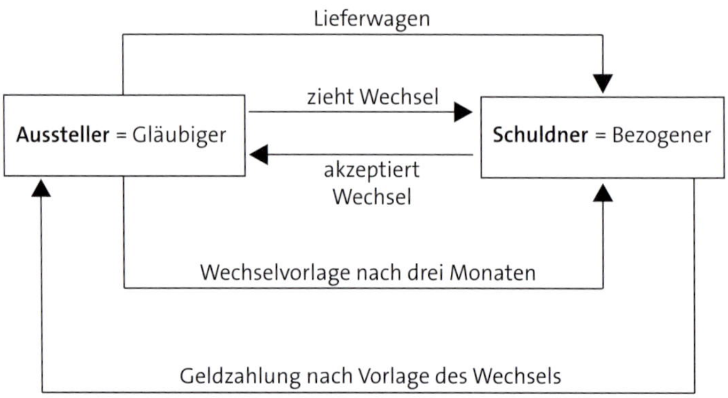

Weitergabe

Die **zweite** Möglichkeit besteht darin, den Wechsel weiterzugeben.

BEISPIEL

Auto August hat Reifen von Reifen Ingo bezogen, aber die Rechnung dafür noch nicht bezahlt. Ingo ist damit einverstanden, dass August die offene Rechnung mit seinem Wechsel bezahlt. Dies geschieht mit Hilfe eines Indossaments, einem Eintrag auf der Rückseite des Wechsels. Ingo kann nun nach drei Monaten den Wechsel bei Bärbel vorlegen und von ihr die Bezahlung der Summe verlangen.

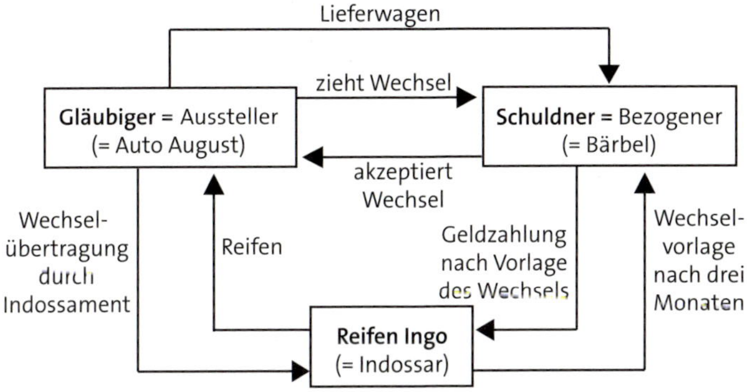

Einlösen bei der Bank

Als **dritte** Möglichkeit kann der Wechsel auch bei einer Bank eingelöst werden. Diese bezahlt bei Vorlage die Wechselsumme unmittelbar aus. Von der Wechselsumme zieht sie allerdings einen Zins ab, den man Wechseldiskont nennt. Die Bank räumt dem Gläubiger aus dem Wechselgeschäft damit einen Kredit ein, der auch Diskontkredit heißt. Grundlage des Diskontkredits ist also eine Wechselvorlage. Nach Ablauf der vereinbarten Frist tritt die Bank dann wiederum an den Schuldner (im Beispiel nach 3 Monaten an Bärbel) aus dem ursprünglichen Wechselgeschäft heran und legt ihm den Wechsel zur Bezahlung vor.

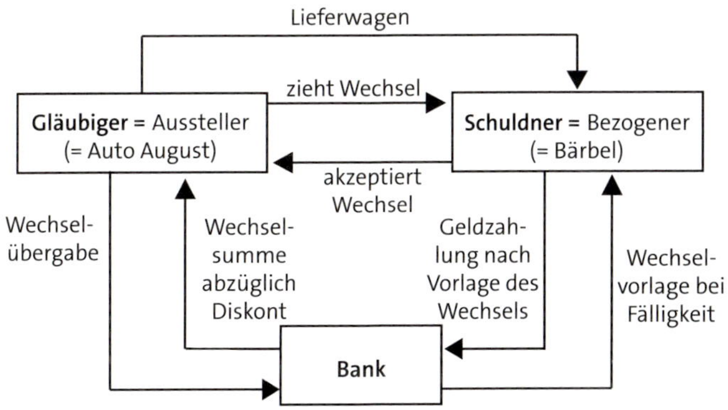

Lombardkredit

Lombardkredit

Einen Lombardkredit erhalten Unternehmen gegen Verpfändung von Wertpapieren, Waren, Wechseln, Forderungen oder Edelmetallen bei einer Bank. Die Besonderheit dieser Kreditform liegt also in der Form der Besicherung des Kredits, nämlich der Verpfändung von Gegenständen. Diese müssen der Bank ausgehändigt werden.

Verpfändung von Wertpapieren

Im Vordergrund steht die Verpfändung von Wertpapieren. Die Wertpapiere werden vielfach bereits von den Kreditinstituten verwahrt, so dass eine weitere Übergabe nicht mehr notwendig ist. Dagegen hat die Verpfändung von Waren keine große Bedeutung, da diese in der Regel zur Produktion benötigt werden.

Factoring

Factoring

Die Grundidee des Factoring besteht in einem Verkauf offener Forderungen an ein Finanzierungsinstitut, den Factor. Oftmals handelt es sich hierbei um die Tochtergesellschaft eines Kreditinstituts.

BEISPIEL

Unsere Unternehmer Armin, Bärbel und Christoph haben beispielsweise aus Warenlieferungen noch nicht bezahlte Rechnungen offen. Diese werden an einen Factor verkauft. So erfolgt die Bezahlung der Ware bereits vorzeitig, freilich unter Abzug von Zinsen.

Der Factor kauft eine Forderung an, dafür geht die Forderung auf ihn über. Die Finanzierungsfunktion des Factoring besteht also in der Bevorschussung der Forderung.

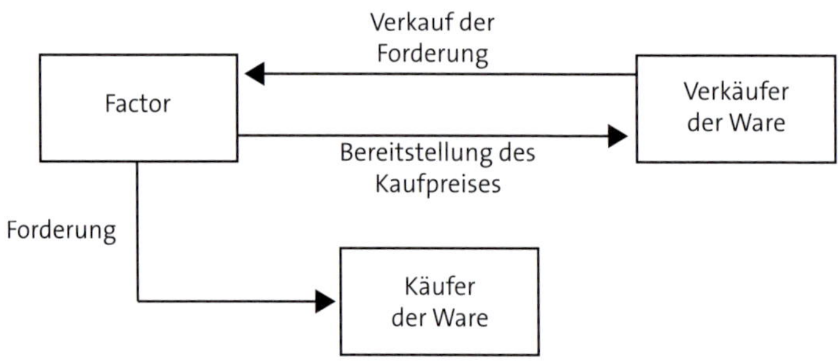

Dienstleistung und Risikoübernahme beim Factoring

Neben der beschriebenen Finanzierungsaufgabe kann der Factor noch zwei weitere Aufgaben wahrnehmen, die Dienstleistungsfunktion und die Delkrederefunktion (Haftung für den Zahlungseingang). Im Rahmen der Dienstleistungsfunktion kann der Factor die Debitorenbuchhaltung, das Mahnwesen und das Rechnungsinkasso erledigen. Bei der Delkrederefunktion übernimmt er das Risiko einer möglichen Zahlungsunfähigkeit des Kunden.

Darlehen

Darlehen

Ein Darlehen ist Fremdkapital mit einer Laufzeit von mehr als fünf Jahren und wird von verschiedensten Institutionen zur Verfügung gestellt. Privatbanken, Sparkassen, Volks- und Raiffeisenbanken, Bausparkassen und Versicherungen sind Beispiele für derartige Institutionen. Aber auch private Personen können einem Unternehmen ein Darlehen zur Verfügung stellen. Man unterscheidet drei verschiedene Arten von Darlehen:

Bei einem **Festdarlehen** werden während der Laufzeit lediglich die Zinsen gezahlt. Die Tilgung des Darlehens erfolgt in einem Betrag am Ende der Laufzeit. Da nicht getilgt wird, verringert sich die Restschuld nicht, und somit sind die Zinszahlungen über die gesamte Laufzeit konstant.

Bei einem **Abzahlungsdarlehen** wird der monatlich zu zahlende Betrag im Zeitablauf immer geringer: Zwar bleibt der Tilgungsanteil über die gesamte Laufzeit konstant, die Zinsanteile sinken jedoch, da die Restschuld geringer wird.

Bei einem **Annuitätendarlehen** zahlt das Unternehmen regelmäßig gleich hohe monatliche Raten. Das bedeutet, dass die Tilgungsanteile im Zeitablauf zunehmen, während die Zinsanteile der Annuitäten im Zeitablauf sinken.

Industrieanleihe

Industrieanleihe

Bei der Industrieanleihe, die oftmals auch Industrieschuldverschreibung oder Industrieobligation genannt wird, handelt es sich um Anleihen der Unternehmen bei einem breiten Publikum. Die gesamte Anleihe ist in Teilschuldverschreibungen gestückelt. Private Anleger, welche die Teilschuldverschreibungen kaufen, erhalten eine feste, regelmäßige Verzinsung sowie das Recht auf Rückzahlung des gewährten Kapitals. Mit Industrieanleihen ist es den Unternehmen möglich, einen hohen Kapitalbedarf zu decken, da eine Vielzahl von Anlegern kleinere Beträge zur Verfügung stellen. Die Anleger haben den Vorteil, dass Industrieobligationen an der Börse gehandelt und deshalb leicht ge- und verkauft werden können. Deshalb können Industrieobligationen auch nur von börsenfähigen Unternehmen ausgegeben werden. Der Zinssatz richtet sich nach der Bonität des Emittenten (seinem Rating) und danach, wie dringend er Kapital benötigt. Die Laufzeiten bewegen sich meist zwischen 5 und 15 Jahren; die Anleger können die Anleihen ab einem Nominalwert von 1.000 Euro erwerben.

Leasing

Unter Leasing versteht man ein miet- oder pachtähnliches Verhältnis. Beteiligte an einem Leasingvertrag sind der Leasinggeber und der Leasingnehmer. Der Leasingnehmer erwirbt durch den Vertrag ein Nutzungsrecht an beweglichen oder unbeweglichen Gütern. Leasinggeber kann entweder der Hersteller des Leasinggutes oder eine Leasinggesellschaft sein, die das Gut zunächst von dem Hersteller erwerben muss. Nach der vertraglichen Bindung unterscheidet man in Operate Leasing und Finance Leasing:

Operate Leasing

Das **Operate Leasing** ist durch kurzfristige Verträge gekennzeichnet und entspricht vom Charakter her dem Mietvertrag. Für beide Vertragspartner bestehen kurzfristige Kündigungsmöglichkeiten. Das Investitionsrisiko liegt beim Leasinggeber, was bedeutet, dass er für Reparaturen, Wartungen und Versicherungen des Leasinggutes aufkommen muss. Diese Art von Verträgen wird vorzugsweise bei Leasinggütern geschlossen, die wegen hoher Nachfrage jederzeit neu vermietet werden können (Container).

Finance Leasing

Beim **Finance Leasing** wird eine Grundmietzeit festgelegt, innerhalb derer eine Kündigung des Vertrages nicht möglich ist. Es handelt sich somit um langfristige Verträge, bei denen das Investitionsrisiko beim Leasingnehmer liegt. Nach Ablauf der Grundmietzeit ist eine weitere Nutzung des Leasinggutes möglich. Dazu muss entweder eine Kaufoption oder eine Mietverlängerungsoption vereinbart werden (Flugzeuge).

MERKE

Unterschiedlichste Formen der Kreditfinanzierung haben das Erlangen von Zahlungsmitteln zum Ziel, die als Fremdkapital von außen zugeführt werden.

Die Finanzierung von Fremdkapital ist im Gegensatz zur Aufbringung von Eigenkapital teurer, schafft aber nur befristete Abhängigkeiten.

D) Alternative Wege der Finanzierung

Beschränkungen in der Kreditvergabe durch Basel III

Im Zuge der Eigenkapitalrichtlinien von Basel III (so werden die Vorschläge des Basler Ausschusses für Bankenaufsicht bezeichnet, welche die Eigenkapital-Ausstattung als Grundlage für eine Kreditvergabe regeln), d.h. einer immer vorsichtigeren Kreditvergabe von Banken, suchen Unternehmen nach alternativen Finanzierungsinstrumenten: Einerseits möchte man einen zu hohen Anteil an Fremdkapital vermeiden, andererseits nicht einen Verlust an unternehmerischer Entscheidungsfreiheit durch die Aufnahme neuer Gesellschafter hinnehmen.

Mezzanine-Finanzierung

Eine Möglichkeit soll hier die sog. Mezzanine-Finanzierung (auch „Hybrid-Finanzierung") bieten. „Mezzanino" kommt aus der italienischen Architektur und bedeutet „Zwischengeschoss". Unter einer Mezzanine-Finanzierung versteht man also eine Zuführung von Finanzmitteln, die eine Zwischenform zwischen Eigen- und Fremdfinanzierung darstellen.

Elemente mit Eigenkapital- und mit Fremdkapitalcharakter

Üblicherweise werden verschiedene Darlehensarten, Beteiligungen und Anleihen in diesen Begriff einbezogen (z.B. nachrangige Darlehen, auch stille und atypische Beteiligungen, Wandelschuldverschreibungen, um nur ein paar zu nennen). Gemeinsam ist ihnen, dass Gläubiger bei dieser Art von Finanzinstrumenten im Vergleich zu klassischen Fremdkapitalgebern „nachrangig" behandelt werden, also bei einer Insolvenz ihre Ansprüche hintenan stellen müssen. Dagegen genießen sie in Bezug auf Eigenkapitalgeber Vorrang, sind im Zugriff also besser gestellt als Gesellschafter. Wegen des höheren Risikos wird eine höhere Vergütung zugebilligt (z.B. Zins plus Sonderzahlung, Bezugsrechte oder ähnliches). Zwar haben Hybridanleihen, um als Eigenkapital zu gelten, grundsätzlich eine unendliche Laufzeit, doch ist die Kapitalüberlassung normalerweise auf fünf bis zehn Jahre befristet.

Weil an die Mezzanine-Finanzierung üblicherweise keine Sicherheiten gebunden sind, stehen Vermögensgegenstände für die Besicherung herkömmlicher Bankkredite zur Verfügung und schaffen Freiraum für weitere Liquidität. Das erhöhte Risiko des Kapitalgebers wird durch eine deutlich erhöhte Verzinsung kompensiert (in der Regel 7–15 % der Kreditsumme oder auch eine Gewinnbeteiligung, etwa beim „partiarischen" Darlehen), seine Kontrollrechte sind mehr oder minder umfangreich (Kopie des Jahresabschlusses, Prüfung der Bücher usw.).

Mezzanine-Geber

Übliche Mezzanine-Geber sind heute neben privaten Investoren vor allem Beteiligungsgesellschaften, zunehmend aber auch Banken.

BEISPIEL

Genussscheine als Mittel der Mezzanine-Finanzierung

Genussscheine sind eine deutsche Konstruktion. Es handelt sich um Wertpapiere, die an der Börse gehandelt werden. Gesetzlich sind sie nicht geregelt und daher individuell ausgestaltbar. In der Regel haben sie eine begrenzte Laufzeit. Sie gewähren kein Stimmrecht, jedoch einen jährlichen Zinsanspruch in Abhängigkeit vom Gewinn der Gesellschaft. Im Fall der Auflösung der Gesellschaft besteht meist ein Anspruch auf das zu verteilende Gesellschaftsvermögen.

Da sie Charakteristika von Eigenkapital und Fremdkapital verbinden, sind Genussscheine ein Instrument der Mezzanine-Finanzierung: Wirtschaftlich wird Genusskapital als Eigenkapital betrachtet, etwa aufgrund der Nachrangigkeit (im Fall der Insolvenz werden also Forderungen von Fremdkapitalgebern zuerst bedient) und der gewinnabhängigen Verzinsung. Diese ist nicht garantiert, und oftmals wird eine Verlustbeteiligung bis zur Höhe des Kapitaleinsatzes vereinbart.

Die Emission von Genussscheinen ist nicht an eine bestimmte Rechtsform geknüpft. Bei einer Ausgabe durch Aktiengesellschaften steht den Aktionären ein Bezugsrecht zu. Genussscheine können börsentäglich veräußert werden.

MERKE

Die Mezzanine-Finanzierung kann die Finanzstruktur verbessern: Die zugeführten Finanzmittel kommen je nach vertraglicher Ausgestaltung dem Eigenkapital sehr nahe, jedoch belassen sie dem Unternehmer grundsätzlich seinen Entscheidungsspielraum. Sicherheiten entfallen, sie bleiben für eine herkömmliche Kreditaufnahme erhalten. Preis ist eine höhere Verzinsung.

BEISPIEL

Nachdem Linde 2003 als erstes Nicht-Finanzunternehmen eine Hybrid-Anleihe bei institutionellen Investoren platziert hatte, folgten zwei weitere 2006. Bei einem Gegenwert von gut 1 Milliarde Euro wurde 50 % des Nominalwertes von Rating-Agenturen dem Eigenkapital zugerechnet. Linde stand dadurch eine ungenutzte Kreditlinie zur Verfügung.

Zwei Jahre vorher waren bereits Wandelschuldverschreibungen begeben worden: Sie gestehen Kapitalgebern das Recht zu, bei einem positiven Geschäftsverlauf Unternehmensanteile zu erhalten. Bis Ende 2006 waren ca. 1/3 in Aktien umgewandelt worden, 2008 sämtliche noch ausstehenden Schuldverschreibungen. Linde wollte durch diese Maßnahmen eine Reduzierung der Finanzschulden und eine Erhöhung des Eigenkapitals erreichen.

2011 unterbreitete Linde Rückkaufsangebote für Anleihen mit Fälligkeit 2012 (1 Milliarde Euro) und 2013 (300 Millionen Euro) und platzierte gleichzeitig eine zehnjährige 600 Millionen-Anleihe und eine weitere siebenjährige 750 Millionen-Anleihe. Mit diesen Transaktionen sicherte sich Linde langfristige Finanzierungsmittel auf attraktivem Zinsniveau.
(Vgl. hierzu auch: www.the-linde-group.com und www.linde-gas.de)

Eine andere Hybrid-Anleihe von Linde zahlte ab 2007 jährlich am 14. Juli Zinsen in Höhe von 7,375 % – bis zum Jahr 2016. Zu diesem Termin war der First Call, also die erste Kündigungsmöglichkeit durch das Unternehmen. Linde kündigte, ansonsten hätte der Gasspezialist einen hohen Aufschlag zahlen müssen. Als Fälligkeitstermin galt der 14.7.2066. Da Linde über ein stabiles Geschäft und langfristige Verträge verfügt, beurteilte etwa die Landesbank Baden-Württemberg die Anleihe von Anfang an als „attraktiv".
(Quelle: www.focus.de/finanzen/boerse)

Die RWE AG nahm Ende 2010 eine 1,75 Milliarden Euro schwere Hybridanleihe auf. Von den Banken, welche die Emission begleiteten, wurden hierzu nähere Bedingungen genannt, z.B.:

Fälligkeit: Kein festes Laufzeitende, kündbar am 28. September 2015 und 2020; Kupon: 4,625 %, Ratings: Baa1 (Moody's), BBB+ (Standard & Poor's), Stückelung: 1.000 EUR, Notierung: Frankfurt/Luxemburg.

Die Hybridanleihe wurde 2015 von RWE gekündigt. Dafür wurden neue RWE Hybridanleihen mit niedrigerer Verzinsung aufgelegt.
(Quelle: www.finanzen100.de/nachrichten und www.rwe.com)

E) Finanzierung aus sonstigen Kapitalfreisetzungen

Sonstige Kapitalfreisetzungen

Unter Finanzierung aus **sonstigen Kapitalfreisetzungen** fasst man die Finanzierung durch **Verringerung des Kapitaleinsatzes** sowie die Finanzierung durch **Vermögensumschichtungen** zusammen.

Finanzierung durch Verringerung des Kapitaleinsatzes

Verringerung des Kapitaleinsatzes

Ziel dieser Finanzierungsart ist ein gleichbleibendes Produktions- und Umsatzvolumen trotz Verringerung des Kapitaleinsatzes. Ist weniger Kapital gebunden, wird eine Freisetzung finanzieller Mittel möglich.

BEISPIEL

Eine Freisetzung finanzieller Mittel geschieht durch eine Verringerung von Lagerbeständen und Lagerzeiten, die Beschleunigung von Fertigungszeiten oder die Verbesserung des Kreditoren- bzw. Debitorenmanagements. Ziel des Letzteren ist es, die Zahlungen für Wareneinkäufe des Unternehmens so lange wie möglich hinauszuzögern und demgegenüber die Einnahmen aus Warenverkäufen möglichst früh zu erhalten. So wird eine Verkürzung der Finanzmittelbindung erreicht.

Finanzierung durch Vermögensumschichtung

Vermögensumschichtung

Umschichtungen im Vermögensbereich finden statt, wenn materielle und/oder immaterielle Vermögenswerte in liquide Form überführt werden. Diese Umschichtungen finden außerhalb des Umsatzprozesses statt (z.B. Auflösung langfristiger Finanzanlagen, Verkauf von Wertpapieren).

Liquidieren von Vermögensgegenständen

An dieser Stelle sei auch die außerplanmäßige Desinvestition erwähnt: Bei drohender Illiquidität des Unternehmens können Vermögensgegenstände zur Aufrechthaltung der Zahlungsfähigkeit liquidiert werden. Dazu werden zunächst diejenigen Vermögensgegenstände liquidiert, die zur Leistungserstellung nicht erforderlich sind, wie Wertpapiere oder Edelmetalle. In einem nächsten Schritt können Beteiligungen oder Übervorräte verkauft werden, wobei Letzteres in der Regel nur unter Preiseinbußen möglich ist.

MERKE

Ein Finanzierungseffekt kann auch aus einer Verringerung des Kapitaleinsatzes und Vermögensumschichtungen resultieren. Es handelt sich dabei um eine Freisetzung von Kapital ohne Zuführung von außen (also Innenfinanzierung und insofern der Selbstfinanzierung vergleichbar).

4.7.3 Wechselwirkungen der Finanzplanung mit anderen Funktionsgebieten

Wechselwirkungen mit anderen Funktionsbereichen

Wie wir aus den vorangehenden Teilplänen bereits ersehen konnten, haben sie alle Auswirkungen auf den Finanzplan. Auszahlungen schaffen einen Finanzbedarf, der gedeckt werden muss; überschüssige Einzahlungen sollen gewinnbringend angelegt werden. Hauptziel der Finanzplanung ist die jederzeitige Liquidität.

Soweit sich aus dem Finanzplan kostenmäßige Wirkungen ersehen lassen (z.B. Zinsaufwand für Kapitalaufnahme), sind diese wie die Wirkungen anderer Funktionsgebiete im Kostenplan abzubilden (vgl. 4.8).

4.7.4 Illiquidität und Insolvenz

Bedeutung des Liquiditätserhalts

Wir haben schon im Kapitel Ziele festgestellt, dass das Streben um Liquidität (liquide heißt flüssig, also zahlungsfähig) eine existentielle Nebenbedingung für ein Unternehmen darstellt.

BEISPIEL

„Kein Autohersteller der Welt jagte so von Neuheit zu Neuheit wie Carl Borgward. Modelle, Typen und Marken entstanden und verschwanden, veränderten ihr Aussehen und ihre Ausrüstung. Der Pionier war besessen von der Leidenschaft, immer neue Autos zu entwerfen. Er selbst und kein anderer erdachte alle 63 Kreationen, die zwischen 1932 und 1960 sein Werk verließen.

Anfang 1961 brach der Gigant zusammen. Borgward war zahlungsunfähig ... Aus dem Titanen war über Nacht ein machtloser Wicht geworden und aus 20.000 Arbeitern Arbeitslose.

Doch acht Jahre später, nach dem Ende des Konkursverfahrens stellte sich heraus: Borgward war überhaupt nicht pleite gewesen, alle Gläubiger konnten hundertprozentig befriedigt werden. Borgward war 1961 nur kurzfristig illiquide, weil ein durch Grundstücke abgesicherter Kredit von zehn Millionen Mark gestoppt worden war."
(Aus: C. Schnibben, Mythos auf Rädern, in: Die Zeit, Nr. 14/1984.)

Am 1. Oktober 2001 reichten die Barreserven der Swissair gerade aus, um die ersten morgendlichen Flüge durchführen zu können. Nationale Symbole der Schweiz saßen danach am Boden fest und ebenso Tausende gestrandeter Urlauber, Besatzungen und Passagiere aus aller Welt. Den Großbanken wurde Sabotage vorgeworfen. Dank eines Notkredits des Bundes konnte der Flugbetrieb nach zwei Tagen auf den meisten Strecken wieder aufgenommen werden. Der Wirtschaftsstandort Schweiz war wieder auf dem Luftweg erreichbar, außerdem wurde die Basis für eine Gründung der Swiss gelegt und ein weiterer Zusammenbruch der flugnahen Betriebe verhindert.
(Vgl. etwa www.swissair-grounding.net/pdf/srg-fulltext.pdf)

Wie wichtig die jederzeitige Liquidität ist, wird angesichts zahlreicher Schreckensmeldungen vom Zusammenbruch ganzer Wirtschaftsimperien aus den Nachrichten nur allzu oft deutlich (erinnert sei an Holzmann, die Kirch-Gruppe, Fairchild Dornier, Cargolifter, Quelle, Schlecker, Neckermann, den Nürburg-Ring und viele andere). Obwohl die Zahl der Unternehmensinsolvenzen insgesamt seit Jahren rückläufig ist: Vor dem Hintergrund einer immer stärkeren Konkurrenz auf den internationalen Märkten wird es diese dramatischen Fälle weiterhin geben.

Was aber geschieht, wenn die Finanzplanung versagt hat oder man machtlos zusehen muss, wie Liquiditätsprobleme aufkommen? Welcher Grad von Zahlungsproblemen wird bedrohlich? Bekanntermaßen führt Illiquidität zur Insolvenz. Was sich hinter diesem Begriff dem Gesetz nach tatsächlich verbirgt, sei hier vorgestellt.

A) Ziel der Insolvenzordnung

Insolvenzordnung

Die „neue" Insolvenzordnung (InsO) ersetzte in Deutschland die vorher geltende Konkursordnung, die Vergleichsordnung sowie die Gesamtvollstreckungsordnung und sollte den veränderten Ansprüchen im vereinten Deutschland gerecht werden.

Suche nach Sanierungschancen

Das Insolvenzrecht legt den Schwerpunkt auf den **Erhalt des Unternehmens** und zwingt alle am Insolvenzverfahren Beteiligten, sich mit den Möglichkeiten einer Fortführung des Unternehmens und den **Sanierungschancen** (z.B. durch Kostensenkung, Kreditvergabe seitens der Banken) intensiv zu befassen.

Grundsatz der Einzelvollstreckung

Grundsätzlich müssen Gläubiger ihre Außenstände bei den jeweiligen Schuldnern mit Hilfe der Amtsgerichte und Gerichtsvollzieher einzeln einfordern (Einzelvollstreckung). Wenn nun mehrere Gläubiger gleichzeitig ihre Forderungen eintreiben wollen, gilt das bekannte Prinzip „wer zuerst kommt, mahlt zuerst". Reicht das Vermögen des Schuldners allerdings nicht mehr aus, um alle Gläubigeransprüche zu befriedigen, so würden nach diesem Grundsatz manche Gläubiger voll ausbezahlt und andere überhaupt nicht. Außerdem wäre das Unternehmen zwangsläufig dem Untergang geweiht.

Gleichmäßige Befriedigung der Gläubiger

Um eine bessere Regelung für derartige Fälle zu finden, soll unter der Kontrolle einer staatlichen Instanz, des Insolvenzgerichts, eine gleichmäßige Befriedigung aller Gläubiger erreicht und die planlose Zerschlagung eines Unternehmens verhindert werden. Die Vorgehensweise, das Insolvenzverfahren, wird ebenfalls in der Insolvenzordnung geregelt.

Insolvenzverwalter oder Sachwalter

Üblicherweise bestimmten bisher ausschließlich die Gerichte einen Insolvenzverwalter für illiquide Unternehmen. Am 1.3.2012 trat das Gesetz zur weiteren Erleichterung der Sanierung von Unternehmen in Kraft: Es erleichtert die Anordnung einer Insolvenz in Eigenverantwortung, das bedeutet den Vorschlag eines Sachwalters durch die Unternehmen selbst (siehe hierzu auch im Folgenden unter B) 2.).

B) Insolvenztatbestände

§

Die Eröffnung eines Insolvenzverfahrens setzt einen entsprechenden Grund in Form eines sog. Insolvenztatbestands voraus. Die Insolvenzordnung kennt drei derartige Tatbestände: Zahlungsunfähigkeit (§ 17 InsO), drohende Zahlungsunfähigkeit (§ 18 InsO) und Überschuldung (§ 19 InsO).

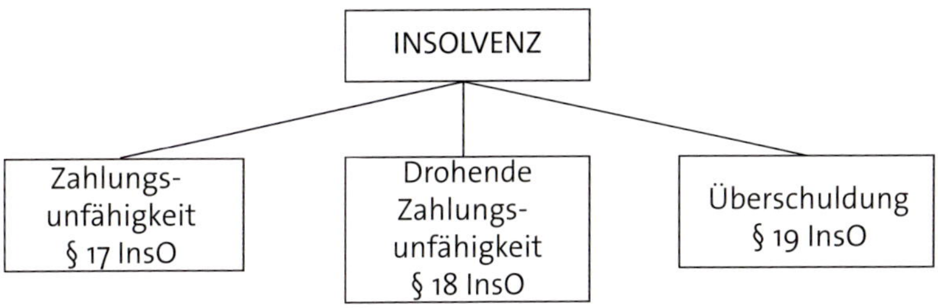

1. Zahlungsunfähigkeit

Einleitung wegen Zahlungsunfähigkeit

Der Eröffnungsgrund der Zahlungsunfähigkeit kann sowohl **vom Schuldner** selbst, also z.B. vom Geschäftsführer einer angeschlagenen GmbH, **als auch von den Gläubigern des Unternehmens,** wie etwa der Hausbank, geltend gemacht werden, um so die Eröffnung eines Insolvenzverfahrens einzuleiten.

Ein Schuldner ist dann zahlungsunfähig, wenn er nicht in der Lage ist, seine **fälligen** Zahlungsverpflichtungen zu erfüllen (Zeitpunkt-Illiquidität). In der Rechtsprechung hat man sich auf eine Toleranzgrenze geeinigt: Demnach ist „materiell zahlungsunfähig“, wer nicht in der Lage ist, innerhalb der nächsten drei Wochen mindestens 90 % seiner fälligen Verbindlichkeiten zu begleichen. Der Schuldner ist in diesem Fall verpflichtet, innerhalb von drei Wochen einen Insolvenzantrag zu stellen.

Die Insolvenzordnung vermutet eine Zahlungsunfähigkeit, wenn der Schuldner seine Zahlungen eingestellt hat (§ 17 InsO). Weitere Indizien für die Zahlungsunfähigkeit eines Unternehmens sind etwa der Erlass von Mahn- und Vollstreckungsbescheiden gegen das Unternehmen, Pfändungen, Kreditkündigungen durch die Banken oder auch ausstehende Zahlungen von Löhnen, Gehältern und Sozialversicherungsbeiträgen. Zahlungsstockungen sind unbeachtlich; der Unterschied zur Zahlungsunfähigkeit liegt in der Dauer und in der Überwindbarkeit des vorliegenden Liquiditätsengpasses.

2. Drohende Zahlungsunfähigkeit

Prognose über drohende Zahlungsunfähigkeit

Man spricht von drohender Zahlungsunfähigkeit im Sinne der Insolvenzordnung, wenn der Schuldner **voraussichtlich** nicht in der Lage sein wird, seine Verpflichtungen zur Zahlung zu erfüllen. Der tatsächliche Eintritt der Zahlungsunfähigkeit ist dann wahrscheinlicher als der Nichteintritt.

In diesem Zusammenhang ist eine Prognose über die zukünftige Zahlungsfähigkeit innerhalb eines bestimmten Zeitraumes entscheidend (Zeitraum-Illiquidität), die auf dem Finanz- und Liquiditätsplan des betroffenen Unternehmens basiert. Der Finanz- und Liquiditätsplan stellt die Bestände an liquiden Mitteln im Unternehmen sowie die geplanten Zugänge und Abgänge an Zahlungen einander gegenüber und erlaubt so eine **Aussage über die zukünftige Entwicklung der Zahlungsfähigkeit** des Unternehmens.

Droht einem Unternehmen nach dieser Definition die Zahlungsunfähigkeit, so kann es die Eröffnung eines Insolvenzverfahrens beantragen, um so bereits beim Erkennen der Krise ein gesetzliches Verfahren zur Bereinigung der Schulden durchzuführen und das Unternehmen möglichst zu sanieren. Im Gegensatz zur Zahlungsunfähigkeit und zur Überschuldung besteht hierzu allerdings keine Verpflichtung seitens des Geschäftsführers. Außerdem gilt die drohende Zahlungsunfähigkeit **nur für den Schuldner,** also für das Unternehmen selbst, als Eröffnungsgrund, das bedeutet ein Antrag auf Eröffnung eines Insolvenzverfahrens wegen drohender Zahlungsunfähigkeit durch einen Gläubiger ist nicht möglich.

Eine Reform des Insolvenzrechts stärkt hier die Möglichkeit der Eigenverwaltung: Sofern die Mehrheit der Gläubiger zustimmt, können insolvente Unternehmen selbst einen Sachwalter vorschlagen und unter dessen Aufsicht binnen drei Monaten einen Sanierungsplan erstellen. Über die Anordnung der Eigenverwaltung entscheidet ein Gericht im Beschluss über die Eröffnung des Insolvenzverfahrens.

3. Überschuldung

Eigenkapital aufgezehrt: Überschuldung

Sowohl der Schuldner selbst als auch ein Gläubiger kann Überschuldung als Eröffnungsgrund für ein Insolvenzverfahren geltend machen. Überschuldung liegt nach der Insolvenzordnung vor, wenn das vorhandene **Vermögen die Verbindlichkeiten nicht deckt, also das Eigenkapital aufgezehrt ist** und das Fremdkapital in der Bilanz die Vermögenswerte übersteigt (die Differenz wird dann als „negatives Eigenkapital" bezeichnet).

Hierfür ist zunächst nicht die normale Handelsbilanz ausschlaggebend, sondern eine eigens aufzustellende Überschuldungsbilanz. Diese berücksichtigt die **tatsächlichen gegenwärtigen** Vermögenswerte des Unternehmens, also die, die heute bei einem Verkauf der Gegenstände erzielt werden könnten.

Übersteigen in der Überschuldungsbilanz die Schulden das Vermögen, so wird in einer Fortführungsprognose geprüft, ob das Unternehmen wirtschaftlich lebensfähig ist und in Zukunft wieder kostendeckend arbeiten kann.

Kommt diese Prognose zu einem negativen Ergebnis, so ist jetzt die Überschuldung nach § 19 der InsO gegeben.

Kommt die Prognose dagegen zu einem positiven Ergebnis, so werden die Vermögenswerte des Unternehmens in der Überschuldungsbilanz nach dem „going-concern-Prinzip" korrigiert: Im Gegensatz zur früheren Gesetzgebung ist dabei für die Bewertung des Vermögens davon auszugehen, dass das Unternehmen weiterhin besteht – sofern dies als wahrscheinlich gilt. So ist der Wert vieler Vermögenswerte im Unternehmen bei einer Weiterführung des Unternehmens deutlich höher als bei dessen Zerschlagung und der Liquidation der einzelnen Werte (Sondermaschinen, unfertige Erzeugnisse etc.).

Übersteigen die Verbindlichkeiten auch nach dieser „korrigierten" Rechnung das Vermögen, so bleibt der Tatbestand der Überschuldung.

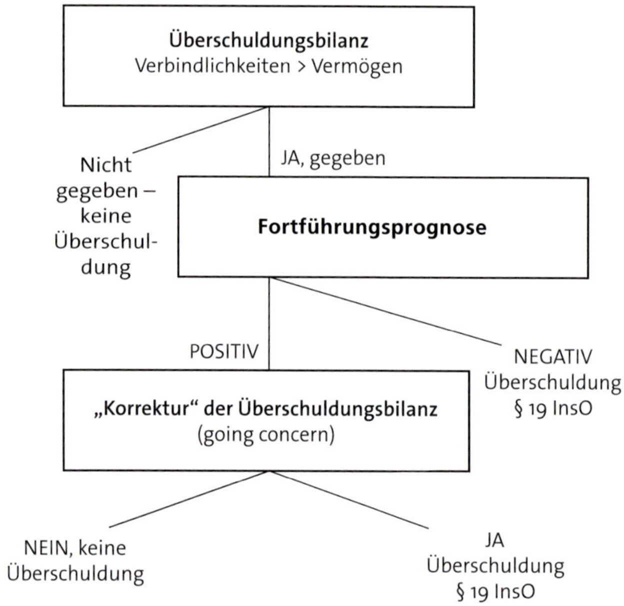

C) Vorteile der Insolvenzordnung

Ziel des Unternehmenserhalts

Wie bereits angesprochen, ist eine der wichtigsten Neuerungen das Ziel der Sanierung und damit der Fortbestand des angeschlagenen Unternehmens – sofern möglich. Früher scheiterte ein Großteil der Konkursanträge bereits daran, dass die verfügbare Masse, also das verwertbare Restvermögen des Unternehmens nicht zur Eröffnung eines Verfahrens ausreichte. Heute müssen lediglich die voraussichtlichen Kosten des Insolvenzverfahrens durch Vermögenswerte gedeckt sein. Sonst wird der Antrag auf Eröffnung des Verfahrens vom Insolvenzgericht abgelehnt.

Frühzeitige Eröffnung

Eine weitere wesentliche Neuerung wurde bezüglich der Gründe für ein Insolvenzverfahren eingeführt: So kann bereits bei drohender Zahlungsunfähigkeit die Eröffnung eines Insolvenzverfahrens beantragt werden, nicht erst, wenn die Situation schon aussichtslos erscheint. Damit steigen die Chancen für eine erfolgreiche Sanierung des Unternehmens.

Gleichrang der Gläubiger

Weiterhin dient das neue Insolvenzrecht einer besseren Befriedigung der Gläubigeransprüche an marode Unternehmen. Die sog. ungesicherten Gläubiger haben nun grundsätzlich eine gleichrangige Stellung neben den Banken, den Finanzbehörden, den Sozialversicherungsträgern und den Arbeitnehmern. Auch verpfändete Güter können zur gleichmäßigen Befriedigung der Ansprüche zur Verwertung herangezogen werden. Lediglich unter Eigentumsvorbehalt gelieferte Güter werden nicht der Insolvenzmasse zugerechnet.

Verbraucherinsolvenz

Die wohl in der Öffentlichkeit sichtbarste Neuerung der Insolvenzordnung ist die Möglichkeit einer „Verbraucherinsolvenz". Viele private Haushalte sind heute völlig überschuldet, sei es durch die Anhäufung von Privatkrediten und Teilzahlungen, durch gescheiterte Existenzgründungen, unvorhergesehene Arbeitslosigkeit etc. Ihnen ermöglicht der Weg des Insolvenzverfahrens, unter verschiedenen Voraussetzungen nach sechs Jahren einen Erlass der (Rest-)Schulden zu erreichen und einen wirtschaftlichen Neuanfang zu versuchen. Für Verbraucher, die zumindest die Verfahrenskosten selbst tragen können, ist eine Verkürzung des Verfahrens auf fünf Jahre möglich; können zudem noch 35 % der angemeldeten Schulden innerhalb von 3 Jahren beglichen werden, kann bereits zu diesem Zeitpunkt eine Restschuldbefreiung erfolgen.
(Quelle: www.verbraucherzentrale.de)

4.8 Von den Teilplänen zum Gesamtplan

Das inhaltliche Zusammenwirken der verschiedenen Teilpläne im Unternehmen sieht in der Gesamtübersicht folgendermaßen aus:

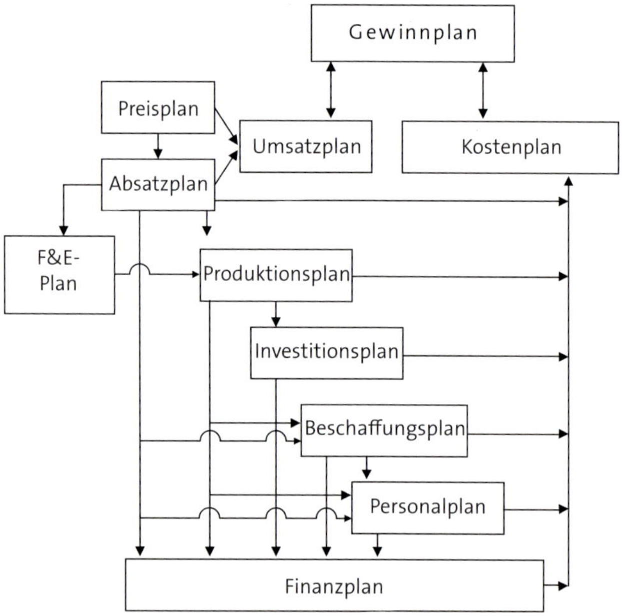

Aus der Summe der Teilpläne erhält man den Unternehmensgesamtplan. Wichtigstes Ziel ist das Erzielen von Gewinn, der als Differenz von Umsatz und Kosten definiert wird.

Die voraussichtlichen Umsatzerlöse sind das Ergebnis der Preis- und Absatzplanung. Letztere ist Ausgangspunkt für die Planung der übrigen Teilbereiche. Der Produktionsplan berücksichtigt die augenblicklichen und – nach Abstimmung mit dem Investitionsplan – die zukünftigen Kapazitäten. Der F&E-Plan (Forschungs- und Entwicklungsplan) ist auf den Produktions- und Absatzplan abzustimmen. Produktions- und Absatzplan sind wiederum Voraussetzungen für den Beschaffungsplan. Der Personalplan wird aus den übrigen Teilplänen gespeist und ist mit ihnen wechselseitig abzustimmen. Sämtliche Teilpläne haben Auswirkungen auf den Finanzplan, der die jederzeitige Liquidität sichern soll. Außerdem ergeben sich aus allen Teilgebieten Auswirkungen auf den Kostenplan, mit dem sich der Kreis zum Gewinnplan schließt.

5 Organisation – Skelett und Spielregeln des Unternehmens

In einem Unternehmen werden Menschen und Sachen zusammengeführt, um ein Unternehmensziel zu verfolgen. Bei Dienstleistungsunternehmen geschieht dies im Erbringen der Dienstleistungen, ansonsten im Herstellen von Sachgütern oder in der Überlassung von Rechten. Der vorgegebene Zweck kann jedoch nur dann erreicht werden, wenn die einzelnen Teile des Unternehmens im organisierten Zusammenhang und zweckorientiert zusammengefügt werden. Daher muss eine zielführende Ordnung vorliegen, die auch als Organisation bezeichnet wird.

Wir werden uns zunächst noch genauer mit dem Begriff der Organisation beschäftigen. Anschließend werden wir der üblichen Unterscheidung in Aufbau- und Ablauforganisation nachgehen. Der Aufbau ist quasi das Skelett des Unternehmens, die Abläufe entsprechen dann den Vorgängen im Inneren des Körpers, die gewissen Vorgaben bzw. Spielregeln folgen. Auch auf den Begriff „Lean-Management“ werden wir eingehen, der in den 90er Jahren für Aufsehen gesorgt hat.

5.1 Der Organisationsbegriff

Zielbezogene Ordnung, Regeln, Langfristigkeit

Der Begriff „Organisation" ist sehr vielschichtig. Grundsätzlich versteht man darunter eine auf Dauer gerichtete zielbezogene **Ordnung von Menschen und Dingen.** Hierfür werden geeignete Regeln gesucht, die langfristig aufgestellt werden und sich auf wiederkehrende Vorgänge beziehen.

Ordnung von Menschen und Dingen

Zu ordnen sind also Menschen und Dinge: Die Menschen sind Arbeitnehmer, Führungskräfte, Kunden, Lieferanten, Geldgeber, Eigentümer usw. An Dingen begegnen uns unter anderem Gebäude, Maschinen, Fahrzeuge, Vorräte, Wertpapiere oder flüssige Mittel. Demnach soll eine Ordnung sowohl zwischen Betriebsmitteln (bzw. Werkstoffen/immateriellem Vermögen) und Menschen als auch von Menschen untereinander hergestellt werden.

System von Beziehungen

Die Ordnung bedeutet ein **von Menschen geschaffenes** System. Sie gibt regelmäßige Beziehungen an und dient zielgerichtet der Erfüllung der im Unternehmen zu bewältigenden Aufgaben.

5.2 Unterscheidung von Aufbau- und Ablauforganisation

Organisatorischer Aufbau und Ablauf von Tätigkeiten

Üblicherweise wird zwischen einer Aufbau- und einer Ablauforganisation unterschieden. Da es sich um eine rein gedankliche Trennung handelt, ist die Abgrenzung oftmals nicht klar: Im Rahmen der Aufbauorganisation wird entschieden, **wie das Unternehmen organisatorisch aufgebaut** werden soll. Die Ablauforganisation befasst sich dagegen mit der **unmittelbaren Gestaltung der Arbeitsabläufe** im Unternehmen.

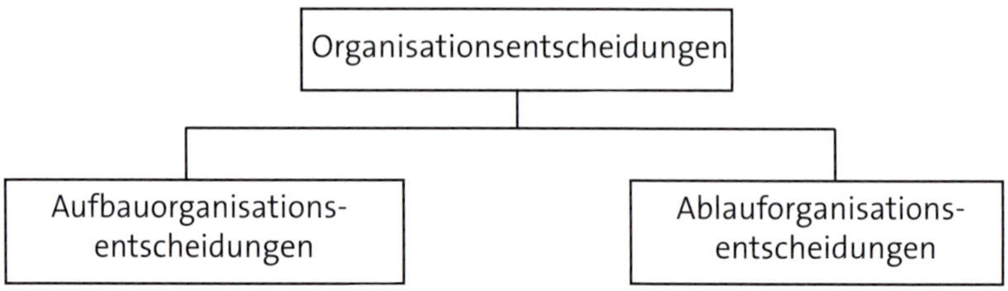

Die Unterscheidung wird zunehmend deutlicher, wenn wir von den Aufgaben ausgehen, die in einem Unternehmen zu erfüllen sind.

Aufgaben lassen sich durch folgende Merkmale charakterisieren:

1) Verrichtung: Hier wird gefragt: **Was** ist zu tun? — Verrichtung
Beispiel: Ein Fisch ist auszunehmen, Frittieröl einzufüllen oder eine Bestellung entgegen zu nehmen.

2) Objekt: Die zugehörige Frage lautet: **Woran** werden die Verrichtungen ausgeführt? — Objekt
Beispiel: An einer Maschine, am Kran oder am Computer.

3) Zeit: Es stellt sich die Frage: **Wann** werden die Verrichtungen ausgeführt? Die zeitliche **Abfolge** der Aufgaben ist von Bedeutung. — Zeit
Beispiel: Die Entgegennahme einer Bestellung findet vor dem Beginn des Produktionsprozesses statt, die Qualitätskontrolle erst am Ende der Fertigung.

4) Raum: Gefragt wird: **Wo** werden die Verrichtungen ausgeführt? — Raum
Beispiel: An Deck oder unter Deck, im Maschinenraum oder im Büro.

Vorgabe einer Struktur in stabilem Rahmen

Im Rahmen der Aufbauorganisation werden die Aufgaben nach den Merkmalen Verrichtung und Objekt festgelegt: Was ist woran zu tun? Die einzelnen **Aufgaben** werden den im Betrieb tätigen Personen und Sachmitteln zugeordnet und in einen **Beziehungszusammenhang** gebracht. Die **Aufbauorganisation** gibt einen stabilen Rahmen vor und ist auch ohne Tätigkeiten erkennbar.

Regelung von Prozessabläufen

In der **Ablauforganisation** finden darüber hinaus auch die Kriterien Raum und Zeit Berücksichtigung. Im Rahmen der Ablauforganisation geht es um die **Regelung** der räumlichen und zeitlichen **Abläufe** der Arbeitsprozesse. Im Gegensatz zur Aufbauorganisation ist sie nur erkennbar, wenn Tätigkeiten erfüllt werden.

MERKE

> Unter Organisation ist zum einen der strukturelle Aufbau des Unternehmens gemeint (Aufbauorganisation), zum anderen die Gestaltung der Abläufe (Ablauforganisation).

Formelle Struktur

Aufbau- und Ablauforganisation zusammen bilden die formelle Struktur eines Unternehmens. Sie ist bewusst gestaltet und in organisatorischen Regeln schriftlich fixiert.

BEISPIEL

Organisationsschaubilder (Organigramme) und Handbücher, Stellenbeschreibungen oder Dienstanweisungen zeigen die bewusst gestalteten organisatorischen Regeln.

Soll-Organisation

Die formelle Struktur ist das Ergebnis organisatorischer Planungstätigkeiten. Man kann auch sagen: „Wie die Organisation sein sollte".

Ist-Organisation, informelle Struktur

Neben dieser bewusst gestalteten Organisation entwickeln sich in der Praxis auch unbewusst gebildete Organisationsstrukturen heraus, informelle Elemente, die im Zeitablauf Veränderungen unterliegen. Sie sind nicht schriftlich fixiert und liegen in menschlichen Eigenarten wie Sympathie, Machtstreben oder einem unterschiedlichen sozialen Status begründet. Man kann auch sagen: „Wie die Organisation tatsächlich ist".

Unterstützung oder Hemmung durch informelle Struktur

Das Nebeneinander von formeller und informeller Organisation kann sowohl positive als auch negative Aspekte für ein Unternehmen haben. Positive Effekte ergeben sich, wenn die informelle Organisation die formelle Organisation unterstützt, ergänzt oder korrigiert (Sympathie in der notwendigen Zusammenarbeit). Es sind aber auch negative, hemmende Effekte möglich (Reibungsverluste, Informationsmängel).

Die bei der Gestaltung einer Organisation zu treffenden aufbau- und ablauforganisatorischen Entscheidungen werden wir in den nächsten beiden Abschnitten näher betrachten.

MERKE

Organisationen unterliegen neben der bewussten Formung auch unbewussten Effekten.

5.3 Elemente und Gestaltungsmöglichkeiten der Aufbauorganisation

Festlegung eines Kompetenzgefüges

Beim Aufbau einer Organisation geht es im Wesentlichen um die Festlegung eines Kompetenzgefüges. Das Kompetenzgefüge bestimmt, wer wofür zuständig ist, d. h., wer welche Rechte und Pflichten hat. Zum Aufbau eines Kompetenzgefüges sind ein Stellengefüge und ein die Stellen verknüpfendes Leitungsgefüge zu etablieren.

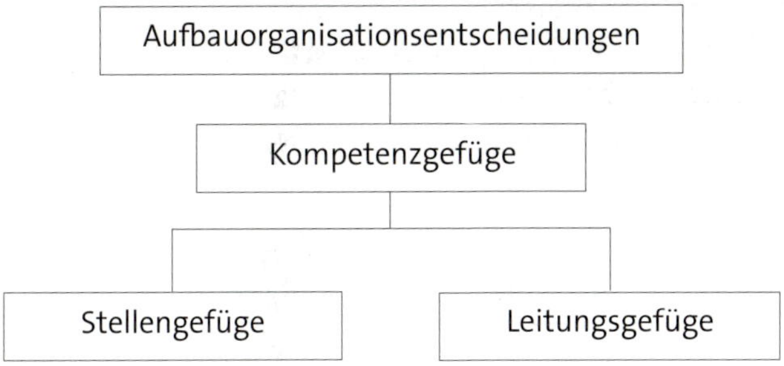

5.3.1 Stellengefüge

Stelle als kleinste organisatorische Einheit

Stellen sind die kleinsten organisatorischen Einheiten im Unternehmen. Eine Stelle entsteht, wenn unterschiedliche Teilaufgaben zum Arbeitsbereich für eine Person zusammengefasst und zugehörige Rechte und Pflichten zugewiesen werden. Eine Stelle bezieht sich somit nicht auf bestimmte Personen, sondern stets auf die Aufgaben. Diejenigen Personen, die eine Stelle besetzen, heißen Stelleninhaber.

Instanz

Unter einer Instanz versteht man übergeordnete Stellen mit Leitungs- und Anordnungsbefugnissen.

Zentralisation, Dezentralisation

Die Stellenbildung kann nach dem Prinzip der Zentralisation oder der Dezentralisation erfolgen. Bei der Zentralisation werden merkmalsgleiche Teilaufgaben zusammengefasst und einer Stelle zugeordnet. Bei der Dezentralisation werden hingegen gleichartige Aufgaben auf mehrere Stellen verteilt.

BEISPIEL

Zentralisation liegt vor, wenn beispielsweise der Einkauf für alle Filialen einer Supermarktkette oder alle Werke eines Herstellers in der Zentrale getätigt wird, wo sich Einkäufer auf verschiedene Warengruppen spezialisiert haben. Im Fall einer Dezentralisation würde der Bedarf einer Filiale oder eines Werkes vom Filialleiter oder Werkleiter selbst (bzw. einem Stellvertreter) eingekauft.

Delegation

Spannend ist die Frage der **Zentralisation oder Dezentralisation von Entscheidungen,** welche oftmals mit dem Begriff der **Delegation** umschrieben ist. Delegation bedeutet die Aufteilung von Führungsaufgaben an untergeordnete Stellen. Zentralisation bedeutet in diesem Fall, dass Entscheidungen hauptsächlich durch das Spitzenmanagement getroffen werden. Finden sich hingegen auch auf Stellen des mittleren und unteren Managements zahlreiche Stellen mit beträchtlichem Entscheidungsspielraum, liegt eine Dezentralisation der Entscheidungsbefugnisse und damit Delegation vor.

Vorteile und Nachteile eines hohen Zentralisationsgrades

Ein wesentlicher Vorteil der Zentralisation von Entscheidungen liegt darin, dass sie ein aufeinander abgestimmtes zieladäquates Verhalten ermöglicht. Die Führungsorgane werden jedoch durch einen zu hohen Zentralisationsgrad möglicherweise überlastet und sind dann nicht mehr in der Lage, die wesentlichen betrieblichen Entscheidungen sorgfältig wahrzunehmen. Umgekehrt wird bei der Dezentralisation von Entscheidungen die Führungsspitze entlastet und Entscheidungen werden auf nachgeordnete Stellen verlagert. Da die Mitarbeiter hier nicht mehr nur Befehlsempfänger sind, sondern eigenverantwortlich Entscheidungen treffen können, steigt – wenn die entsprechende Eignung vorliegt – möglicherweise die Arbeitsfreude und die Arbeitsqualität. Dies gilt umso mehr, als manche Entscheidungen besser „vor Ort" getroffen und Kundenwünsche flexibler berücksichtigt werden können.

MERKE

Stellen sind die kleinsten organisatorischen Einheiten im Unternehmen. Sie können nach dem Prinzip der Zentralisation oder Dezentralisation gebildet werden, d. h. Aufgaben werden entweder zentral gebündelt oder in Teilaufgaben aufgegliedert und verteilt.

Unter Delegation versteht man die Dezentralisation von Entscheidungen.

Stellenbeschreibungen

Um die Anforderungen eines Arbeitsplatzes detailliert zu erfassen, werden oftmals Stellenbeschreibungen herangezogen. Sie beinhalten meist die organisatorische Einordnung der Stelle, die Tätigkeitsbeschreibung für den Aufgabenträger und die spezifischen Leistungsanforderungen. Diese drei Bestandteile werden auch als Instanzenbild, Aufgabenbild und Leistungsbild bezeichnet. Ein Muster einer Stellenbeschreibung kann folgendermaßen aussehen:

Stellenbeschreibung

1. Unternehmen: ______
2. Niederlassung/Beschäftigungsort: ______
3. Stellenbezeichnung/Funktion: ______
4. Stelleninhaber und Stellennummer: ______

I. Tätigkeiten – Aufgabenbild

5. Stellenziel: ______
6. Kernaufgaben (incl. Kompetenzen und Budgetverantwortung):
   1. ______
   2. ______
   3. ______
   4. ______
   5. ______
7. Nebenaufgaben:
   1. ______
   2. ______
   3. ______
   4. ______
   5. ______
8. Arbeitsmittel: ______
9. Richtlinien, Vorschriften: ______

II. Stellenkennzeichnung – Instanzenbild

10. Abteilungszugehörigkeit: ______
11. Hierarchieebene oder Dienstrang: ______
12. Direkter Vorgesetzter: ______
13. Der Stelleninhaber vertritt (aktive Stellvertretung): ______
14. Stellvertreter des Stelleninhabers ist (passive Stellvertretung): ______
15. Disziplinarisch unterstellte Mitarbeiter: ______
16. Kompetenzen (z. B. Prokura, Handlungsvollmacht): ______
17. Gehaltsbereich: ______

18. Kommunikationsbeziehungen:
 Der Stelleninhaber liefert folgende Berichte ab:
 1. ______
 2. ______
 Der Stelleninhaber erhält folgende Berichte:
 1. ______
 2. ______
 Der Stelleninhaber nimmt regelmäßig an folgenden Sitzungen teil: ______
19. Zusammenarbeit und Schnittstellen
 Die Zusammenarbeit mit folgenden internen Stellen ist sachlich erforderlich:
 1. ______
 2. ______
 Die Zusammenarbeit mit folgenden externen Stellen ist sachlich erforderlich:
 1. ______
 2. ______

III. Anforderungen und Ziele – Leistungsbild

20. Qualifikationen, Abschlüsse, Kenntnisse, Fertigkeiten, Erfahrungen: ______
21. Arbeitscharakterliche Züge, Soft Skills und Verhalten (z. B. Genauigkeit, Zuverlässigkeit, Teamfähigkeit, Durchsetzungsvermögen, Führungsqualitäten): ______
22. Quantitative Leistungsziele (kurzfristig, langfristig, z. B. Umsatzziel): ______
23. Qualitative Leistungsziele (z. B. Betriebsklima, Kundenzufriedenheit): ______
24. Weiterentwicklungsmöglichkeiten ______

Unterschriften mit Datum:
Personalleiter ______
Stelleninhaber ______
Vorgesetzter ______
Betriebsrat ______

(Vgl. z. B. www.business-wissen.de/hb/inhalte-einer-stellenbeschreibung)

Aufgabenbild

Den Kern der Stellenbeschreibung stellt das **Aufgabenbild** dar. Es umfasst das Verzeichnis der Aufgaben und der zugehörigen Entscheidungs- und Weisungskompetenzen. Die Zielsetzung einer Stellenbeschreibung, nämlich die Ausrichtung der Tätigkeiten an den Unternehmenszielen, wird hier am deutlichsten. In knappen, möglichst genauen Formulierungen wird der Aufgabenbereich des Stelleninhabers, sein Handlungs- und Entscheidungsspielraum klar umrissen. Zu den Arbeitsmitteln können beispielsweise ein PC mit passender Software, ein Scanner, Farbdrucker usw. gehören.

Instanzenbild

Das **Instanzenbild** besteht aus der genauen Bezeichnung der Stelle (d. h. der Position des Stelleninhabers und des Leistungsbereiches, zu dem sie gehört), ihrer hierarchischen Einordnung sowie der Zusammenarbeit mit anderen Stellen. Mit der Angabe der Hierarchie-Ebene oder des Dienstranges, z. B. Gruppen-, Abteilungs- oder Hauptabteilungsleiter, können auch gleichzeitig sachliche Kompetenzen und Verantwortlichkeiten zum Ausdruck kommen. Häufig werden Lohn- oder Gehaltsgruppen angegeben. Schließlich finden sich noch Über- und Unterstellungsverhältnisse, besondere Vollmachten bzw. Kompetenzbeschränkungen sowie die Regelung der Stellvertretung. Ein Hinweis auf die Kommunikationsbeziehungen fehlt in der Praxis oft. Die Klarstellung der Zusammenarbeit mit anderen Stellen ist aber für die Aufgabenerfüllung wesentlich.

BEISPIEL

Zum Verzeichnis der Aufgaben kann etwa im Absatzbereich das Durchführen von bestimmten Marktforschungs-Tätigkeiten gehören (z. B. Analysen erstellen), das Beobachten von Entwicklungen (z. B. am Absatzmarkt), das Überwachen der Aufgabenerfüllung unterstellter Mitarbeiter (Einhaltung von Zielvereinbarungen).

Eine Entscheidungskompetenz wäre etwa die Vertragsunterzeichnung bis zu einem bestimmten Betrag, eine Weisungskompetenz läge in der Verhandlungsführung bei Konferenzen oder der Aufgabenverteilung an unterstellte Mitarbeiter.

Leistungsbild

Das **Leistungsbild** gibt die Anforderungen an den Stelleninhaber wieder. Diese betreffen zunächst die Festlegung der Leistungsanforderungen. Das sind zum einen Fachkenntnisse, zum anderen sonstige Anforderungen. In Leistungsstandards oder Leistungszielen wird dann formuliert, was vom Stelleninhaber quantitativ (z. B. Umsatz, Einhaltung eines Budgets) oder qualitativ (z. B. Führungsstil, Betriebsklima) erwartet wird. Hier kann man ebenso gut von Zielvereinbarungen sprechen.

BEISPIEL

Fachkenntnisse, Fertigkeiten und Erfahrungen betreffen den Schulabschluss, Fachausbildungen, Sprachkenntnisse, EDV-Kenntnisse, vorherige Tätigkeiten auf bestimmten Gebieten, Spezialisierungen, Produkt- und Branchenkenntnisse, Erfahrungen im Umgang mit Mitarbeitern auf dem Gebiet der Menschenführung und Berufserfahrung allgemein.

Unter sonstigen Anforderungen versteht man unter anderem Verhandlungsgeschick, zeitlich flexible Einsatzbereitschaft, Mobilität, Bereitschaft zur Reisetätigkeit, Fähigkeit zur Teamarbeit, Selbständigkeit, Anpassungsfähigkeit und Belastbarkeit, Flexibilität, Kommunikationsfähigkeit usw.

Aufwand und Entlastung durch Stellenbeschreibungen

Stellenbeschreibungen sind den betrieblichen Gegebenheiten anzupassen. Über ihre Form lässt sich keine allgemein verbindliche Aussage treffen. Die Einführung ist mit erheblichem Aufwand verbunden. Dem steht jedoch eine spürbare Entlastung gegenüber:

Der Mitarbeiter kennt seine Aufgaben, die an ihn gestellten Erwartungen, die ihm gegenüber Weisungsberechtigten und seine eigenen Weisungsbefugnisse, die Einordnung seiner Stelle samt der zugehörigen Vergütung.

Die Unternehmensleitung erreicht mit den Stellenbeschreibungen einen Überblick über die Verteilung der Aufgaben, eine Grundlage für die Einordnung der Stellen in ein Lohn- und Gehaltsgefüge, eine nachvollziehbare Leistungskontrolle.

Klarheit über Stellen

Insgesamt dienen Stellenbeschreibungen damit einer größeren Übersichtlichkeit und Klarheit im Unternehmen.

MERKE

Stellenbeschreibungen dokumentieren die Anforderungen, die an den Inhaber eines Arbeitsplatzes gestellt werden. Sie beinhalten die mit ihm verbundenen Aufgaben, die Beziehungen und die Erwartungen an die jeweilige Person.

Stellenplan

Ein Stellenplan ist eine Übersicht, die den Sollbestand der Belegschaft als Ergebnis der Bedarfsschätzung verzeichnet (siehe zur Ermittlung des künftigen Bedarfs die Ausführungen zur Personalbedarfsplanung 4.5.2). Der Stellenplan ist nach Bereichen und Abteilungen gegliedert.

TIPP

Tipp für die Praxis

Die Einführung und Pflege von Stellenbeschreibungen erfordert einen erheblichen Zeit- und Kostenaufwand. Dennoch ist sie empfehlenswert: Dem einzelnen Mitarbeiter liefert sie Klarheit über die von ihm zu erfüllenden Aufgaben und seine hierarchische Einordnung sowie über notwendige Beziehungen zu anderen Stellen. Außerdem bietet sie eine verbindliche Grundlage für Leistungsbeurteilungsgespräche.

5.3.2 Leitungsgefüge

Hierarchische Beziehung der Organisationseinheiten

Das Leitungsgefüge oder Leitungssystem gibt die hierarchische Beziehung zwischen den einzelnen Organisationseinheiten wieder. Es regelt die Verteilung der Anordnungsbefugnisse und der Verantwortlichkeiten. Das Leitungssystem hat die Aufgabe, die einzelnen Stellen des Unternehmens unter dem Aspekt der Weisungsbefugnis miteinander zu verknüpfen.

Organigramme

Die **graphische Darstellung** der Leitungssysteme nennt man **Organigramme.** Die wesentlichen Grundformen für den Aufbau eines Leitungsgefüges sind das Einlinien- und das Mehrliniensystem. Daneben gibt es zahlreiche Mischformen.

1) Einliniensystem

Einliniensystem

Einliniensystem bedeutet, dass jede Stelle nur eine einzige unmittelbar vorgesetzte Instanz hat, wobei eine Instanz mehrere nachgeordnete Stellen unter sich hat. Das Einliniensystem ist durch einen strengen Instanzenzug gekennzeichnet, d. h. die Anweisungsbefugnisse und Verantwortlichkeiten sind eindeutig: Jede Person erhält ihre Anweisungen ausschließlich von einer Person und ist auch nur ihr gegenüber verantwortlich. Eine direkte Weisung durch Überspringen von Ebenen ist nicht möglich. In der Folge bedeutet dies, dass Anweisungen von ranghöheren Instanzen an weiter unten angeordnete Instanzen oder Stellen das ganze Gefüge durchlaufen müssen (den „Dienstweg“).

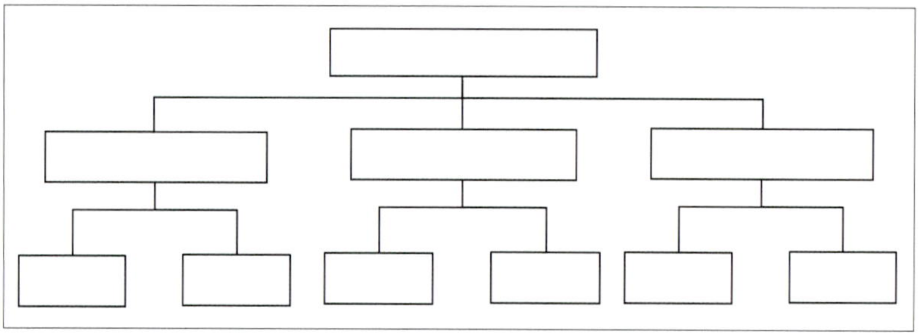

Abbildung: Einliniensystem

Klare Unterstellungsverhältnisse

Die Vorteile des Einliniensystems bestehen in:

- der eindeutigen Zuständigkeit der Leitenden sowie der klaren Unterstellungsverhältnisse,
- der deutlichen Abgrenzung der Kompetenz- und Verantwortungsbereiche,
- der einfachen Ergebniszurechnung je Instanz.

Lange Kommunikationswege

Nachteile sind:

- sehr lange und umständliche Kommunikationswege,
- eine starke Beanspruchung der Instanzen durch eine große Zahl an Weisungsempfängern.

Aufgrund der genannten Vor- und Nachteile findet man dieses Leitungssystem überwiegend in Klein- bis Mittelbetrieben; ansonsten ist es zu schwerfällig.

Funktionale Organisationsstruktur

Für die organisatorische Gliederung der Instanzenzüge gibt es unterschiedliche Möglichkeiten. Sehr häufig erfolgt die Gliederung auf der ersten Ebene nach betrieblichen Funktionen bzw. Verrichtungen; damit ergibt sich eine funktionale Organisationsstruktur. So kann beispielsweise eine Gliederung nach den Funktionen Beschaffung, Produktion, Absatz, Finanzen, Personal usw. vorgenommen werden.

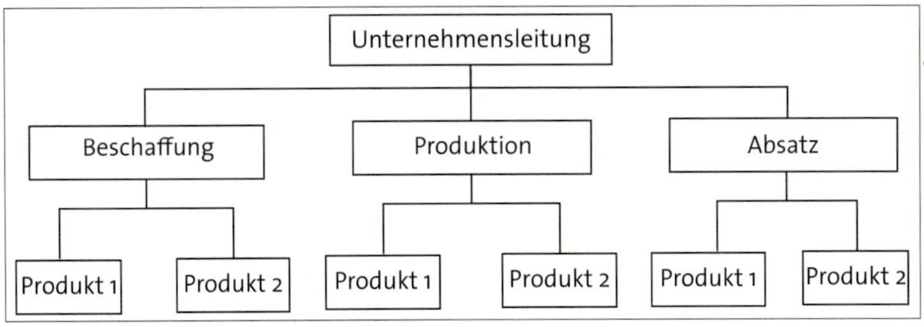

Abbildung: Funktionale Organisationsstruktur

Eine andere Möglichkeit besteht in der Gliederung der Instanzenzüge nach dem Objektprinzip. Dies bedeutet eine Gliederung nach Produkten, Märkten oder Regionen. In diesem Fall spricht man von einer divisionalen Organisationsstruktur.

Divisionale Organisationsstruktur

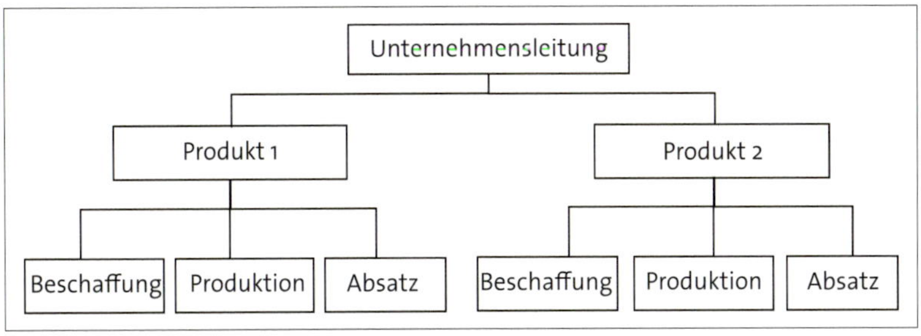

Abbildung: Divisionale Organisationsstruktur

MERKE

Im Einliniensystem ist jeder Stelle nur eine einzige Instanz vorgesetzt.

Die Gliederung der Instanzenzüge – ersichtlich in einem Organigramm – kann nach Funktionen oder Divisionen erfolgen. Letztere können Produkte oder auch regionale Märkte sein.

2) Mehrliniensystem

Mehrliniensystem

Die zweite Grundform der Leitungssysteme ist das Mehrliniensystem (oder Funktionssystem). Bei diesem Modell kann jede Stelle mehrere vorgesetzte Stellen haben, wobei jede dieser Stellen nur hinsichtlich bestimmter Aufgaben (Funktionen) weisungsberechtigt ist.

Mehrere weisungsberechtigte Ansprechpartner

Die folgende Abbildung zeigt schematisch den Aufbau eines Mehrliniensystems. Auf der ersten Ebene könnte beispielsweise eine Gliederung nach den Funktionen Beschaffung, Produktion und Absatz vorgenommen werden. Auf der zweiten Ebene wird nach Produkten gegliedert. Folglich hat ein Stelleninhaber, der für die Bearbeitung eines bestimmten Produktes zuständig ist, für die Fragen der Beschaffung, der Produktion und des Absatzes drei separate Ansprechpartner.

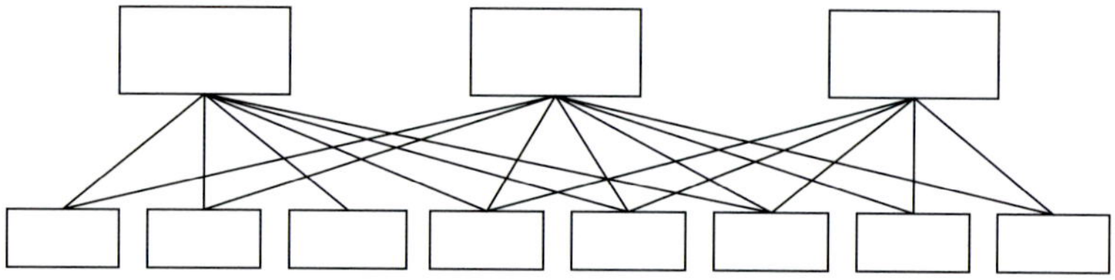

Abbildung: Mehrliniensystem

Kurze Wege, Spezialisierung

Die Vorteile des Mehrliniensystems sind:

- Es gibt im Gegensatz zum Einliniensystem kurze Instanzenwege.
- Die mögliche Verfälschung von Anweisungen wird weitest gehend vermieden.
- Die übergeordnete Instanz hat die Möglichkeit einer Spezialisierung.
- Vorgaben erfolgen durch die fachlich am besten qualifizierte Kraft.

Widersprüchliche Weisungen, Konfliktpotenzial

Auch hier treten jedoch auch Nachteile auf:

- Zuständigkeiten und Weisungen der Instanzen können oft nicht klar abgegrenzt werden.
- Aufgrund dieser erschwerten Abgrenzung besteht die Gefahr von Konflikten zwischen Vorgesetzten.
- Erfolge und Misserfolge einzelner Vorgesetzter lassen sich oftmals nicht klar zurechnen.

Ein reines Mehrliniensystem (auch: Funktionssystem) ist in der Praxis schwer anwendbar, obwohl sich das System einer Spezialisierung auf der Leitungsebene weit gehend durchgesetzt hat.

MERKE

Im Mehrliniensystem können einer Stelle mehrere funktional weisungsbefugte Instanzen vorgesetzt sein.

3) Stabliniensystem

Das Stabliniensystem versucht, die Vorteile des Einlinien- und des Mehrliniensystems zu verbinden.

Stabliniensystem

Der Grundsatz der einheitlichen Auftragserteilung wird dem Einliniensystem entsprechend streng eingehalten. Die Qualität von Entscheidungen soll aber durch Spezialisierungen gehoben werden.

Einheitliche Auftragserteilung

So werden Spezialisten (sog. Stabstellen) den weisungsberechtigten Linienstellen (Instanzen) zugeordnet, wobei sie selbst nur informierende und beratende Funktion ausüben, aber keine Weisungsbefugnis haben. Die Stabstellen unterstützen die Instanzen in der Entscheidungsvorbereitung.

Spezialisierung in der Entscheidungsvorbereitung

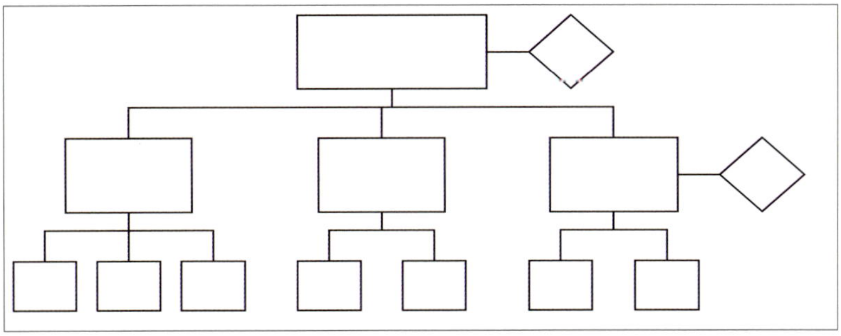

Abbildung: Stabliniensystem

Die Vorteile lassen sich wie folgt festhalten:

Entlastung der Instanzen, Beratung durch Spezialisten

- Die Instanzen werden entlastet, und trotzdem ist die Einhaltung des Dienstweges gewährleistet.
- Durch die beratende Funktion der Spezialisten in den Stäben steigt die Qualität der getroffenen Entscheidungen.

Dem stehen jedoch auch einige Nachteile gegenüber:

Beratungsbefugnis verschwimmt mit Weisungskompetenz

- Es kann zu Konflikten zwischen Stab und Instanz kommen: Wissenskompetenz gegen Weisungskompetenz.
- Es besteht die Gefahr der Manipulation durch die Stäbe.
- Werden Vorschläge der Stäbe ignoriert, kann dies bei ihnen Frustration hervorrufen.

BEISPIEL

Bei sog. „Servicebereichen" einer Holding handelt es sich beispielsweise um solche Stabstellen, die direkt dem Vorstand unterstehen und ihn unterstützen, etwa in den Funktionen Finanzen, Personal, Recht, Investor Relations (das ist die Pflege der Beziehungen zu den Aktionären), Kommunikation, Konzernrevision sowie Steuern.

Des Weiteren kommen als Stabsabteilungen das Rechenzentrum, die Presseabteilung, die Hausdruckerei oder allgemein ein interner Service in Frage.

MERKE

Im Stabliniensystem wird der Grundsatz der einheitlichen Auftragserteilung verfolgt. Spezialisierte Stäbe unterstützen die Instanzen in der Entscheidungsvorbereitung. Sie haben beratende Funktion, jedoch keine oder nur begrenzte Weisungsbefugnis.

4) Matrixorganisation

Matrixorganisation

Eine weitere Möglichkeit die Aufbauorganisation zu gestalten, ist die Matrixorganisation. Sie ist am Mehrliniensystem orientiert und versucht funktionale und objektorientierte Gesichtspunkte gleichzeitig zu berücksichtigen. Dies stellt sich in der Regel so dar, dass in funktional gegliederte Organisationen zusätzlich noch Projekt- oder Produktmanager eingefügt werden.

Produktverantwortung bei gleichzeitiger funktionaler Gliederung

Aus der Abbildung wird deutlich, dass es sowohl Leiter für die einzelnen Funktionen (Entwicklung, Fertigung usw.) als auch für die einzelnen Produkte (oder analog: Projekte) gibt. In der hierarchischen Einordnung sind die jeweiligen Leiter (ob in der Funktion oder als Produktmanager) einander gleichgestellt. So soll ein wesentlicher Nachteil funktional gegliederter Organisationen beseitigt werden: die zersplitterte Verantwortung für ein Produkt oder eine Produktgruppe. Vielmehr sollen sich bei der Matrixorganisation die Produktmanager um eine bestimmte Produktgruppe bemühen, ohne Rücksicht darauf, welche Funktionsbereiche ihre Aktivitäten im Einzelnen betreffen. Eine ganzheitliche Sicht auf das Produkt ist damit gewährleistet.

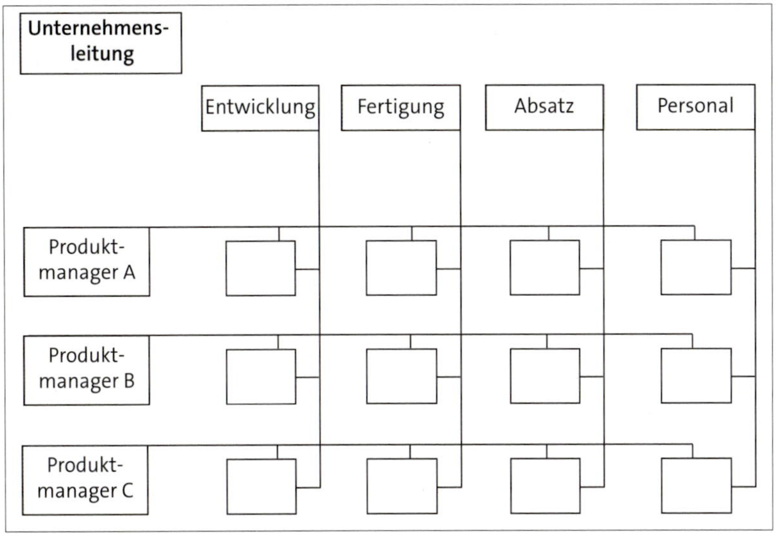

Abbildung: Matrixorganisation

Die Leiter der einzelnen Funktionsbereiche und die Produktmanager müssen sich Weisungs- und Verantwortungsbefugnisse teilen. Damit sind Konflikte allerdings vorprogrammiert, die konstruktiv gelöst werden müssen. Voraussetzung für einen reibungslosen Ablauf ist damit eine gute Zusammenarbeit zwischen den Bereichsleitern.

Konfliktpotenzial durch Überschneidung in der Verantwortlichkeit

Die Vorteile sind die folgenden:

Produktive Kommunikation und Koordination

- Es muss eine intensive horizontale und vertikale Information und Kommunikation stattfinden.
- Es besteht der Zwang zur Koordination, d. h. zur Abstimmung der Ziele und der Zielerreichung.
- Es besteht die Möglichkeit des „produktiven Konflikts".

Die Nachteile wiegen jedoch schwer:

Gefahr von Reibungsverlusten und Instabilität

- Die Koordination der Aufgaben ist deutlich aufwendiger.
- Interessenkonflikte wegen geteilter Verantwortung und damit Reibungsverluste sind vorprogrammiert.
- Die Organisation ist komplexer und tendenziel – gerade wegen der Vielzahl von Abstimmungserfordernissen – weniger stabil.

MERKE

Die Matrixorganisation versucht, zwei Gliederungskriterien gleichzeitig zu berücksichtigen: die Gliederung nach Funktionen und die Gliederung nach Produkten oder Projekten.

Ob diese Organisationsform funktioniert, hängt wegen der gleichrangigen Verantwortlichkeit mehrerer Personen für dasselbe Produkt von deren Bereitschaft und Fähigkeit zur Konfliktlösung ab.

5) Geschäftsbereichsorganisation

Gliederung nach Geschäftsbereichen (Sparten)

In der Praxis findet man selten reine Einlinien- oder Mehrliniensysteme. Insbesondere bei steigender Betriebsgröße müssen Veränderungen vorgenommen werden, um die Organisation anforderungsgerecht zu gestalten. Hierzu wird häufig auf der ersten Ebene unterhalb der Unternehmensleitung nach Geschäftsbereichen gegliedert. Diese Geschäftsbereiche (auch „Sparten" oder „Divisionen") können Produkte, Nachfragergruppen oder Märkte darstellen (vgl. oben die divisionale Organisationsstruktur).

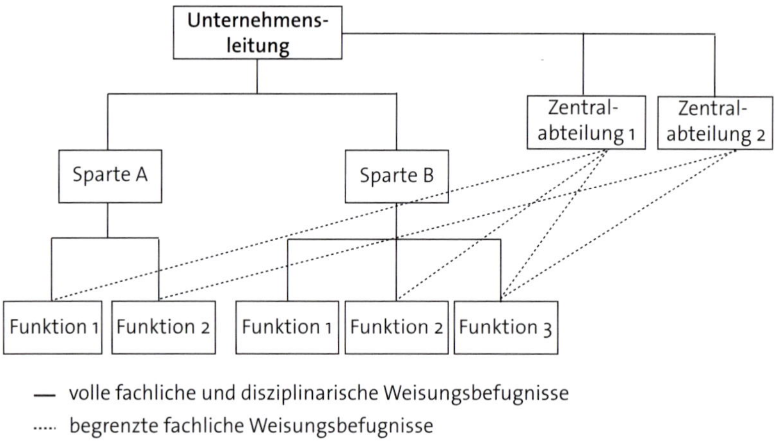

Abbildung: Muster einer Geschäftsbereichsorganisation mit funktionaler Gliederung innerhalb der Sparten und ergänzenden Stäben

BEISPIEL

Ein Beispiel für die Geschäftsbereichsorganisation war in der Douglas-Gruppe zu finden: Die fünf Geschäftsbereiche umfassten Parfümerien, Bücher, Schmuck, Mode und Süßwaren.

Die „BMW-Group", eigentlich ein Konzern, unterscheidet die Geschäftsbereiche Automobile, Motorräder und Finanzdienstleistungen. Sonstige Gesellschaften üben im Wesentlichen Holding- und Finanzierungsfunktionen aus (Zentralfunktionen).

Funktionale Gliederung in den Sparten

Innerhalb der einzelnen Geschäftsbereiche findet man meist eine funktionale Gliederung vor, d. h. z. B. nach den Funktionen Beschaffung, Produktion, Absatz usw. Die Geschäftsbereichsorganisation ist besonders bei Unternehmen mit einem stark differenzierten Produktionsprogramm geeignet.

Stäbe als „Zentralabteilungen"

Auch hier ist es möglich und üblich, übergeordnete Funktionsbereiche als Stäbe aus den Geschäftsbereichen auszugliedern und zentral zu organisieren. Diesen sog. „Zentralabteilungen" kann eine begrenzte fachliche Weisungsbefugnis gegenüber anderen Funktionen übertragen werden.

Überschaubare Teileinheiten mit Flexibilität und Ergebnisverantwortung

Die Vorteile sehen wie folgt aus:

- Schlecht überschaubare Großbetriebe werden in übersichtliche und leichter zu steuernde Teilbetriebe aufgegliedert.
- Hierdurch ergibt sich eine verbesserte Anpassungsfähigkeit an neue Bedingungen aus dem Umfeld des Unternehmens.
- Den Spartenleitern können weit reichende Entscheidungsvollmachten zugeordnet werden, und sie erhalten damit eine Verantwortung für die erwirtschafteten Gewinne (Gewinnverantwortung). Diese Konstellation bezeichnet man auch als Profit Center.

Konfliktpotenzial, Konkurrenzsituation oder erschwerte Zurechnung

Dem stehen folgende Nachteile gegenüber:

- Die dem Gesamtunternehmen zustehenden Investitionsmittel sind begrenzt. Jeder Spartenleiter wird versuchen, einen möglichst großen Teil der Mittel zu erhalten. Dies birgt Konfliktpotenzial.
- Verschiedene Produktgruppen können auf dem Absatzmarkt miteinander verknüpft sein. Sie können entweder in Konkurrenz zueinander stehen oder sich gegenseitig ergänzen: Im ersten Fall führen Gewinne (Verluste) der einen Sparte zu Verlusten (Gewinnen) der anderen Sparte. Damit entsteht eine unerwünschte Konkurrenzsituation

innerhalb des Unternehmens. Im zweiten Fall führen Gewinne (Verluste) der einen Sparte auch zu Gewinnen (Verlusten) der anderen Sparte. Dies erschwert die Zurechenbarkeit der Verantwortung für entstandene Gewinne oder Verluste.

BEISPIEL

Bilfinger ist ein internationaler Dienstleister für die Industrie. Im Rahmen eines Programms namens „Excellence" war zur Effizienzsteigerung des Konzerns eine neue Organisationsstruktur eingeführt worden: Es gab die vier Geschäftsfelder Industrial, Power, Building and Facility sowie Construction. Nach mehreren Umgliederungen und Verkäufen zur Verschlankung des Konzerns definierte man 2016 unter Führung der Bilfinger SE - einer Holding ohne eigene Geschäftstätigkeit – nur noch zwei Geschäftsfelder, Industrial und Power, und untergliederte diese ihrerseits in Divisionen.

Somit ist das operative Geschäft dezentral organisiert, die Beteiligungsgesellschaften können als Profitcenter (d. h. gewinnorientierte, jeweils für sich zu betrachtende Abrechnungseinheiten) betrieben werden und treten eigenständig am Markt auf. Zwischenzeitlich gab es eine Division „Support Services"; sie wurde formal aufgelöst und anderen Divisionen zugeordnet: Ziel war, sie somit wieder näher an die Kerngeschäfte heranzuführen (IT, Accounting).

Ab 2017 wurden wiederum neue Strukturen geschaffen: Die zwei Geschäftsfelder wurden zu Engineering & Technologies (hier sind Ingenieurleistungen und technische Lösungen gebündelt) und Maintenance, Modifications & Operations (Aktivitäten im laufenden Instandhaltungsservice, bei Modifikationen und bei der Betriebsführung industrieller Anlagen), wobei dieses wiederum in vier Kernregionen untergliedert wird. Die Holding übernimmt weiterhin Zentralfunktionen wie Finanzierung und Finanzrisikomanagement, Strategie und Projekte, Gesundheit/Sicherheit/Umweltschutz, „Legal & Compliance". *(Quelle: www.bilfinger.com)*

6) Organisationsentwicklung

Organisationsentwicklung

Organisationen verändern sich. Organisatorische Einheiten werden aufgebaut, zusammengelegt, wieder getrennt, neu geordnet. Derartige Veränderungen (in der Struktur, der Aufbau-Organisation, damit verbunden allerdings auch in der Ablauforganisation, in den Prozessen) sind mit dem Begriff der Organisationsentwicklung gemeint.

So wie das Umfeld des Unternehmens in ständiger Bewegung ist und sich entwickelt, sollte auch die Unternehmensorganisation nicht erstarren, sondern zur Anpassung und Weiterentwicklung fähig sein. Es besteht somit eine enge Verknüpfung mit der Personalentwicklung (Veränderungsprozesse der Mitarbeiter) und dem Qualitätsmanagement (Problemlösungen für die Kunden).

Anpassung an Veränderungen im Umfeld

BEISPIEL

Ein Beispiel für die Weiterentwicklung der Organisation und die Wandlung von Organisationsformen im Lauf der Jahre ist der Beiersdorf-Konzern: Beiersdorf diversifizierte schon 1974 das Geschäft und führte die Spartenorganisation ein. Die Sparten waren damals cosmed, medical, pharma und tesa.

1989 fand im Rahmen einer strategischen Neuausrichtung eine Konzentration auf die Kernkompetenzen Hautpflege, Wundversorgung und Klebetechnologie statt. So betrieb das Unternehmen dann drei Geschäftsbereiche: den Bereich Kosmetik und Körperpflege mit der Hauptmarke Nivea, den Bereich Wundversorgung mit der Hauptmarke Hansaplast und den Bereich Klebebänder mit der Marke Tesa.

1999 wurde diese Strategie einer Konzentration auf wenige, starke Konsumentenmarken weiter fokussiert. Das Geschäft der professionellen Wundversorgung sowie der Selbstklebetechnologie sollte sich in eigenen Strukturen organisieren.

2001: Mit der neuen Strategie wurde die tesa AG als eigenständige Tochtergesellschaft (als 100 %ige Beiersdorf-Tochter) gegründet. Ziel war, ihr so ein flexibleres Reagieren auf Konsumenten und industrielle Kunden zu ermöglichen.
Die professionelle Wundversorgung wurde entsprechend der neuen Strategie ausgegliedert und in ein JointVenture von Beiersdorf und Smith & Nephew eingebracht. BSN medical mit Sitz in Hamburg wurde gegründet.

2002: Die Firma Florena wird eine 100 %ige Beiersdorf-Tochtergesellschaft. Bereits 1989 hatte es eine erste Zusammenarbeit gegeben, die nach der Wende intensiviert wurde.

2003: Eine neue, funktionale Gliederung des Konzerns in die Bereiche Marken, Supply Chain, Finanzen und Personal löst die bisherige Spartenorganisation ab.

2004: Mit Eröffnung eines Hautforschungszentrums in Hamburg untermauert der Konzern seine Innovationskraft.

2005: BSN medical wird verkauft.

2006: Durch Veräußerung verschiedener Produktions- und Logistikanlagen möchte der Beiersdorf-Konzern im Rahmen seiner neuen „Consumer Business Strategie“ den Kundenanforderungen in einer angepassten Produktions- und Lieferkette näher kommen. Die frei werdenden Mittel sollen für die Entwicklung neuer Produkte und Investitionen eingesetzt werden.

2007: Beiersdorf übernimmt 85 % der Anteile an C-BONS Hair Care, einem der führenden Unternehmen im chinesischen Haarpflegemarkt mit einem gut ausgebauten Vertriebsnetz in China.

2008: Ende des Jahres wird Beiersdorf in den DAX, den Index der wichtigsten deutschen Unternehmen, aufgenommen.

2010: Beiersdorf gründet eine eigenständige Tochtergesellschaft in Vietnam (Beiersdorf Vietnam Ltd.) und stellt so die Weichen für ein weiteres Wachstum in Südostasien.

Mit innovativen Produktentwicklungen, flachen Hierarchien und schnelleren Entscheidungsprozessen will man bei Beiersdorf noch flexibler auf regionale Verbraucherwünsche und jeweilige Marktentwicklungen eingehen. Hierfür hat sich der Vorstand neu aufgestellt und drei funktionale (Brands & Supply Chain, d. h. alle produktbezogenen Bereiche von der kreativen Idee eines Produktes, über dessen technische Entwicklung bis zur Produktion, Vermarktung und Auslieferung, dazu Finanzen und schließlich Human Resources) und drei regionale Verantwortungsbereiche (Amerika, Asien, Europa) geschaffen.

2011: NIVEA, Eucerin, La Prairie, Labello, 8x4 und Hansaplast sind erfolgreiche Marken. Das Tochterunternehmen tesa SE ist einer der weltweit führenden Hersteller selbstklebender Produkt- und Systemlösungen.

Die zur Beiersdorf AG gehörende Florena Cosmetic GmbH im sächsischen Waldheim wird stärker als Produktionsstandort ausgebaut. Das Werk wird in Beiersdorf Manufacturing Waldheim (BMWa) umbenannt und bleibt als eigenständige GmbH im Produktionsnetzwerk der Beiersdorf AG erhalten. Florena wird als Wachstumsmarke der Beiersdorf AG in den Geschäftsbereich Deutschland integriert und soll von den bestehenden Unternehmensstrukturen profitieren.

2013: Die Beiersdorf AG übernimmt die restlichen 50 % der Anteile der EBC Eczacıbaşı-Beiersdorf Kozmetik Ürünler Sanayi ve Ticaret A.ş., Istanbul, von der Eczacıbaşı Gruppe, einer bedeutenden Konzerngruppe mit Sitz in der Türkei.

2014 eröffnet die Beiersdorf AG ein Produktions- und Innovationscenter im mexikanischen Silao nach höchsten Umweltstandards. 2015 wird eine neue Produktionsstätte in Indien eröffnet.

Heute führt die Beiersdorf AG ein eigenes operatives Geschäft (das deutsche Consumer Geschäft) und erbringt typische Leistungen einer Holdinggesellschaft an Konzerngesellschaften: Für über 150 Tochtergesellschaften weltweit ist sie direkt oder indirekt Muttergesellschaft mit zentralen Funktionen in Planung, Controlling, Finanzen und Personal sowie Forschungs- und Entwicklungstätigkeiten.
(Quelle: www.beiersdorf.de)

MERKE

Das Leitungsgefüge regelt die hierarchischen Beziehungen von Organisationseinheiten zueinander.

Grundformen sind das Einlinien- und das Mehrliniensystem, Varianten und Erweiterungen finden sich im Stabliniensystem, dem Matrixsystem und der Geschäftsbereichsorganisation.

Obwohl die Aufbauorganisation dem betrieblichen Geschehen einen stabilen Rahmen geben soll, darf sie doch nicht erstarren, sondern ist vielmehr selbst Gegenstand von Veränderungsprozessen und Anpassungserfordernissen.

5.4 Ablauforganisation

Regelung von Arbeitsabläufen

Entscheidungen im Rahmen der Ablauforganisation befassen sich mit der Regelung der Arbeitsabläufe im Unternehmen. Unter Arbeitsablauf versteht man die nötigen Vorgänge zur Erfüllung betrieblicher Teilaufgaben, die zeitlich und räumlich nacheinander oder nebeneinander stattfinden.

Aufgabenerfüllung in geeigneter Menge, Güte, Zeit, unter Berücksichtigung personal-sozialer Bedürfnisse

Eine Regelung der Abläufe soll sicherstellen, dass die Aufgabenerfüllung denjenigen Kriterien genügt, die wir auch bei der Beschaffung von Produktionsfaktoren schon herangezogen haben (siehe Kapitel Planung, etwa in der Beschaffung von Material wie auch bei der Personalbeschaffung): Die Arbeit sollte fließend erfolgen, ohne Engpässe, Stauungen oder Leerläufe; sie sollte in der geplanten Güte geleistet werden (Qualitätssicherung); Terminpläne sind einzuhalten und arbeitsrechtliche Bestimmungen zu beachten. Abgesehen davon sollten auch arbeitswissenschaftliche Erkenntnisse und human-soziale Bedürfnisse beachtet werden.

Wechselseitiges Abhängigkeitsverhältnis von Aufbau- und Ablauforganisation

Die Aufbau- und die Ablauforganisation stehen wechselseitig in einem Abhängigkeitsverhältnis. Beide betrachten die gleichen Objekte unter verschiedenen Aspekten. Während es bei der Aufbauorganisation um die Gestaltung der organisatorischen Strukturen und damit um „Möglichkeiten" geht, beschäftigt sich die Ablauforganisation mit den Prozessen innerhalb dieser Strukturen, also mit der Nutzung dieser organisatorischen Möglichkeiten (der Potenziale). Im Mittelpunkt der Betrachtung steht die Arbeit als zielgerichtetes Handeln. Die Ablauforganisation vollzieht sich in folgenden Phasen:

Abbildung: Phasen der Ablauforganisation

5.4.1 Gliederung des Arbeitsablaufs

Teilprozesse, Programmschritte

Um den Arbeitsablauf einer rationellen (wirtschaftlich vorteilhaften) Gestaltung zugänglich zu machen, ist er zunächst in Teilprozesse und dann in Programmschritte zu zerlegen.

Der Prozess der Einkaufsabwicklung wird in der folgenden Abbildung in vier Teilprozesse aufgegliedert: Vorbereitung, Durchführung, Kontrolle sowie Vorbereitung und Abwicklung des Buchungsverkehrs. Die vier Teilprozesse wurden weiter in Prozessschritte zerlegt: Für die Vorbereitung sind die beiden Prozessschritte „Vorbereitung der Einkaufsanforderung" und „Vorbereitung der Bestellung" vorgesehen. Erstere umfasst die Programmschritte „Kontrolle der Bedarfsmeldung", „Ermittlung der Bestellmenge" usw.

Abbildung: Zerlegung des Prozesses „Einkaufsabwicklung"

5.4.2 Aufgabenverteilung

Verteilung der Aufgaben

Im Anschluss an die Prozesszerlegung kann die **Verteilung der Aufgaben** vorgenommen werden. Dabei sind **drei Aspekte** zu berücksichtigen: die Zuordnung von Arbeitskraft und Sachmitteln, die Festlegung der Arbeitszeit und die Festlegung des Arbeitsortes.

Zuordnung von Aufgaben und Sachmitteln

Das Ergebnis der **Arbeitszuordnung** findet sich in der Stellenbeschreibung, insbesondere im Aufgabenbild, welches die Beschreibung der Tätigkeit sowie erforderliche Arbeitsmittel und zu beachtende Richtlinien und Vorschriften umfasst. Hierin wird die enge Verbindung von Organisationsstruktur und Abläufen einmal mehr deutlich.

Festlegung der Arbeitszeit

Bei der Festlegung der **Arbeitszeit** ist die Dauer einzelner Teilarbeiten einzubeziehen. Arbeitszeitstudien (z. B. REFA-Studien im Fertigungsbereich) sollen die Zeit erfassen, die ein Arbeitnehmer durchschnittlich für die ordnungsgemäße Erledigung seiner Aufgabe benötigt. Die ermittelte Zeit ist zum einen Grundlage für die Aufstellung von Terminplänen, zum anderen eine wesentliche Basis für die Kalkulation von Aufträgen und zudem ein Maßstab für die Leistungsmessung. Im Verwaltungsbereich gestaltet sich die Festlegung einer bestimmten Dauer für die Arbeitsabläufe oft schwieriger, weil sie häufig nicht standardisierbar sind. Entweder unterliegen sie einer laufenden Veränderung, oder sie variieren nach Kundenanforderungen und Komplexität des Auftrags und brauchen eine entsprechende kurzfristige Flexibilität.

Festlegung des Arbeitsortes

Die Festlegung des **Arbeitsortes** betrifft die räumliche Anordnung der Arbeitsplätze. Sie folgt dem Ablauf der Teilaufgaben und soll geringe Durchlaufzeiten und kurze Transportwege ermöglichen sowie helfen, Zusammengehörendes im Überblick zu behalten.

5.4.3 Erstellung von Arbeitsanweisungen

Arbeitsanweisungen

Eine Arbeitsanweisung ist eine Vorgabe, die beschreibt, wie die einzelnen Arbeitsaufgaben auszuführen sind. Sie gibt Antwort auf die Frage: Was ist in welcher Reihenfolge zu tun? Arbeitsanweisungen werden für Routinearbeiten in der Regel schriftlich und ausführlich erteilt. Sie besitzen den Charakter einer Checkliste.

TIPP

Tipp für die Praxis

Arbeitsanweisungen dienen der Vermeidung von Fehlern, die trotz aller Erfahrung und Qualifikation von Mitarbeitern auftreten können, und sie eignen sich als Grundlage für die Einarbeitung neuer Mitarbeiter.

Da die Anweisungen detailliert die verbindliche Ausführung eines bestimmten Arbeitsablaufs regeln, unterstützen sie auch eine weitest gehend gerechte Leistungskontrolle und -beurteilung.

BEISPIEL

Beispiel für eine Arbeitsanweisung

Eine Arbeitsanweisung im Bereich der Wareneingangsprüfung könnte beispielsweise in der chemischen Industrie so aussehen:

> Zur analytischen Sicherstellung unserer Qualitätsprodukte ist bereits eine konsequente Wareneingangsprüfung am angelieferten Material erforderlich. Daher ist folgender Arbeitsablauf unbedingt einzuhalten:
>
> 1. Lieferpapiere prüfen, insbesondere auf augenscheinliche Übereinstimmung Soll-/Ist-Lieferung achten:
>   1.1. Übereinstimmung ja: weiter Punkt 2.
>   1.2. Übereinstimmung nein: Rückweisung.
> 2. LKW entladen, Material wiegen und der Art entsprechend ins Lager geben.
> 3. Jede Lieferung wird sofort mit dem Aufkleber „gesperrt" versehen; je Charge wird eine Analyseprobe entnommen und zusammen mit dem Lieferanten-Analyseprotokoll in das chemische Labor gegeben.
> 4. Chemische Analyse, Soll-/Ist-Vergleich sowie Eintragung der Messwerte in das Lieferanten-Analyseprotokoll.

5.5 Schlagworte der Organisationsentwicklung

5.5.1 Schlagwort der 90er Jahre: Lean Management

Schlanke Organisation

Wie bereits oben angesprochen (siehe oben: Organisationsentwicklung in 5.3.2), entwickeln sich Organisationsformen im Laufe der Zeit weiter und finden dann in der Praxis verschiedene Ausgestaltungen. Eine Organisationsform schaffte es im letzten Jahrzehnt, eine auffallend hohe Durchschlagskraft und Verbreitung zu finden: Die sog. „schlanke" Organisation erfreute sich eines so großen Interesses, dass sie hier noch einmal dargestellt werden soll. Lean bedeutet nämlich schlank, und schlank gilt als schön.

Wissenschaftliche Untersuchung der japanischen Erfolgsgeschichte

Zunächst hatte Anfang der 90er Jahre eine Veröffentlichung des MIT (Massachusetts Institute of Technology in Boston) weltweites Aufsehen erregt: Untersucht wurde die Produktivität von Automobilherstellern. Dabei wurde festgestellt, dass japanische Unternehmen 17 Stunden zur Fertigung eines Autos benötigten, während in den USA 25 und in Europa 36 Stunden erforderlich waren. Hinzu kam die schlechtere Qualität amerikanischer und europäischer Autos. So traten in Japan 60 Montagefehler je 100 gefertigter Autos auf, in USA 82 und in Europa sogar 97. Weitere Kennzahlen bestätigten dieses Bild.

Restrukturierung in der Produktion und im Management

Die Erkenntnis führte zu erheblichen Restrukturierungsmaßnahmen bei amerikanischen und europäischen Automobilherstellern. Sie wurden unter dem Begriff „lean production" durchgeführt. Betrachtet man nun **nicht nur den Produktionsbereich,** sondern **bezieht das ganze Unternehmen ein,** führt dies zum Begriff des **„lean managements".** Dieses Konzept erfuhr auch außerhalb der Automobilindustrie weite Verbreitung.

Wesentliche Charakteristika waren:

- Konzentration auf das Kerngeschäft: Sowohl bezüglich des Sortiments als auch der Kunden erfolgte eine Konzentration auf Kernbereiche. In diesen Kernbereichen wurde durch eine Bündelung der Kräfte eine Maximierung des Kundennutzens angestrebt.
- Outsourcing: Leistungen, die nicht aus Wettbewerbsgründen intern erbracht werden mussten, wurden unter Kostengesichtspunkten nach außen vergeben. Dies betraf neben sog. Randdienstleistungen wie Kantine, Fuhrpark oder Reinigung auch Teile der Produktion. Damit sank die Fertigungstiefe, d. h. der Anteil, der selbst gefertigt wurde, nahm in Relation zum gesamten Produkt ab. Die Lieferanten wurden frühzeitig, möglichst bereits in der Entwicklungsphase, in die Zusammenarbeit miteinbezogen.
- Just-in-time: Die Lieferanten lieferten Material oder Komponenten fertigungssynchron zur Produktion des Weiterverarbeiters. Gleichzeitig wurden auch Entwicklung, Konstruktion und Fertigung immer umfangreicherer Baugruppen auf externe Lieferanten verlagert. Deren starke Einbindung führte zu einer deutlichen Reduzierung der Anzahl der Lieferanten („Single-Sourcing-Politik"). Damit verbunden war allerdings eine hohe Abhängigkeit von den Exklusivlieferanten.
- Kundenorientierte Strukturen: Die Organisationsstrukturen wurden auf die Bedürfnisse der Geschäftsfelder ausgerichtet. Dies führte zu der bereits im Rahmen der Aufbauorganisation behandelten divisionalen Organisation.
- Flache Hierarchien: Weit gehender Hierarchieabbau („so wenig Führungsstufen wie möglich") förderte den Kommunikationsfluss und sparte Kosten.
- Dezentrale Entscheidungsprozesse: Aufgaben und Kompetenzen wurden an diejenigen Stellen delegiert, die von den Entscheidungen unmittelbar betroffen waren.

- Team-/Gruppenarbeit: Die Aufgabenverteilung war durch die Bildung teamorientierter Einheiten gekennzeichnet. Diese Teams agierten weit gehend autonom und hatten weit reichende Entscheidungskompetenzen.

Mit Hilfe eines „lean management" konnten sowohl Rationalisierungs- als auch Produktivitätsvorteile realisiert werden: So sanken einerseits z. B. die Produktionszeit, die Fertigungsfläche, der Entwicklungsaufwand und die Entwicklungszeiten sowie Fertigungsbestände deutlich, andererseits blieben Qualität und Flexibilität bei hoher Produktivität gewährleistet.

Teamarbeit

Aus Mitarbeitersicht gewann die Einführung teamorientierter Arbeitsstrukturen an Bedeutung. Teamarbeit bedeutete, dass Gruppen von zehn bis zwanzig Arbeitnehmern kollektiv für ein bestimmtes Arbeitsgebiet verantwortlich waren. Dabei bestimmte die Gruppe selbst das Tempo der Arbeit und auch die Verteilung. Ziel sollte sein, dass jedes Gruppenmitglied in bestimmten Zeitintervallen jedes andere ablösen konnte.

Arbeitszufriedenheit

Der Vorteil für den Mitarbeiter bestand darin, dass versucht wurde, einseitige Belastung und Monotonie zu vermeiden, um damit die Arbeitszufriedenheit zu steigern. Dies wurde zum Teil auch erreicht. Es traten allerdings auch unerwünschte Nebeneffekte auf: So waren manche Gruppen überfordert, die ihnen übertragene Verantwortung zu tragen. Dadurch wurden umfangreiche zusätzliche Schulungen erforderlich.

Gruppendynamische Nebeneffekte

Ein besonders unerfreuliches Problem entstand daraus, dass die Gruppendynamik unterschätzt wurde: Innerhalb der Gruppen kam es nämlich zu einer Art „Hackordnung". Die Folge davon war, dass die schwächeren Mitarbeiter die mühsamen und zeitraubenden Arbeiten erledigten. Die Mitarbeiter hatten folglich den psychischen Druck der Bandarbeit lediglich eingetauscht gegen den Druck der Gruppe.

5.5.2 Aktuelle Entwicklungen

Unternehmensübergreifende Zusammenarbeit bei internen Serviceleistungen

Ein Beispiel für Ansätze in der Beratungspraxis zum Thema Organisationsentwicklung findet sich in einer Veröffentlichung mit dem Titel „Die dritte Revolution der Wertschöpfung. Mit Co-Kompetenzen zum Unternehmenserfolg" (Dietmar Fink, Thomas Köhler und Stephan Scholtissek). Die Autoren zeigen eine Entwicklung auf, wonach Unternehmen die bisherige Form des Outsourcing ablösen durch neue Formen der Partnerschaft und Kooperation: Im Unterschied zu einer Zusammenarbeit im typischen Arbeitsablauf des Kerngeschäfts (in Längsschnittfunktionen, z.B. in der Produktion) wird zunehmend bei internen Serviceprozessen (Querschnittsfunktionen in Unternehmen, etwa in der Forschung und Entwicklung, dem Personal- und Rechnungswesen, dem Einkauf, dem Kundenservice, dem IT-Support etc.) die Zusammenarbeit mit einem externen „Innovationspartner" gesucht, woraus gemeinsame Fähigkeiten, also „Co-Kompetenzen" entstehen sollen. Wo Mitarbeiter ihren Arbeitgeber wechseln und Prozesse neu organisiert werden, gibt es in dem veränderten Zusammenwirken Potential zu innovativen Verbesserungen. So lassen sich überdimensionierte Verwaltungsbereiche vermeiden sowie ein zu hoher Anteil an Aufgaben, die das Unternehmen überflüssiger Weise selbst ausführt. In der unternehmensübergreifenden Partnerschaft liegt den Autoren zufolge ein verborgenes Wertschöpfungspotential.

Steigerung der Wertschöpfung

Seit jeher wird die Wertschöpfung als Maß für die wirtschaftliche Leistungssteigerung herangezogen. Die Wertschöpfung als Kennzahl misst die Leistung der eigenen wirtschaftlichen Tätigkeit. Sie wird ausgedrückt als Differenz zwischen den Erlösen einer Wirtschaftseinheit und den hierfür zugekauften Vorleistungen (wie Materialaufwand oder fremde Dienstleistungen).

Die erste Revolution diesbezüglich bestand in den Fortschritten, die durch die Einführung des Fließbands durch Henry Ford erzielt wurden. Die zweite Revolution zum Thema Wertschöpfung setzte Anfang der 90er Jahre ein, als der Übergang zu schlanken Produktionsverfahren die internationale Wettbewerbsfähigkeit ganzer Branchen neu definierte. Nach Ansicht der oben genannten Autoren galt es, die Erkenntnisse aus dem Fertigungsbereich auch auf die Leistungstiefe, also auf die internen Dienstleistungs- und Verwaltungsprozesse zu übertragen und so die dritte Revolution der Wertschöpfung voranzutreiben.

Mittlerweile wird als dritte industrielle Revolution der Einsatz von Elektronik und IT bezeichnet, insbesondere zur Automatisierung der Produktion. Die erste Revolution ist demnach abweichend zur oben genannten Interpretation die Mechanisierung mit Wasser- und Dampfkraft, die zweite die Massenfertigung mit Hilfe von Fließbändern und elektrischer Energie.

Digitalisierung

Mit der Bezeichnung „Industrie 4.0" soll das Ziel zum Ausdruck gebracht werden, eine vierte industrielle Revolution einzuleiten, wobei es sich eigentlich aufgrund der gleichen technologischen Grundlage, nämlich der Mikroelektronik, eher um eine weitere Phase der Digitalisierung handelt. Grundlegende Prinzipien der Organisationsgestaltung sind hierbei die Vernetzung von Maschinen, Geräten, Sensoren und Menschen, erweiterte Informationssysteme durch Sensordaten, Assistenzsysteme zur Unterstützung der menschlichen Arbeit, cyberphysische Systeme, die eigenständige Entscheidungen treffen und Aufgaben autonom erledigen können. IT-Technologien verschmelzen mit Produktionstechnologien, Daten erhalten so hohe Bedeutung, dass sie mitunter als „der neue Rohstoff" bezeichnet werden. Die Gestaltung der Kommunikation zwischen Maschinen sowie zwischen Menschen und Maschinen stellt eine der großen Herausforderungen unserer Zeit dar.

Eine jüngere Veröffentlichung – wiederum aus der Praxis der Unternehmensberater – fordert nun eine „Revolution jenseits der Werkhalle: mit mentalem Wandel in die smarte Wertschöpfung". Demnach versprechen sich – einer Studie der Unternehmensberatung Staufen zufolge – die meisten Industrieunternehmen in Deutschland von der digitalen Transformation einen ökonomischen Erfolg, doch sei nicht nur die technologische Seite zu betrachten, sondern auch Führungsverständnis, Organisation und Unternehmenskultur seien auf den Prüfstand zu stellen. Eine bloße Umsetzung der Digitalisierung reiche nicht aus, vielmehr wären zunächst in einem ersten Schritt Arbeitsabläufe zu hinterfragen und Führungskräfte in betriebliche Abläufe einzubinden. Zudem müssten Mitarbeiter zunehmende Digitalkompetenz erwerben und sich „als Prozesstechnologen neu definieren". Aufgabe der Führungskräfte sei es dann, sie darin zu begleiten und sich intensiv der Personalentwicklung zu widmen. Die physischen Unternehmensräume würden sich erweitern, Zulieferer und Kunden seien in digitale Netzwerke zu integrieren. IT-Spezialisten müssten schließlich anstatt abgeschotteter Erfüllungsgehilfen vielmehr als integraler Teil der unternehmerischen Wertschöpfung begriffen werden.
(Quelle: www.zoe-online.org/meldungen/revolution-jenseits-der-werkhalle-mit-mentalem-wandel-in-die-smarte-wertschoepfung, Original in: OrganisationsEntwicklung, Zeitschrift für Unternehmensentwicklung und Change Management, Heft 02/2017, S. 4-9, ZOE1234011)

Bleibt zu wünschen, dass im Zuge der revolutionären technologischen Veränderungen die Beziehung der Menschen zueinander Beachtung findet, also auch das soziale System innerhalb von Unternehmen optimiert werden kann. Und dass es gelingt, dazu noch die vielfältigen (individuellen, sozialen, ökologischen, kosmopolitischen) Strukturen aus dem Umfeld von Unternehmen in die Betrachtung mit aufzunehmen.

Die Digitalisierung stellt Mitarbeiter und Führungskräfte insbesondere auf dem Gebiet der Menschenführung vor neue Herausforderungen in veränderten Organisationsstrukturen. Dazu kommen außerdem Aufgaben aufgrund demographischer Verschiebung: die Gestaltung alter(n)sgerechter Arbeitsplätze.

Zuweilen besteht die Gefahr, dass wir bei allem Streben nach Verbesserungen eines vergessen (vgl. 1.5 am Anfang des Buches): Ziel muss das Wohlergehen der Menschen bleiben!

6 Jahresabschluss und Controlling

Jahresabschluss und Controlling sind Elemente des Rechnungswesens, doch:

Wozu dient das sog. Rechnungswesen eigentlich?

Wer rechnet da?

Was wird gerechnet?

Und mit welchem Ziel?

Wenn wir an die verschiedenen Interessengruppen in einem Unternehmen und in seinem Umfeld denken, so finden wir eine erstaunliche Anzahl an rechenfreudigen Personen: Da sind zum einen diejenigen **im Haus,** die als Entscheidungsträger gezwungen sind, Informationen zu verarbeiten und auf ihrer Grundlage zu rechnen, um beispielsweise festzustellen, wie viel die Erstellung einer Leistung kostet und ob sich die unternehmerische Tätigkeit auf kurze und lange Sicht lohnt. Zum anderen gibt es **in der Umgebung** des Unternehmens Zahlenfreunde: Da sind etwa die Gesellschafter, die wissen wollen, was aus ihrem Kapital wird, das sie im Unternehmen angelegt haben (etwa Aktionäre). Dann treffen wir auf Lieferanten, die ihren möglichen Spielraum bei Vertragsverhandlungen erkunden wollen. Zudem werden Banken eine verbindliche Kreditzusage erst dann geben, wenn sie diese an die eine oder andere Zahl knüpfen können, und auch das Finanzamt berechnet die zugunsten des Gemeinwesens abzuführende Steuer auf Basis einer entscheidenden Größe, nämlich des Ergebnisses, genannt „Gewinn".

Letztlich ist Ziel allen Rechnens, Beobachtens und Vorausschauens das Sicherstellen der Zielerreichung im Unternehmen. Je nachdem, ob sich das Augenmerk des Betrachters mehr auf das Ziel Gewinn/Rentabilität richtet oder auf die Existenzsicherheit, ob die Mitarbeiterbedürfnisse oder der Umweltschutz im Vordergrund stehen, sind unterschiedliche Unterlagen heranzuziehen und auszuwerten.

6.1 Abgrenzung der Aufgabenstellungen

Zunächst sehen wir uns an, welche Aufgaben dem externen und welche dem internen Rechnungswesen zuzuschreiben sind.

Externes Rechnungswesen

Ziel des **externen Rechnungswesens** ist die Darstellung der unternehmerischen Tätigkeit im **Jahresabschluss** (Bilanz, Gewinn- und Verlustrechnung) bzw. in zwischenzeitlichen Quartalsberichten und ähnlichen Berichten. Es ist – worauf der Name bereits hinweist – vor allem für den **externen** Leser gedacht und einem zahlenmäßigen **Rückblick** vergleichbar.

Internes Rechnungswesen

Demgegenüber benötigt das Management derartige Berichte nicht als Entscheidungsgrundlage, allenfalls als Argumentationshilfe nach außen. **Verantwortungsträger** im Unternehmen greifen vielmehr auf das **interne Rechnungswesen** zurück, auf das **Controlling** (und insbesondere die

Kostenrechnung) als **begleitendes** und **vorausschauendes** Rechenwerk (begleitend zu den Abläufen im Unternehmen und diese abbildend und fortschreibend).

Controlling

Das **Controlling** dient also der Auswertung von Informationen zur Steuerung des Unternehmens. Dabei wird zum einen eine **Kosten(be)rechnung** vorgenommen, zum anderen sollen **Abweichungen** der tatsächlichen Kosten vom Plan festgestellt werden. Darüber hinaus ist es auch Aufgabe von Controllern, **Ursachen** für die Abweichungen zu untersuchen, diesbezügliche **Verbesserungsvorschläge** zu unterbreiten sowie **Pläne** für das Unternehmen zu erstellen und damit **zukunftsgerichtet** zu arbeiten.

Kostenrechnung

Die **Kostenrechnung** ist ein Kernelement im (operativen) Controlling. Sie verarbeitet vor allem die gegebenen **laufenden** Einflussgrößen, ausgedrückt in Euro: Wie hoch ist der Materialverbrauch? Welcher Anteil an den Gesamtkosten entfällt auf Personalkosten? Wie sind die Kosten von Gebäuden und Maschinen anzusetzen? Worin bestehen die Selbstkosten einer bestimmten Leistung? Aufgrund der wesentlichen Bedeutung der Kostenrechnung für die Existenz des Unternehmens widmet dieses Buch ihr einen eigenen Abschnitt, noch vor dem übergeordneten Themengebiet Controlling.

Das Rechnungswesen bildet das Unternehmensgeschehen in Vergangenheit, Gegenwart und Zukunft zahlenmäßig ab.

6.2 Externes Rechnungswesen

6.2.1 Adressaten des externen Rechnungswesens

Adressaten und Interessenten

Wie schon erwähnt, ist das externe Rechnungswesen nach außen gerichtet und hat folgende Interessenten bzw. Adressaten:

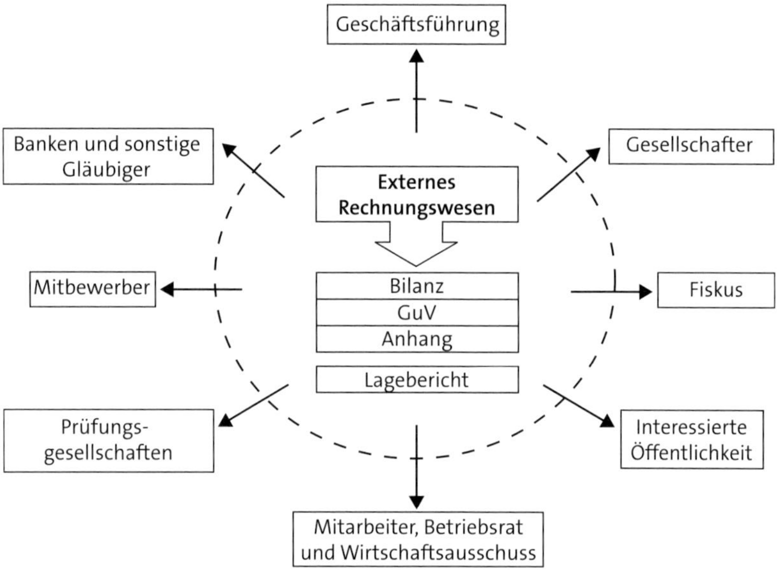

Abbildung: Adressaten des externen Rechnungswesens

Zum Geschäftsjahresende wird im Rahmen des externen Rechnungswesens der **Jahresabschluss** erstellt. Grundlage dafür sind die internen Buchführungsergebnisse sowie die Inventur. In der obigen Abbildung ist der Jahresabschluss bereits in seine möglichen Bestandteile aufgegliedert: Bilanz, Gewinn- und Verlustrechnung (GuV), Anhang und Lagebericht. Diese Bestandteile werden wir unten in 6.2.3 näher betrachten.

Der Jahresabschluss ist gleichzeitig für die externen Interessenten die Abrechnung des Unternehmens für das abgeschlossene Geschäftsjahr. Hierbei wird vor allem der Gewinn oder Verlust festgestellt, der in diesem Zeitraum erwirtschaftet wurde.

Kapitalgesellschaften sind zur Offenlegung ihres Jahresabschlusses gesetzlich verpflichtet. Dies zeigt das externe Bedürfnis nach diesen Informationen.

Ausnahmeregelungen gibt es für Tochterunternehmen in einem Konzern: Sie können unter bestimmten Voraussetzungen von der Offenlegung des Einzelabschlusses befreit werden (§ 264 Abs. 3 HGB).

6.2.2 Grundsätze ordnungsmäßiger Buchführung

Vorschriften für den ordentlichen Kaufmann

Bevor wir uns den Bestandteilen des Jahresabschlusses näher zuwenden, werden wir ein paar wichtige Vorschriften kennen lernen, die der ordentliche Kaufmann bei der Erstellung des Jahresabschlusses beachten muss.

Forderungen nach einer realistischen Abbildung

Es ist recht hilfreich, hierfür einmal eine Bilanz mit einem Foto zu vergleichen: Die betrieblichen Gegebenheiten sollen ja in der Bilanz „realistisch abgebildet" werden, sie sind also ein „Bild". Welche Forderungen stellen wir nun an ein gutes Bild bzw. eine gute Aufnahme? Die Ansprüche, die wir an den Profifotografen richten, sind gleichzeitig die Kriterien für den gewissenhaften Kaufmann.

Sicherlich erwarten wir ein „scharfes" Foto, also saubere Konturen, so dass nichts verwackelt ist („Klarheit"). Außerdem wünschen wir uns eine gelungene Einteilung des Bildes, damit der Betrachter einen Zusammenhang sehen und eine Aussage erkennen kann. Wie bei der Aufnahme einer Hochzeitsgesellschaft offensichtlich, sollen alle Personen (Objekte) zu sehen sein, nicht etwa versteckt oder verdeckt, sondern klar und in voller Größe („Übersichtlichkeit"). Logischerweise sollen alle Mitglieder der Gesellschaft auf dem Bild anwesend sein („Vollständigkeit"). Die Kunst des Maskenbildners, Schneiders, Schuhmachers etc. ist zulässig, meist sogar erwünscht, auch ein Retouchieren kleiner Makel und das Anwenden von Lichteffekten. Dagegen dürfen die tatsächlich Anwesenden ehrlicherweise nicht gegen Models ausgetauscht werden („Wahrheit"). Ideal ist es, wenn das Bild das Datum der Aufnahme trägt.

Vergleichbar damit hat der Gesetzgeber im Handelsgesetzbuch (HGB) bestimmt, dass der Jahresabschluss nach den „Grundsätzen ordnungsmäßiger Buchführung" (GoB) zu erstellen ist (§ 243 HGB). Es handelt sich dabei um allgemeine Vorschriften zu Form und Inhalt des Jahresabschlusses. Hierzu gehören unter anderem:

Klarheit und Übersichtlichkeit

Der Grundsatz der Klarheit und Übersichtlichkeit: Er bedingt, dass sich jeder Interessent leicht in einem Jahresabschluss zurechtfindet (siehe hierzu § 243 Abs. 2 HGB: Der Jahresabschluss „muss klar und übersichtlich sein"). Beispielsweise ist daher ein bestimmtes Gliederungsschema für die Bilanz und die Gewinn- und Verlustrechnung vorgeschrieben.

Vollständigkeit

Nach dem Grundsatz der Vollständigkeit müssen alle relevanten Positionen im Jahresabschluss enthalten sein; siehe § 246 HGB: Der Jahresabschluss „hat sämtliche Vermögensgegenstände, Schulden, (...) Aufwendungen und Erträge zu enthalten."

Wahrheit

Der Grundsatz der Bilanzwahrheit besagt, dass Vermögen und Kapital richtig ausgewiesen sein müssen. Das heißt, es dürfen keine falschen Angaben gemacht werden.

Vorsichtsprinzip

Von besonderer Bedeutung für die Erstellung des Jahresabschlusses ist das Vorsichtsprinzip: Es bedeutet, dass die anzusetzenden Werte vorsichtig ermittelt werden müssen (§ 252 Abs. 1 Nr. 4: „Es ist vorsichtig zu bewerten"). Salopp formuliert ist der Kaufmann also verpflichtet, sich im Zweifel ärmer zu rechnen als die Lage zu optimistisch zu schätzen. So dürfen noch nicht realisierte Gewinne (z. B. die Wertsteigerung eines Grundstücks) **nicht** ausgewiesen werden, während **nicht** realisierte **Verluste** (etwa ein Kursverfall kurzfristig gehaltener Wertpapiere) sogar angesetzt werden **müssen**.

Ziel des Gläubigerschutzes

Ziel des Gesetzgebers zu dieser Art der Ausgestaltung entsprechender Vorschriften im HGB ist der Schutz der Gläubiger: Eventuelle Ansprüche Außenstehender sollen gesichert sein. Das geschieht durch eine im Zweifel lieber zu niedrige als überhöhte Darstellung des Unternehmensvermögens und der Ertragslage.

6.2.3 Bestandteile des Jahresabschlusses

Bilanz und GuV

Der Jahresabschluss besteht für Personengesellschaften (OHG, KG) und für Einzelkaufleute ab einer gewissen Umsatz- und Gewinnschwelle aus einer **Bilanz** und einer **Gewinn- und Verlustrechnung (GuV).** Dabei definiert das HGB die Bilanz als eine Übersicht über Vermögen und Schulden, die GuV als Gegenüberstellung von Aufwendungen und Erträgen (vgl. § 242 HGB). Wir werden auf beide im nächsten Abschnitt genauer eingehen. Zusammen bilden die Bilanz und die GuV den Jahresabschluss.

Erweiterter Jahresabschluss: Anhang erforderlich

Kapitalgesellschaften (GmbH, AG) haben nach § 264 HGB einen „erweiterten Jahresabschluss" zu erstellen: Er besteht aus Bilanz, Gewinn- und Verlustrechnung (GuV) **und Anhang.** Der Anhang erläutert die Bilanz und die GuV, die vorwiegend aus einem Zahlenwerk bestehen. Er liefert quasi die Textfassung zur Zahl. Außerdem enthält er weitere Informationen, die in der Bilanz und GuV noch nicht enthalten sind.

Ergänzung um Lagebericht

Über die Bilanz, die GuV und den Anhang hinaus müssen Kapitalgesellschaften ihren Jahresabschluss noch um einen sog. **Lagebericht** ergänzen (§ 264 Abs. 1, zum Lagebericht siehe § 289 HGB). Dieser enthält Ausführungen über die wirtschaftliche Vergangenheit, Gegenwart und Zukunft des Unternehmens.

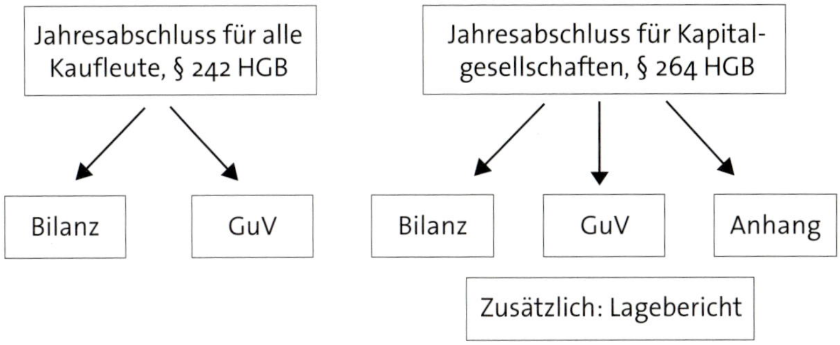

Abbildung: Bestandteile des Jahresabschlusses

Ausnahmeregelungen gibt es für Tochterunternehmen in einem Konzern: Sie können unter bestimmten Voraussetzungen von der Erweiterung um Anhang und Lagebericht befreit werden (§ 264 Abs. 3 HGB).

A) Bilanz

Wie oben erwähnt, ist die Bilanz dem Gesetz nach eine Gegenüberstellung von **Vermögen und Schulden** des Kaufmanns. Wir sprechen auch von Vermögensgegenständen einerseits und Verpflichtungen andererseits.

Ausgeglichenheit der Bilanz

Der Ursprung des Wortes Bilanz liegt in „bilancia“, was im Italienischen „Waage“ bedeutet. Nun hat die ursprüngliche Waage des Kaufmanns zwei Seiten: Auf die eine kommt die Ware (die Dinge, die demnächst in das Eigentum des Erwerbers übergehen werden). Auf die andere platziert man das Gegengewicht; beim Kaufmann sind es die Gewichte, etwa in der Einheit Gramm oder Kilogramm. Die Waage ist im Gleichgewicht, wenn beide Seiten ausgeglichen, also gleich schwer sind. Auch für die Bilanz besteht die Grundbedingung: Beide Seiten, die rechte und die linke, müssen ausgeglichen sein, indem sie in Summe das gleiche „Gewicht“ tragen.

Wie der Kaufmann stellen wir auf eine Seite unserer Bilanz die erworbenen Dinge, unser Vermögen. Da der Kaufmann seinen Erfolg in Geldeinheiten (hierzulande in Euro) misst, verwenden wir bei unserer Rechnung ebenfalls Euro bzw. Tausend Euro. Auf der rechten Seite ziehen wir als (Gegen-)Gewichte gleichermaßen Euro heran. Das Gewicht beider Waagschalen (anders gesprochen: die Summe jeder Seite) muss, gemessen in Euro, gleich groß sein.

MERKE

Die rechte und die linke Seite der Bilanz sind – in Geldeinheiten bewertet – gleich groß.

Aktivseite und Passivseite

Die linke Seite wird als **Aktivseite bezeichnet**, die rechte als **Passivseite,** und das Gesamtgewicht jeder Waagschale mit Bilanzsumme. Daraus ergibt sich:

MERKE

Die Aktiv- und die Passivseite einer Bilanz weisen stets die gleiche Bilanzsumme auf.

Gültigkeit zum Stichtag

Die Bilanz wird jeweils zu einem bestimmten **Stichtag** erstellt (sozusagen das Datum der Aufnahme). Daher trägt eine Bilanz korrekterweise neben dem Titel („Bilanz") auch den Hinweis, auf welchen Tag genau sie sich bezieht, z. B. Bilanz zum 31.12.2018.

MERKE

Die Bilanz erfasst die Situation des Unternehmens zu einem bestimmten Datum. Es handelt sich um eine Zeitpunktrechnung.

Grundsätzlich hat die Struktur einer Bilanz folgendes Aussehen:

Abbildung: Grundstruktur einer Bilanz

Aktivseite: Vermögensseite

Auf der linken Seite der Bilanz sind die Vermögensgegenstände in Gruppen zusammengefasst: Die beiden wesentlichen Gruppen heißen hier, auf der **Aktivseite**, Anlagevermögen und Umlaufvermögen. Die Summe aus beiden, die Bilanzsumme, entspricht demnach dem Gesamtvermögen.

Als **Anlagevermögen** bezeichnet man langfristig im Unternehmen gebundenes Vermögen, das sich nicht unmittelbar im Produktionsprozess verbraucht. Hierzu gehören etwa:

Anlagevermögen

- **Immaterielle Vermögensgegenstände**, wie Patente, Lizenzen und Software,
- **„Sachanlagen"**, das sind Grundstücke und Gebäude sowie der Fuhrpark und die Maschinen und schließlich
- **„Finanzanlagen,** z. B. Beteiligungen.

BEISPIEL

Zum immateriellen Vermögen gehören in unserem Schiffsbeispiel spezielle Fangrechte und Computerprogramme.

Unter Sachanlagen fallen neben unserem Schiff die Produktionsanlagen, Steuerungsgeräte und Navigationssysteme, das Beiboot, die Bordküche und sonstige Einrichtungen und Ausstattungen, einschließlich Betten und Feuerlöscher etc.

Finanzanlagen haben wir, wenn wir uns beispielsweise an einem anderen Unternehmen beteiligen, etwa an einem spezialisierten Einzel-Händler.

Unter **Umlaufvermögen** versteht man das Vermögen, das entweder direkt in die zu erbringende Leistung eingeht (in der Regel Lagerbestände) oder nur für kürzere Zeit im Unternehmen verbleibt (z. B. befristete Finanzanlagen). Zum Umlaufvermögen zählen:

Umlaufvermögen

- **Vorräte,**
- **Forderungen,**
- **Wertpapiere** und schließlich
- der **Kassenbestand** und **Bankguthaben** (die „flüssigen Mittel").

BEISPIEL

Unsere Vorräte bestehen in der noch an Bord vorhandenen Ausbeute vom letzten Fischfang, außerdem in anderweitig erworbener Handelsware, Treibstoff, möglicherweise auch Kopierpapier, Büromaterial usw.

Forderungen sind offene Rechnungen, die Kunden noch nicht beglichen haben und die daher für uns Vermögen darstellen, auch wenn es bisher noch nicht in unserer Kasse liegt.

Wertpapiere sind Sparbriefe und kurzfristige Beteiligungen.

Kasse und Bank umfassen unser Bargeld und den aktuell verfügbaren Betrag, den das Girokonto ausweist.

Die deutsche Bilanz ist so aufgebaut, dass sich auf der linken Seite – von oben nach unten gelesen – ausdrückt, wie langfristig das Kapital in dem jeweiligen Vermögen gebunden ist bzw. wie leicht die jeweilige Anlage „flüssig" gemacht werden kann. Die Kasse als liquideste Position steht daher immer ganz unten, maschinelle Anlagen sind dagegen oben zu finden.

Vermögen ist Mittelverwendung

Die linke Seite der Bilanz beantwortet die Frage: **Worin** ist das vorhandene Kapital gebunden? Man spricht auch von der Mittel**verwendung**.

MERKE

Die Aktivseite der Bilanz zeigt: In welchen **Vermögensgegenständen** ist das Kapital gebunden, das im Unternehmen vorhanden ist?

In allen diesen sog. Vermögensgegenständen der Aktivseite (auch der Kassenbestand stellt Vermögen dar) ist Kapital angelegt, das vorher aufgebracht werden musste: Hier ist zum einen das Kapital investiert, welches die Gesellschafter selbst aufgebracht haben, und zum anderen solches Kapital, das Banken und Lieferanten als Kredit zur Verfügung stellen.

Passivseite der Bilanz: Mittelherkunft

Dies führt uns zur rechten Seite der Bilanz. Sie gibt Auskunft zur Frage: **Woher** stammt das Kapital? Anders gesprochen: Hier zeigt sich die Mittel**herkunft**.

Wenn wir uns noch einmal an den Gesetzestext erinnern, so wurde dort die Bilanz (§ 242 Abs. 1 HGB) bezeichnet als Abschluss, der „Vermögen und Schulden" darstellt. Die Vermögensseite konnten wir nun klären. Wie sieht es also mit den Schulden aus?

Kapitalseite

Als Grobeinteilung auf der **Passivseite** der Bilanz finden sich die beiden Blöcke Eigenkapital (der Gesellschafter) und Fremdkapital. Letzteres kann von verschiedenen (außen stehenden) Geldgebern stammen. Es steht im Gegensatz zum Eigenkapital nur befristet zur Verfügung und ist im Regelfall zu verzinsen (vgl. hierzu 4.7.2).

Eigenkapital

Wie wir bereits oben bei den Rechtsformen sehen konnten, handelt es sich beim **Eigenkapital** zum Gründungszeitpunkt allein um die **Einlagen** der Gesellschafter. Beim Einzelkaufmann ist es das von ihm persönlich aufgebrachte Kapital, das er in sein Unternehmen einbringt, ggf. ergänzt durch einen stillen Gesellschafter, bei Personengesellschaften zählen wir die Summe der Einlagen der Gesellschafter zusammen (unabhängig davon, ob sie unbeschränkt oder nur beschränkt haften), bei GmbHs handelt es sich um das Stammkapital (die Summe der Stammeinlagen der Gesellschafter), bei AGs um das Grundkapital, das ist die Summe der Aktien. Durch einbehaltene **Gewinne** erhöht sich das Eigenkapital.

Fremdkapital

Beim **Fremdkapital** unterscheiden wir nach dem HGB im Wesentlichen zwei Blöcke: Verbindlichkeiten und Rückstellungen. **Verbindlichkeiten** bedeutet, dass feststeht, welchen Betrag wir zu welchem Zeitpunkt zurückzahlen müssen (beispielsweise einen Bankkredit oder Lieferantenkredit, als Gedankenstütze dient der Satz: „verbindlichen Dank, dass Sie uns Geld leihen!"). Demgegenüber bestehen **Rückstellungen** in ungewissen Verbindlichkeiten: Entweder ist die Höhe noch nicht absehbar oder der Zeitpunkt der Fälligkeit oder beides (typischerweise bei Steuerrückstellungen, Pensionsrückstellungen, Rückstellungen für schwebende Prozesse, Garantie-Ansprüche und Ähnliches). In der Bilanz finden wir sowohl Verbindlichkeiten als auch Rückstellungen namentlich genannt, allerdings wird hier auf die Zusammenfassung unter der Bezeichnung „Fremdkapital" verzichtet, während das „Eigenkapital" auch namentlich so ausgewiesen wird.

MERKE

Die Passivseite der Bilanz gibt Auskunft über die **Kapitalherkunft**: Woher stammt das Kapital? Wer ist Eigentümer des vorhandenen Kapitals?

Wirkung eines Gewinnes

Sofern unser Unternehmen Gewinn erwirtschaftet, mehrt sich das Eigenkapital (das bedeutet eine Zunahme auf der rechten Bilanzseite). Solange ein Gewinn nicht bereits in irgendwelche Anlagen investiert wurde, liegt er eventuell noch als Bargeld in der Kasse (linke Seite der Bilanz: Zunahme in gleicher Höhe wie die Eigenkapital-Mehrung). Damit vergrößert sich die Bilanzsumme links wie rechts.

Wirkung eines Verlustes

Bei Verlust schmilzt dagegen das Eigenkapital. Entsprechend schwindet auf der Aktivseite das Vermögen: Vielleicht leert sich die Kasse und/oder die Regelbestände, ein Fahrzeug oder ein Aggregat verlieren an Wert.

Stets aber bleibt die Bedingung erhalten: Aktiv- und Passivseite sind gleich groß, egal zu welchem Stichtag die Betrachtung erfolgt.

Die Höhe der Bilanzsumme ist **kein** Indiz für den Erfolg eines Unternehmers. Der Betrag von Vermögen und Kapital eines Marktteilnehmers zeigt nur seine Gewichtsklasse an: Papiergewicht, Mittelgewicht oder Schwergewicht. Es ist aber daraus noch keine Aussage über die Qualität seines Kampfes zu treffen!

BEISPIEL

Eine Bilanz unserer Schifffahrtsfreunde könnte z.B. so aussehen:

Bilanz
der blau-weißen Seefreunde GmbH
zum 31.12.2018

Aktiva	31.12.2017	31.12.2016	**Passiva**	31.12.2017	31.12.2016
Anlagevermögen			*Eigenkapital*		
Immaterielles V.	4.500	6.000	Stammkapital	150.000	150.000
Sachanlagen	233.000	250.000	Gewinnrücklagen	15.000	10.000
			Jahresüberschuss	8.000	5.000
	237.500	256.000		173.000	165.000
Umlaufvermögen					
Vorräte	3.000	3.000	Rückstellungen	2.300	1.300
Forderungen	800	600	Verbindlichkeiten	67.400	94.800
Wertpapiere	1.000	700			
Kasse	400	800			
	5.200	5.100		69.700	96.100
	242.700	261.100		242.700	261.100

TIPP

Tipp für die Praxis

Haben Sie Zugriff auf einen Jahresabschluss des Unternehmens, in dem Sie arbeiten? Sofern es sich um eine Kapitalgesellschaft handelt (oder eine Personengesellschaft ohne natürliche Person als Vollhafter, siehe hierzu im Kapitel Rechtsformen, insbesondere den Abschnitt zur GmbH & Co. KG), so muss der Abschluss nach spätestens einem Jahr für jedermann zugänglich sein (vgl. ebenfalls im Kapitel Rechtsformen das Stichwort Offenlegung)

Als Wirtschaftsausschuss-Mitglied haben Sie schon vorher Anspruch auf die Vorlage des Jahresabschlusses (§ 106 ff. BetrVG, insbesondere § 106 Abs. 2 BetrVG: „Vorlage der erforderlichen Unterlagen" und § 108 Abs. 5 BetrVG: „Der Jahresabschluss ist dem Wirtschaftsausschuss unter Beteiligung des Betriebsrats zu erläutern."). Der Gesetzgeber erlaubt drei Monate für die Erstellung des Jahresabschlusses, bei kleinen Gesellschaften sechs Monate (§ 264 Abs. 1 Satz 2 und 3 HGB). Die Erläuterung des Jahresabschlusses hat für den Wirtschaftsausschuss spätestens nach der Feststellung durch die Gesellschafter zu erfolgen:

Für die Feststellung (die letztliche Annahme) des Jahresabschlusses bleibt Kapitalgesellschaften maximal acht Monate (kleinen Gesellschaften elf Monate) Zeit (§ 42a Abs. 2 GmbHG und § 175 Abs. 1 AktG).

Greifen Sie sich die Bilanz heraus. Zu welchem Stichtag wurde sie erstellt? Wo ist die Aktiv-, wo die Passivseite? Lassen Sie sich nicht verwirren, wenn beide aus Platzgründen untereinander aufgeführt werden und nicht nebeneinander. Können Sie die wesentlichen Blöcke (Anlagevermögen/Umlaufvermögen, Eigenkapital/Fremdkapital) wiederfinden und die verschiedenen Positionen (z. B. Sachanlagen, Finanzanlagen, Vorräte, Forderungen, Kasse, Eigenkapital, Rückstellungen, Verbindlichkeiten) in Ihrem Abschluss erkennen? Sind auch die Vorjahreswerte ersichtlich?

B) Gewinn- und Verlustrechnung (GuV)

Zeitraumrechnung

Während die Bilanz als Stichtagsrechnung die Vermögens- und Kapitalpositionen zu einem bestimmten Tag zeigt und damit ein kurzes Schlaglicht auf die Situation des Unternehmens zu einem augenblicklichen Zeitpunkt wirft, handelt es sich bei der Gewinn- und Verlustrechnung um eine **Zeitraumrechnung** (z. B. vom 1.1. bis 31.12.2018).

Gegenüberstellung von Aufwendungen und Erträgen

In der Gewinn- und Verlustrechnung (GuV) wird das **Jahresergebnis** eines Unternehmens ermittelt. Dafür werden die Erträge und Aufwendungen eines Geschäftsjahres einander gegenübergestellt (so auch die gesetzliche Definition: „eine Gegenüberstellung der **Aufwendungen und Erträge** des Geschäftsjahrs", § 242 Abs. 2 HGB).

MERKE

Die Gewinn- und Verlustrechnung ist eine Zeitraumrechnung zur Ermittlung des Jahresergebnisses.

Wesentliche Ertragsposition Umsatzerlöse

Wesentliche Position bei den **Erträgen** sind die Umsatzerlöse, also die Erlöse aus dem Verkauf unserer Produkte. Den Begriff Umsatz bzw. Umsatzerlöse haben wir oben im Rahmen der Ziele von Unternehmen bereits kennen gelernt (Kapitel 4 Unternehmensplanung, Abschnitt 2 Absatzplanung). Die Umsatzerlöse wurden dort als abgesetzte Menge einer Leistung, multipliziert mit ihrem Preis, definiert und somit einer Planung zugänglich gemacht; hier treffen wir nun auf die tatsächlichen, also im Verlauf des vergangenen Geschäftsjahres realisierten Umsatzerlöse. Eventuell kommen in der GuV an Ertragspositionen noch Mieterträge, Zinserträge usw. dazu.

Aufwendungen

An **Aufwendungen** fallen in der Regel an: Materialaufwand, Personalaufwand, Maschinenaufwand (wir nennen ihn Abschreibung, siehe Genaueres unten), vielleicht auch Mietaufwand, Zinsaufwand etc.

MERKE

In der Gewinn- und Verlustrechnung werden Erträge und Aufwendungen eines Geschäftsjahres einander gegenübergestellt.

Aufwand als Kosten in Jahressicht

Während später im Rahmen der Kostenrechnung von „Kosten" die Rede sein wird, die im Rahmen einer bestimmten Leistungserstellung anfallen, sprechen wir in der GuV von „Aufwand". Aufwand können wir verstehen als die Gesamtheit der **Kosten, die im Laufe eines Geschäftsjahres** angefallen sind, unabhängig davon, wofür oder wobei sie genau entstanden sind. Das Augenmerk ist in der GuV nicht auf die Verursachung, sondern auf die Periode von einem Jahr gerichtet. So fließt beispielsweise in den Personalaufwand die Summe der monatlichen Löhne, Gehälter und Sozialleistungen für sämtliche Mitarbeiter in der Produktion, im Vertrieb, in der Beschaffung usw. sowie in der allgemeinen Verwaltung mit ein, genau wie die gesamten jährlichen Kosten für einen Betriebsrat, einen Betriebsarzt oder die Werksfeuerwehr. Ziel der GuV ist schließlich die Ermittlung des Ergebnisses insgesamt im betreffenden Jahr.

Zwei Gestaltungsvarianten für die GuV

Das HGB stellt beim Aufbau der GuV zwei Gliederungsvarianten zur Verfügung, das sog. Gesamtkosten-Verfahren und das Umsatzkosten-Verfahren (§ 275 Abs. 1 HGB). Im einen Fall werden alle erstellten Leistungen (also neben den Verkäufen auch die Produktion auf Lager) erfasst und sämtliche im Jahresverlauf entstandenen Kosten (Aufwendungen) hiervon abgezogen. Im anderen Fall beschränkt man sich auf die Betrachtung der verkauften Leistungen und die hierfür angefallenen Aufwendungen. Beide Verfahren führen zum gleichen Ergebnis.

Gesamtkosten- und Umsatzkostenverfahren

Die Anwendung des Gesamtkosten-Verfahrens (§ 275 Abs. 2 HGB) ist daran erkennbar, dass gleich an zweiter Stelle die Veränderung des Lagerbestands berücksichtigt wird, dann der zugehörige Materialaufwand, Personalaufwand und die Abschreibungen. Beim Umsatzkosten-Verfahren (§ 275 Abs. 3 HGB) finden wir im Anschluss an die Umsatzerlöse die Position Herstellungskosten (zur Erzielung der Umsatzerlöse) und später Vertriebskosten und allgemeine Verwaltungskosten.

Staffelform

In jedem Fall ist die Rechnung „in Staffelform" aufzustellen, d. h., für die einzelnen Positionen ist eine strenge gesetzlich vorgegebene Reihenfolge einzuhalten. Allerdings ist die „Gegenüberstellung" von Erträgen und Aufwendungen dadurch optisch nicht mehr offensichtlich. Die **Umsatzer-**

löse sind stets an erster Stelle aufzuführen. (Nur zu Offenlegungszwecken ist es kleinen Unternehmen gestattet, eine verkürzte GuV vorzulegen: Sie dürfen die Umsatzerlöse mit dem Wareneinsatz verrechnen und gelangen so für die Öffentlichkeit in der ersten Zeile zu einer Position „Rohertrag".)

BEISPIEL

Die Gewinn- und Verlustrechnung könnte beispielsweise so aussehen (Gesamtkosten-Verfahren, keine Lagerbestandsveränderung):

Gewinn- und Verlustrechnung vom 1.1.–31.12.2017

Umsatzerlöse		48.000
sonstige betriebliche Erträge	+	6.450
Materialaufwand	-	8.540
Personalaufwand	-	12.000
Abschreibungen	-	6.800
Zinserträge	+	900
Zinsaufwand	-	3.900
Ergebnis vor Steuern*	=	24.110
Steuern vom Einkommen und vom Ertrag	-	7.325
Ergebnis nach Steuern	=	16.785
sonstige Steuern	-	*785*
Jahresüberschuss	=	16.000

* eingefügte Zwischensumme

MERKE

In der Gewinn- und Verlustrechnung (GuV) stehen im Regelfall die Umsatzerlöse an erster Position. Andere Erträge sind hinzuzurechnen, Aufwendungen abzuziehen.

Gewinn oder Verlust als Differenz von Aufwendungen und Erträgen

Sind die Erträge größer als die Aufwendungen, entsteht ein Gewinn (genauer: nach Steuern ein „Jahresüberschuss"). Er kann entweder an die Gesellschafter ausgeschüttet werden, oder er verbleibt im Unternehmen und erhöht damit das Eigenkapital. Sind dagegen die Aufwendungen größer als die Erträge, entsteht Verlust (oder nach Steuern ein „Fehlbetrag"). Er vermindert das Eigenkapital.

TIPP

Tipp für die Praxis

Nehmen Sie nach Möglichkeit nun die Gewinn- und Verlustrechnung Ihres Unternehmens zur Hand: Sehen Sie die Umsatzerlöse? Welche Erträge sind zu ihnen hinzuzurechnen, und welche Aufwendungen fielen an und müssen abgezogen werden? Ist ein Jahresüberschuss oder ein Fehlbetrag entstanden? Gibt es Vorjahreszahlen zum Vergleich?

Begriff Abschreibung

Nachdem wir weiter oben Maschinenaufwand und Abschreibungen vorerst gleichgesetzt hatten, müssen wir uns nun dem Begriff der „Abschreibung" noch etwas näher zuwenden.

Wertverzehr

Nicht nur Maschinen und maschinelle Anlagen werden „abgeschrieben", sondern Vermögensgegenstände verschiedenster Art: also neben materiellen auch immaterielle Vermögensgegenstände und Finanzanlagen (vgl. hierzu noch einmal die Positionen des Anlagevermögens in der Bilanz: immaterielle Vermögensgegenstände, Sachanlagen und Finanzanlagen). Das heißt, Maschinen und Fahrzeuge unterliegen ebenso einer Abschreibung wie Gebäude, Computersoftware oder – im Falle eines nachhaltigen Kursverfalls – Wertpapiere, in besonderen Fällen auch Grundstücke, Patente und andere Nutzungsrechte. Wir können Abschreibungen demnach auch aus der Buchführung für eine Bilanz herausfiltern, wenn wir zwei Stichtage miteinander vergleichen.

BEISPIEL

War etwa ein Gebäude, z. B. eine Lagerhalle, im Vorjahr mit einem Wert von 200.000 Euro anzusetzen, und es erscheint im nächsten Jahr mit einem „Buchwert" von 190.000 Euro, so ist die Differenz von 10.000 Euro die „Abschreibung". Sie beträgt 1/20 des Anschaffungswertes, wenn ein Gebäude – wie üblich – über 20 Jahre abgeschrieben wird. Das heißt, dass das Objekt Jahr für Jahr zu einem (in diesem Fall jeweils 1/20) niedrigeren Wert in die Bilanz aufgenommen wird.

Damit erkennen wir, dass „die Abschreibung" mit einer Wertminderung, einem Wertverzehr gleichzusetzen ist. Der Betrag selbst, um den sich das betrachtete Objekt „entwertet" oder „verzehrt", geht als Aufwand (benannt mit „Abschreibung") direkt in die GuV ein.

MERKE

Die Höhe des Abschreibungsbetrages errechnet sich folgendermaßen:

$$\text{jährlicher Abschreibungsbetrag in Euro} = \frac{\text{Anschaffungskosten in Euro}}{\text{vorgesehene Nutzungsdauer in Jahren}}$$

BEISPIEL

Im privaten Bereich kennen wir das Phänomen des Wertverzehrs ebenfalls, ohne es uns laufend bewusst zu machen: Kaufen wir etwa im Frühjahr ein neues Auto (z. B. für 30.000 Euro), so ist es am Jahresende in der Regel „weniger Wert“, selbst dann, wenn wir es nicht genutzt haben. Also liegt ein „Wertverzehr“ vor, ein Verlust z. B. in Höhe von 1/10 des Kaufpreises. Ziehen wir diesen Verzehr (3.000 Euro) vom ursprünglichen Kaufpreis ab, gelangen wir zum aktuellen Buchwert (27.000 Euro).

Der Buchwert wird in die Bilanz übertragen (in Summe mit anderen Buchwerten zur gleichen Position). Dagegen geht der Verzehr selbst als Aufwand in die Gewinn- und Verlustrechnung ein: Wir erleiden in dieser Höhe einen Verlust.

Schwund oder Verderb haben den gleichen Effekt: eine Minderung des Vermögens (im Umlaufvermögen), das in Folge dessen mit einem geringeren Buchwert zu erfassen ist. Der entsprechende Wertverzehr oder Aufwand belastet als Verlust unsere Ergebnisrechnung.

MERKE

Unter einer Abschreibung verstehen wir die Wertminderung eines Vermögensgegenstands. Es handelt sich um einen Verlust. Er verschlechtert als Aufwand das Jahresergebnis.

TIPP

Tipp für die Praxis

Betrachten Sie noch einmal die Bilanz Ihres Unternehmens. Welche Vermögensgegenstände (Aktivseite der Bilanz, Anlagevermögen und Umlaufvermögen) könnten von einer Wertminderung betroffen sein? In welcher Höhe wurden in der Gewinn- und Verlustrechnung Abschreibungen vorgenommen? Ist hier eine Veränderung gegenüber dem Vorjahr ersichtlich?

C) Anhang

Anhang als Ergänzung der Bilanz und GuV

Der Anhang (§ 284 ff. HGB) ergänzt die Bilanz und die Gewinn- und Verlustrechnung, die ja im Wesentlichen nur aus Zahlen bestehen. Schon von daher erleichtert er das Verständnis der beiden.

Bilanzierungs- und Bewertungsmethoden

Er gibt zum einen Aufschluss darüber, welche Bilanzierungs- und Bewertungsmethoden angewendet wurden, denn das Gesetz (HGB) lässt für verschiedene Positionen in der Bilanz und der GuV unterschiedliche Rechenmethoden zu. Der Anhang muss dann erläutern, wie von dem Wahlrecht Gebrauch gemacht wurde.

BEISPIEL

Für die Berechnung der linearen Abschreibung ist die Annahme einer Nutzungsdauer notwendig. Die Erläuterung zur gewählten Nutzungsdauer findet sich im Anhang.

Zusatzinformationen

Zum anderen liefert der Anhang zusätzliche Informationen, die in den anderen beiden Teilen noch nicht enthalten waren.

BEISPIEL

Wir finden hier die durchschnittliche Mitarbeiterzahl, wer Arbeitnehmervertreter im Aufsichtsrat ist, Ereignisse von besonderer Bedeutung, die nach dem Bilanzstichtag noch eingetreten sind etc.

Feingliederung

Darüber hinaus findet sich hier eine feinere Untergliederung der Positionen, die sonst nur als Summe erscheinen.

BEISPIEL

Wir können uns z. B. darüber informieren, welche Rückstellungen es gibt oder wann welche Verbindlichkeiten fällig sind.

Geschäftstätigkeit

Auch über die Geschäftstätigkeit des Unternehmens lässt sich im Anhang noch Näheres erfahren.

MERKE

Der Anhang liefert weitere Informationen zur Ergänzung und Erläuterung der Bilanz und der Gewinn- und Verlustrechnung für das jeweilige Geschäftsjahr.

D) Lagebericht

Lage der Gesellschaft

Der Lagebericht gibt dem Management, wie der Name schon sagt, Gelegenheit, ein Wort zur Lage der Gesellschaft an den Leser zu richten. Das Gesetz (§ 289 HGB) verlangt, dass hier ein „den tatsächlichen Verhältnissen entsprechendes" Bild vermittelt wird. Zukünftige Entwicklungen sind ebenfalls zu erläutern.

Risiken, Forschung, Zweigniederlassungen

Zudem muss der Leser erfahren, welche Maßnahmen ergriffen werden, um bestehende Risiken zu erkennen und ihnen zu begegnen (etwa Liquiditätsrisiken, siehe hierzu 4.7.4). Schließlich ist auch auf den Bereich Forschung und Entwicklung und auf bestehende Zweigniederlassungen der Gesellschaft einzugehen. Bei börsennotierten Aktiengesellschaften müssen auch Grundzüge des Vergütungssystems dargestellt werden.

MERKE

Das Erstellen eines Lageberichts ist für Kapitalgesellschaften zusätzlich zum Jahresabschluss gesetzlich vorgeschrieben.

TIPP

Tipp für die Praxis

Prüfen Sie einen Ihnen vorliegenden Jahresabschluss auf Vollständigkeit: Besteht er aus den vier Teilen Bilanz, Gewinn- und Verlustrechnung, Anhang und Lagebericht?

Dem Anhang sollten Sie Informationen zur Mitarbeiterzahl entnehmen können, außerdem eine Aufgliederung der Geschäftsfelder sowie die Zusammensetzung von Geschäftsführung bzw. Vorstand und Aufsichtsrat.

Welche besonderen Ereignisse gab es nach dem Bilanzstichtag? Wie ist die aktuelle Lage der Gesellschaft laut Lagebericht einzuschätzen? Wie sind die weiteren Aussichten?

6.2.4 Konzern-Jahresabschluss

Konzern-Jahresabschluss

Konzerne (siehe zur Definition die Begriffsklärungen im Eingangskapitel) müssen ab einer gewissen Größe einen eigenen Konzernabschluss und einen Konzernlagebericht aufstellen (§ 290 Abs. 1 HGB). In der Regel hat dies innerhalb von fünf Monaten zu geschehen.

Bestandteile eines Konzernabschlusses, gesetzliche Vorschriften

Ein Konzernabschluss besteht aus den Bestandteilen Bilanz, Gewinn- und Verlustrechnung, Anhang, Kapitalflussrechnung und Eigenkapitalspiegel (§ 297 Abs. 1 HGB). Für alle Bestandteile gibt es ausführliche gesetzliche Regelungen, sowohl zur Aufstellung als auch zur Prüfung und Offenlegung.

Konsolidierte Bilanz, konsolidierte GuV

In einer sog. konsolidierten Bilanz und einer konsolidierten GuV werden die Jahresabschlüsse von Mutter und Töchtern auf einem Blatt zusammengeführt (= konsolidiert). Man könnte auch sagen, im Unterschied zum Einzelabschluss, der das Vermögen und den Erfolg des einzelnen Unternehmens aufzeigt, handelt es sich hier um eine „Familienaufstellung", ein Zusammenrechnen des gemeinsamen Vermögens und des gemeinsamen Erfolges.

Zusammenführen der Einzelabschlüsse

Die einzelnen Vermögenspositionen und Kapitalpositionen der Familienmitglieder werden in der Konzernbilanz zusammengezählt, ebenso errechnet sich der gemeinsame Erfolg, indem die GuV zeilenweise zusammengeführt wird. Hierbei können sich Positionen wechselseitig aufheben. Verzeichnet beispielsweise eine Tochter einen Jahresüberschuss, die zweite in gleicher Höhe einen Verlust, so werden beide in der konsolidierten GuV miteinander verrechnet und heben sich auf.

Beherrschungsverhältnis erzwingt Konzernabschluss

Das Gesetz besagt, dass ein Mutterunternehmen sowie alle seine Tochterunternehmen zu konsolidieren sind, wenn entweder das Mutterunternehmen oder ein oder mehrere Tochterunternehmen die Rechtsform einer Kapitalgesellschaft haben. Jedes Unternehmen (Mutterunternehmen), das rechtlich zur Kontrolle eines anderen Unternehmens (Tochterunternehmen) befugt ist, ist zur Aufstellung eines konsolidierten Abschlusses verpflichtet. (Zu größenabhängigen Befreiungen siehe § 293 HGB.) In der Regel wird diese Beherrschungsbefugnis durch den Besitz der Mehrheit der Stimmrechte begründet. Es kann allerdings auch ein beherrschender Einfluss trotz Minderheitsbeteiligung vorliegen.

Befreiungsmöglichkeit für Tochterunternehmen

Durch die Offenlegung eines Konzernabschlusses können Tochterunternehmen von der Offenlegung eines Einzelabschlusses befreit sein (vgl. § 264 Abs. 3 HGB).

6.3 Kostenrechnung

6.3.1 Bedeutung der Kostenrechnung

Erfassen und Zurechnen von Kosten

Wie eingangs erwähnt, ist die Kostenrechnung wesentlicher Bestandteil des Controllings und damit des internen Rechnungswesens. Sie dient den Entscheidungsträgern im Unternehmen als zentrale Informationsquelle. Dem Thema Kostenrechnung ist deshalb ein eigener Abschnitt gewidmet, das übergeordnete Funktionsgebiet Controlling wird dann im nachfolgenden Abschnitt genauer behandelt.

Überprüfen von Entscheidungen

Die vielfältigen Kosten, die bei der Leistungserstellung anfallen, werden im Rahmen der Kostenrechnung erfasst und dann sinnvoll auf die Verursacher verteilt bzw. ihnen zugerechnet. Damit gelingt es, betriebliche Vorgänge rechnerisch abzubilden. Auf dieser Basis muss dann der Verantwortungsträger im Unternehmen seine Entscheidungen für die Zukunft treffen oder zurückliegende Entscheidungen überprüfen.

Grundlage der Preisplanung

Wie leicht zu verstehen ist, erfordert auch die Preisplanung unter anderem die Berechnung der Selbstkosten (zu weiteren Kriterien der Preisplanung siehe genauer den Bereich Absatzwirtschaft im Kapitel Unternehmensplanung). Die sog. Teilkostenrechnung bietet einen möglichen Anhaltspunkt für das Ausloten einer befristeten Preisuntergrenze (siehe unten Punkt 6.3.3 B).

Interne Datensammlung

Da in der Kostenrechnung sensible Daten aus dem Unternehmen gesammelt und ausgewertet werden, kann es eine Gefahr bedeuten, wenn diese Daten nach außen gelangen. Sie werden daher als Betriebs- und Geschäftsgeheimnis gehütet.

6.3.2 Ordnungskriterien zur Unterscheidung von Kosten

Unterschiedliche Blickwinkel einer Kostenanalyse

Wichtig für die weitere Unterscheidung ist: Es werden immer die gesamten Kosten betrachtet, die für die Erstellung einer Leistung angefallen sind, aber jeweils aus verschiedenen Blickwinkeln. Damit werden unterschiedliche Betrachtungsweisen für den gleichen Tatbestand herangezogen, und deshalb erhält man auch unterschiedliche Antworten, je nach Herangehensweise und Fragestellung.

Wir betrachten die Entlohnung eines Mitarbeiters in der Produktion.

Es handelt sich dabei stets um die gleichen Kosten, wenn unsere Fragen auch unterschiedlich lauten:

- Wie kann ich diese Kosten ihrer Art nach benennen? (Lohnkosten.
- Wo sind sie entstanden? (In der *Produktion*.)
- Wofür genau waren sie notwendig? (Für die Herstellung von *Fischstäbchen* aus Seelachs.)
- Sind die Kosten direkt einer bestimmten Leistung zuzurechnen? (Ja, Stundenlohn ausschließlich für *Fischstäbchen*-Produktion.)

Stand ihre Höhe mit der produzierten Stückzahl in einem Zusammenhang? (Nein, der Mitarbeiter ist nicht kurzfristig kündbar: Der Lohn ist *weiterhin zu bezahlen, auch wenn keine Beschäftigung* gegeben ist.)

Durch unsere unterschiedlichen Fragestellungen analysieren wir die gleichen Kosten unter verschiedenen Gesichtspunkten, um hieraus diverse Erkenntnisse zu gewinnen.

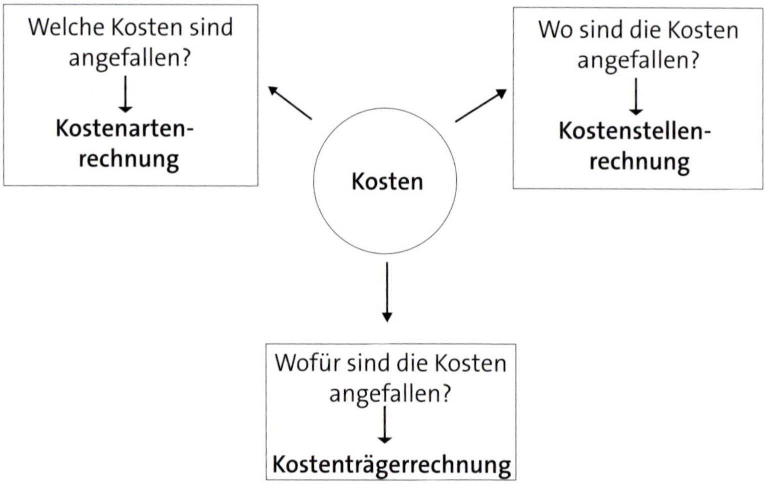

Abbildung: Gesamtkosten aus unterschiedlichen Blickwinkeln

A) Kostenarten und Kostenartengruppen

Hinter der Kostenartenrechnung steht die Fragestellung: Welche Kosten sind angefallen? Für die Zuordnung gibt es einen betrieblichen Kostenartenplan, der abgestimmt ist mit der Kontengliederung in der Buchhaltung. Kostenarten

BEISPIEL

Wir können beispielsweise Löhne und Gehälter, Sozialaufwendungen, Rohstoffe, Büromaterial, Telefon, Porto, Steuern, Kfz-Versicherungen, Beiträge zu Genossenschaften, Bücher und Zeitschriften usw. unterscheiden.

Kostenartengruppen sind eine Zusammenfassung von zusammengehörenden Kostenarten.

BEISPIEL

In der Kostenartengruppe Materialkosten sind Kosten für Roh-, Hilfs- und Betriebsstoffe zusammengefasst. Löhne, Gehälter und Sozialaufwendungen sind Personalkosten. Kosten für Strom, Gas usw. fassen wir unter Energiekosten zusammen. Zinsen rechnen wir als Kapitalkosten.

B) Kostenstellen

Die Kostenstellenrechnung untersucht die Frage: Wo sind die Kosten entstanden? Unter Kostenstelle versteht man im Allgemeinen einen organisatorisch abgegrenzten Teilbereich des Unternehmens. Bei der Einteilung kann der betriebliche Stellenplan helfen. Kostenstellen

BEISPIEL

Beispiele für Kostenstellen sind die Werksleitung, die Arbeitsvorbereitung, eine Meisterei, ein Bearbeitungszentrum, die Buchhaltung, die Telefonzentrale, der Betriebsrat usw.

Meist deckt sich die Zuordnung zu einer Kostenstelle – dem organisatorischen Ablauf im Unternehmen folgend – mit der Abgrenzung einer Abteilung. Die entstandenen Kosten werden nun verursachungsgemäß den Stellen zugeordnet, die für die Entstehung der jeweiligen Kosten verantwortlich sind.

C) Kostenträger

Kostenträger

Als Kostenträger bezeichnet man eine betriebliche Leistungseinheit, d. h. das einzelne Produkt bzw. auch der einzelne Auftrag.

MERKE

Die Kostenartenrechnung fragt danach: Welche Kosten sind angefallen? Die Kostenstellenrechnung untersucht: Wo wurden die Kosten verursacht? Die Kostenträgerrechnung behandelt die Frage: Wofür sind die Kosten entstanden?

TIPP

Tipp für die Praxis

Listen Sie die Kostenarten auf, mit denen Sie an Ihrem Arbeitsplatz zu tun haben. Finden Sie die Kostenstelle heraus, der Ihr Arbeitsplatz zugeordnet wird, und stellen Sie fest, welche weiteren es in Ihrem Unternehmen gibt. An welchem Kostenträger arbeiten Sie, welche gibt es außerdem noch?

D) Zurechenbarkeit der Kosten auf den einzelnen Kostenträger

Je nachdem, ob sich Kosten dem einzelnen Kostenträger direkt zurechnen lassen oder nicht, unterscheidet man Einzel- und Gemeinkosten.

Einzelkosten

Einzelkosten können dem jeweiligen Kostenträger nach Menge und Wert eindeutig zugeordnet werden. Sie stehen in einer **verursachungsgemäßen** Beziehung zum einzelnen Produkt oder Auftrag.

BEISPIEL

Zur Fertigung eines Gehäuses (etwa für eine Spülmaschine) wird eine bestimmte Menge an Blech benötigt, mit bestimmten Abmessungen, zu einem definierbaren Preis. Ein PKW braucht ein Lenkrad, dessen Einkaufspreis gegeben ist. Zum Backen eines Laibes Brot kann eine vorgegebene Grundmischung verwendet werden. Für eine Dienstleistung an einem Gast oder Patienten ist eine bestimmte Ausstattung erforderlich: frische Wäsche (Tischwäsche, Bettwäsche), eine Tube/Packung für eine Anwendung etc.

Sondereinzelkosten

In bestimmten Sonderfällen, etwa aufgrund eines besonderen Kundenwunsches, entstehen Sondereinzelkosten, etwa Sondereinzelkosten der Fertigung oder Sondereinzelkosten des Vertriebs. Je individueller das Produkt, desto mehr Sondereinzelkosten fallen an.

BEISPIEL

Sondereinzelkosten der Fertigung finden wir für individuelle Formen und Schablonen, einmalige Modelle, spezifisches Werkzeug und ähnliches. Im Dienstleistungsbereich fallen sie an für eine außergewöhnliche Behandlung oder Anwendung, eine einmalige Tätigkeit (Beratung, Begleitung, Vermittlung, Botengang). Sondereinzelkosten des Vertriebs erkennen wir in einer Spezialverpackung, Expressfracht usw.

Gemeinkosten

Gemeinkosten (overheads) sind allgemeine Kosten, die während eines Abrechnungszeitraums für alle Kostenträger gemeinsam anfallen. Da die unmittelbare, verursachungsgemäße Zuordnung zum einzelnen Kostenträger fehlt, ist die Zurechnung nur indirekt, **über bestimmte Schlüssel** wie prozentuale Zuschläge, möglich. Im Betriebsabrechnungsbogen (BAB) wird versucht, Gemeinkosten mit Hilfe von Kostenstellen über bestimmte Schlüssel möglichst verursachungsgerecht umzulegen.

BEISPIEL

Gemeinkosten sind das Gehalt des Meisters ebenso wie Schmieröle, Kosten der Verwaltung, des Einkaufs und des Vertriebs, die Energieversorgung, der Pförtner, der Betriebsarzt oder der Betriebsrat.

Der Anteil der Gemeinkosten an den Selbstkosten eines Produkts kann den größeren Teil des gesamten Kostenanfalls ausmachen. Bei der Kalkulation des Angebotspreises ist deshalb neben den direkt zurechenbaren Einzelkosten immer auch der Anteil der Gemeinkosten zu berücksichtigen.

MERKE

Einzelkosten sind direkt auf das Produkt zurechenbar.

Gemeinkosten lassen sich in aller Regel nicht unmittelbar, direkt und eindeutig einem Auftrag oder Produkt zuordnen und werden daher mit Hilfe von Kostenstellen soweit wie möglich verursachungsgerecht umgelegt.

Kostenträgerrechnung, Kalkulation

Den Vorgang der Unterscheidung der Kosten unter dem Gesichtspunkt der Zurechenbarkeit auf den einzelnen Kostenträger nennt man in der Fachsprache **Kostenträgerrechnung** oder auch **Kalkulation.** Sie sagt aus, in welchem Verhältnis sich die Selbstkosten eines Produkts aus direkt zurechenbaren Einzel- bzw. Sondereinzelkosten und aus nur indirekt zurechenbaren Gemeinkosten zusammensetzen.

E) Zusammenhang von Kosten und Stückzahl

Bei schwankender Ausbringungsmenge (man spricht auch von unterschiedlicher Beschäftigung, gemeint ist die Zahl der erzeugten Sachgüter oder die Zahl der erbrachten Dienstleistungen) und damit unterschiedlicher Auslastung der vorhandenen Kapazitäten, gibt es Kostenarten, die entfallen, während andere erhalten bleiben. Demnach lassen sich zwei unterschiedliche Verhaltensweisen von Kosten feststellen:

Fixe Kosten

Fixe Kosten sind mit der vorhandenen Kapazität gegeben, unabhängig davon, wie hoch die Ausbringungsmenge (Stückzahl) ist, sogar dann, wenn keine Leistung erstellt wird.

BEISPIEL

Solange ein Unternehmen an einen Mietvertrag gebunden ist, fallen monatliche Mietkosten an, auch wenn kein Auftrag bearbeitet wird.

„Fix" bedeutet nicht zwingend eine unveränderliche Höhe dem Betrag nach (z. B. kann der Mietzins in einem langjährigen Vertrag auch steigen), sondern meint die vorerst unumgängliche Bindung an die Kosten.

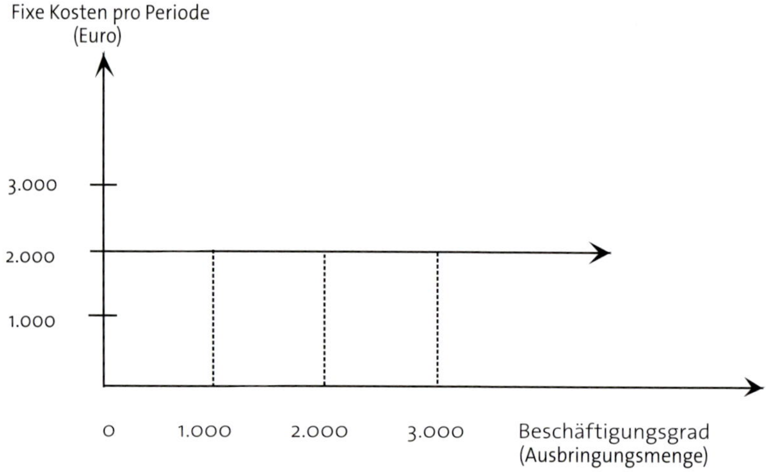

Kapazitätsbereitschaft

Man spricht deshalb bei fixen Kosten auch von den „Kosten der Kapazitätsbereitschaft." Es geht hier um Kosten für Potenziale, also für die Bereitstellung von Strukturen, die erst die Möglichkeit der Leistungserbringung bieten.

Variable Kosten

Variable Kosten passen sich dagegen der Beschäftigung an. Sie verändern sich in Abhängigkeit vom schwankenden Beschäftigungsgrad und zwar proportional, d. h. in gleichem Maß.

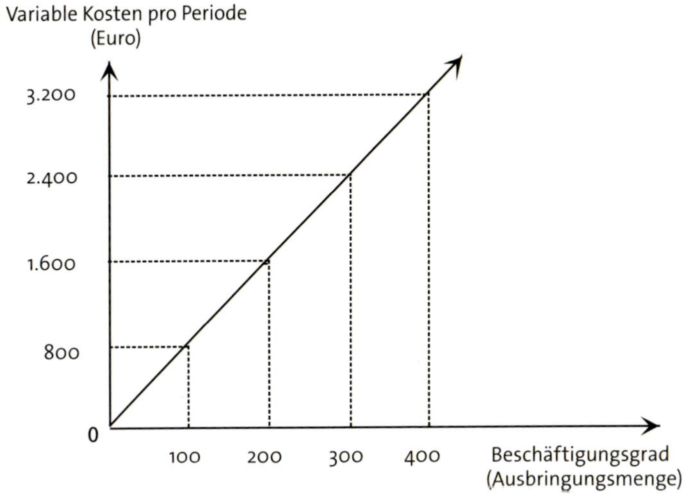

BEISPIEL

Fallen für 100 Brötchen genau 8 Euro an variablen Kosten an (Backmischung für den Teig), so sind es für 200 Stück 16 Euro, für 10 Stück nur 80 Cent usw..

Materialkosten sind meistens variabel, proportional zur produzierten Stückzahl. Auch bei den Überstunden handelt es sich im Gegensatz zum normalen Lohn um variable Kosten.

Proportionalität zum Beschäftigungsgrad

Man sagt deshalb, die variablen Kosten seien eine „Funktion des Beschäftigungsgrades". Steigt die Beschäftigung (oder Ausbringungsmenge) um 10 %, so steigen auch die variablen Kosten um 10 %. Geht die Beschäftigung um 30 % zurück, so fallen auch die variablen Kosten um 30 % usw.

MERKE

Fixe Kosten fallen unabhängig von der Ausbringungsmenge an. Man nennt sie daher „Kosten der Kapazitätsbereitschaft".

Variable Kosten steigen und fallen dagegen gleichlaufend mit der Beschäftigung (proportional zur Beschäftigung).

6.3.3 Verfahren der Kostenrechnung

A) Vollkostenrechnung

Vollkostenrechnung

Da die Kostenrechnung andere Ziele verfolgt als das externe Rechnungswesen (siehe oben: Gläubigerschutz), wird hier mitunter auch mit anderen Werten gerechnet.

BEISPIEL

Beispielsweise werden Abschreibungen in Abhängigkeit von der technischen (tatsächlichen) Nutzungsdauer der Anlagen vorgenommen, und es wird eine „kalkulatorische" Verzinsung des Eigenkapitals berücksichtigt (würde nicht mit einer rechnerischen Verzinsung des Eigenkapitals gerechnet, wäre keine Vergleichbarkeit mit einer alternativen Anlage, z. B. Sparbrief, gegeben).

Erfassen von Einzelkosten und Zurechnen von Gemeinkosten

Für die Vollkostenrechnung werden die Kosten zunächst in Einzel- und Gemeinkosten unterschieden (siehe oben). Die Einzelkosten, beispielsweise Fertigungsmaterialien, werden direkt erfasst und dem zu fertigenden Sachgut oder der Dienstleistung unmittelbar zugerechnet. Sämtliche Kosten, die sich nicht unmittelbar, direkt und eindeutig einem Produkt oder Auftrag zuordnen lassen (z. B. Heizkosten), werden mit Hilfe des Betriebsabrechnungsbogens über bestimmte „Schlüssel" auf die Kostenstellen des Unternehmens umgelegt.

Selbstkosten

Auf diese Weise lässt sich die **Summe aller Kosten** für den jeweiligen Kostenträger ermitteln und als **Selbstkosten** auf das einzelne Stück bzw. auf einzelne Leistungen beziehen.

Herstellkosten sind eine Vorstufe bei der Ermittlung der Selbstkosten: Während Herstellkosten die Schritte der unmittelbaren Erstellung der Leistung (typischerweise die Fertigung eines Sachgutes) berücksichtigen, beziehen Selbstkosten zudem Verwaltungs- und Vertriebsgemeinkosten mit ein.

BEISPIEL

Eine Vollkostenrechnung für den Austausch einer Kfz-Windschutzscheibe könnte etwa folgendermaßen aussehen:

Unterstellt sei, eine Glasscheibe wäre (netto) für 250 Euro einzukaufen, zusätzlich seien Klebstoff, Dichtungsgummi, Werkzeuge etc. (samt zugehöriger Lagerkosten) mit 50 Euro pro Auftrag zu rechnen. Ihre beiden Mitarbeiter benötigen zwei Stunden pro Austausch, was 60 Euro an direkten und zusätzlich 40 Euro an Lohnnebenkosten erfordert. Für Ihre spezielle Fräse und das zugekaufte Patent haben Sie eine Abschreibung in Höhe von 10 Euro pro Auftrag ermittelt.

Für die Verwaltung des Unternehmens (Korrespondenzen, Rechnungsstellung, Mahnungen, Kontoverwaltung etc.) rechnen Sie mit weiteren Kosten in Höhe von 30 % der ermittelten Herstellkosten.

Außerdem müssen Sie für jeden Auftrag Vertriebsgemeinkosten (Werbeschriften, Visitenkarten usw.) berücksichtigen, die Sie mit weiteren 10 % ansetzen. Wie hoch sind die Selbstkosten? Welchen Preis werden Sie verlangen?

Fertigungsmaterial: Glasscheibe	250
Materialgemeinkosten: Klebstoff, Lagerkosten usw.	50
Fertigungslöhne	100
Fertigungsgemeinkosten: Abschreibung	10
Herstellkosten (HK)	**410**
Verwaltungsgemeinkosten: 30 % der HK	123
Vertriebsgemeinkosten: 10 % der HK	41
Selbstkosten	**574**

MERKE

Die Vollkostenrechnung dient der Ermittlung der Selbstkosten bzw. der Herstellkosten eines Produktes. Dabei werden unmittelbar zutreffende Einzelkosten direkt erfasst und Gemeinkosten über Schlüssel zugerechnet.

B) Die Teilkosten- oder Deckungsbeitragsrechnung

Deckungsbeitragsrechnung

Im Gegensatz zur Vollkostenrechnung werden in der Deckungsbeitragsrechnung **nur diejenigen Kosten erfasst und den Umsatzerlösen gegenübergestellt, die bei der Erstellung anfallen (variable Kosten).**

Der Deckungsbeitrag errechnet sich nach dem Schema

	Umsatzerlöse
-	variable Kosten
=	Deckungsbeitrag

Differenz

Der Deckungsbeitrag ist also eine Differenzgröße zwischen den Umsatzerlösen und den variablen (= proportionalen) Kosten. Er ist nicht gleich dem Gewinn! Denn: Von den Umsatzerlösen werden **nicht alle Kosten abgezogen**, sondern in einem ersten Schritt nur die mengenproportionalen, beschäftigungsabhängig anfallenden **variablen** Kosten. Es handelt sich um den **Überschuss** der Umsatzerlöse **über die variablen Kosten**, welche durch die Ausbringungsmenge bestimmt sind.

BEISPIEL

Als Inhaber einer Boutique kaufen Sie Hosen zu 60 Euro ein und verkaufen Sie zum Preis von (netto) 99 Euro weiter. Wir sehen also sofort, dass uns eine Differenz von 39 Euro mal die Anzahl der verkauften Hosen verbleibt. Ausführlich betrachtet, rechnen wir: Die Umsatzerlöse bei 30 Hosen monatlich belaufen sich auf 2.970 Euro. Abzüglich der 30 Hosen x 60 Euro an variablen Kosten, also 1.800 Euro, errechnet sich ein Deckungsbeitrag von 1.170 Euro im Monat.

Umsatzerlöse	2.970
- variable Kosten	-1.800
= Deckungsbeitrag	1.170

MERKE

Der Deckungsbeitrag errechnet sich als Umsatzerlöse minus variable Kosten.

Die übrigen Kosten (fixe Kosten) werden sozusagen erst einmal „en bloc" gesammelt und im Anschluss an die obige Rechnung in einem zweiten Schritt von dem verbleibenden Betrag, dem Deckungsbeitrag, abgezogen.

	Deckungsbeitrag
-	fixe Kosten
=	Gewinn

Beitrag zur Fixkostendeckung

Der Deckungsbeitrag leistet demnach, weil er mehr als die variablen Kosten abdeckt, einen Beitrag zur **Fixkostendeckung** und daher einen Beitrag zum **Gewinn** bzw. zur **Verlustminderung.**

MERKE

Durch Abzug der fixen Kosten vom Deckungsbeitrag errechnet sich der Gewinn. Oder: Gewinn ist, was über die Fixkostendeckung hinaus noch übrig bleibt.

BEISPIEL

Neben den Kosten für die Hosen (Einkaufspreis) muss der Inhaber der Boutique noch die laufende Miete in Höhe von 500 Euro im Monat decken. Das sind seine fixen Kosten, denn sie fallen auch dann an, wenn er keinen Umsatz mehr erzielt. Sie sind aus dem Deckungsbeitrag von 1.170 Euro zu bestreiten.

Deckungsbeitrag	1.170
- fixe Kosten	-500
= Gewinn	670

Nach Abzug der Fixkosten vom Deckungsbeitrag bleibt ein Gewinn: 670 Euro.

Die Bedeutung der Deckungsbeitragsrechnung wird allerdings erst offenkundig, wenn wir von dem Fall ausgehen, dass der Boutique-Inhaber seine Hosen nicht mehr zu 99 Euro verkaufen kann. Soll er weiterhin Hosen einkaufen, wenn er sie z. B. nur noch für 80 Euro verkaufen kann, und auch nur noch 20 Stück pro Monat?

Die Rechnung muss nun lauten:

Umsatzerlöse 20 x 80 Euro	1.600
- variable Kosten 20 x 60 Euro	-1.200
= Deckungsbeitrag	400
- fixe Kosten	-500
Verlust	-100

Zwar entsteht Verlust, aber er ist niedriger, als wenn die Boutique geschlossen würde. Dann wäre nämlich die volle Miete in Höhe von 500 Euro als Verlust zu verbuchen.

Positiver Deckungsbeitrag: Leistung wird vorerst aufrecht erhalten

Und genau darin besteht der Sinn der Deckungsbeitragsrechnung: Bleibt beim Abzug der variablen Kosten von den Umsatzerlösen „etwas übrig", sprich: ein positiver Deckungsbeitrag, dann lohnt es sich, weiterhin Leistungen anzubieten, selbst wenn sich unter Berücksichtigung sämtlicher Kosten ein Verlust errechnet. Solange die fixen Kosten weiter bestehen bleiben, verbessert ein positiver Deckungsbeitrag in jedem Fall das Ergebnis. Im Fall eines Verlustes ist dieser noch geringer als ohne Leistungsangebot; in der Gewinnzone erhöht sich das Ergebnis.

BEISPIEL

Am Beispiel eines Bäckers wird der Deckungsbeitrags-Gedanke vielleicht noch einmal deutlicher:

Der Preis für eine Brezel sei 0,45 Euro; der Einkaufspreis für den Grundteig inklusive Energiekosten soll 0,30 Euro betragen. Selbst ohne weitere Kenntnisse über Kosten des Backofens kann dann mit Hilfe der Deckungsbeitragsrechnung folgende Aussage getroffen werden: Solange ein Kunde bereit ist, einen höheren Betrag als die variablen Kosten (0,30 Euro) zu bezahlen, (d. h.: Verkaufserlös minus variable Kosten ist positiv, ein positiver Deckungsbeitrag), sollte der Bäcker Brezeln verkaufen: Denn auch wenn seine Selbstkosten noch nicht gedeckt sind, verbleibt ihm ein Rest, ein positiver Betrag, mit dessen Hilfe er seinen Backofen abzahlen kann. Dieser Betrag ist ein Beitrag zur Deckung seiner Fixkosten.

MERKE

Der Deckungsbeitrag ist der Betrag, der nach Abzug der variablen Kosten von den Umsatzerlösen übrig bleibt.

Ein positiver Deckungsbeitrag ist ein Beitrag zur Deckung der fixen Kosten.

Der Deckungsbeitrag markiert eine mögliche befristete Preisuntergrenze, weil zumindest die proportionalen/variablen Kosten gedeckt sind.

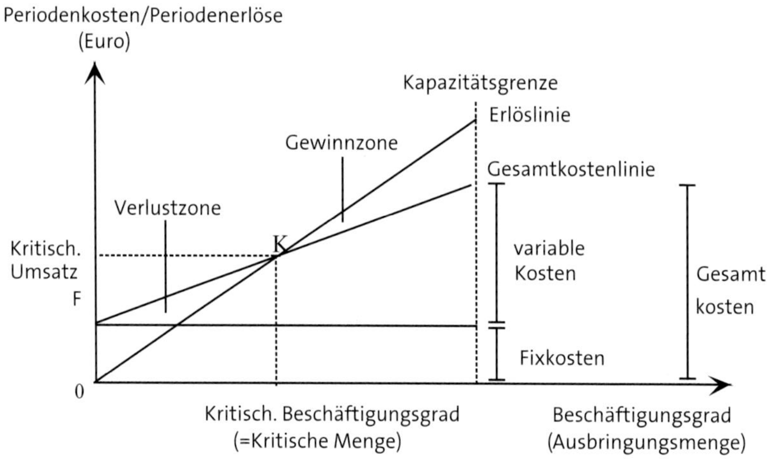

Mit Hilfe des Deckungsbeitrags lässt sich für jedes Produkt feststellen, wie hoch der jeweilige Beitrag ist, den das einzelne Produkt zum Betriebserfolg beisteuert.

Break-Even-Point

Ferner ist die Deckungsbeitragsrechnung die Grundlage für die Berechnung der Gewinnschwelle (auch Break-Even-Punkt oder Break-Even-Point oder „kritischer Beschäftigungsgrad" genannt): Es ist der Punkt (die Stückzahl), an dem die Umsatzerlöse (Stückzahl mal Preis) genau gleich groß sind wie die Summe aus Fixkosten und variablen Kosten, also der Punkt, an dem die Kosten gedeckt sind.

6.4 Controlling

6.4.1 Inhalt und Aufgaben

Eine Geschichte: Schuberts Unvollendete

Ein Vorstandschef hat eine Einladung zu einem Konzert bekommen, bei dem Schuberts Unvollendete aufgeführt werden soll: Er hat aber keine Zeit und schenkt die Eintrittskarte seinem Controller. Am nächsten Tag treffen sich Vorstand und Controller: „Wie hat es Ihnen gefallen?", fragt der Chef. Da antwortet der Controller: „Ich leite Ihnen meinen Bericht heute Nachmittag zu."

In dem Bericht war Folgendes zu lesen:

a) Die vier Oboisten hatten über einen längeren Zeitraum hinweg nichts zu tun. Ihre Anzahl sollte gekürzt und ihre Aufgaben sollten auf das gesamte Orchester verteilt werden, um Arbeitsspitzen zu vermeiden.
b) Die 12 Geiger spielten alle die gleichen Noten, die Anzahl der Mitarbeiter in diesem Bereich sollte daher drastisch gekürzt werden. Sollte hier tatsächlich eine große Lautstärke erforderlich sein, so könnte diese mit einem elektronischen Verstärker erreicht werden.
c) Das Spielen von Sechszehntelnoten erforderte einen hohen Aufwand. Dies scheint mir eine übertriebene Verfeinerung zu sein. Ich empfehle daher, alle Noten auf die nächste Viertelnote aufzurunden und dafür Azubis und Mitarbeiter mit geringeren Qualitäten einzusetzen.

d) Es ist wenig sinnvoll, die Hornisten Passagen wiederholen zu lassen, die die Streicher bereits gespielt haben. Würden derlei überflüssige Passagen gestrichen, könnte das Konzert von 25 Minuten auf vier Minuten gekürzt werden.

e) Hätte Schubert dies alles beachtet, dann hätte er ohne Zweifel seine Sinfonie beenden können.

(Quelle: unbekannt, nacherzählt z. B. unter www.suedasien.uni-halle.de/das/zitate.html)

Aufgaben des Controllings

Der Begriff Controlling entstammt der angelsächsischen Management-Literatur. Eine Übersetzung mit „Kontrolle" ist zu eng, vielmehr ist ein Zusammenspiel zwischen einer Auswertung von Informationen, einer Steuerung und einer Planung gemeint. Dabei hat sich die Steuerung in die Richtung von festgelegten Unternehmenszielen zu orientieren.

Die Aufgabengebiete des Controllings zeigt folgende Übersicht:

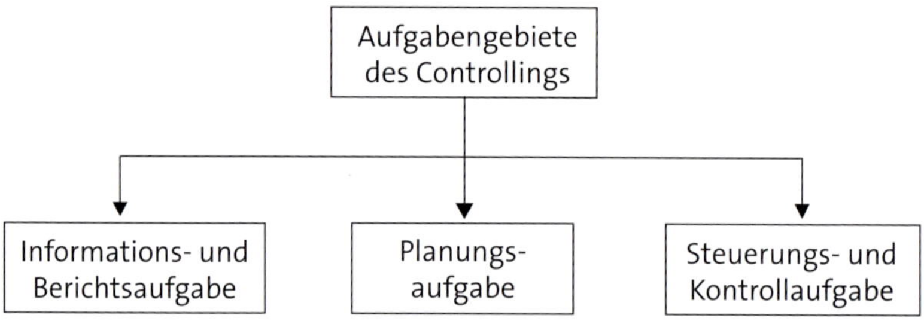

A) Informations- und Berichtsaufgabe

Informationen aufbereiten

Der Controller hat die Aufgabe, dem Management **Informationen in aufbereiteter Form** zu liefern. Dafür ist das Controlling in größeren Unternehmen üblicherweise als eigene Abteilung (Stabsabteilung, d. h. mit beratender Funktion) organisiert und direkt der Geschäftsführung oder dem Vorstand unterstellt. Ansonsten werden Controllingbereiche auch gerne dem Finanz- oder Rechnungswesen zugeordnet.

BEISPIEL

Das Grundmuster für einen Controllerbericht könnte in etwa so aussehen:

	Werte zum Stichtag				Kumulierte Werte				
			Abweichung				Abweichung		
Bezeichnung	Soll (Plan)	Ist	absolut	in %	Soll (Plan)	Ist	absolut	in %	Kumuliert Ist Vorperiode
Erläuterungen									

Abbildung: Grundmuster für einen Controller-Bericht (z. B. „KER = Kurzfristige Erfolgsrechnung" genannt)

Sehen wir uns die Spalten des Berichts an, erkennen wir eine Zweiteilung: In der linken Hälfte werden die Werte zu einem bestimmten Stichtag erfasst (auch: laufender Monat), in der rechten Hälfte hingegen stehen die kumulierten Werte, d. h. die gesamten (vom Anfang des Monats oder des Jahres) bis zum Stichtag aufgelaufenen, addierten Werte. In den Spalten werden dann die *Soll- (bzw. Plan-) und Ist-Ausprägungen* der jeweiligen Position, über die berichtet wird, eingetragen. Anhand dieser Werte können dann *Abweichungen* errechnet werden, die sich sowohl in Absolutbeträgen als auch in relativen Werten ausdrücken lassen.

Entscheidungsvorbereitung für die Führungsebene

Voraussetzung zur Erfüllung der Aufgabe ist, dass ein aussagefähiges Berichts- und Informationssystem eingerichtet ist. Von der Controllingabteilung werden dann regelmäßig, meist monatlich, Standardberichte erstellt. Die Führungskräfte auf den jeweiligen Hierarchiestufen sollen mit Hilfe dieser Berichte in die Lage versetzt werden, ihre Entscheidungen so zu treffen, dass die Unternehmensziele erreicht werden können. Das Controlling übernimmt damit eine Funktion der **Entscheidungsvorbereitung für die Führungskräfte**. Die letztendlichen Entscheidungsbefugnisse liegen jedoch bei der Unternehmensleitung bzw. den jeweiligen Abteilungen.

Gemeinsame Festlegung von Inhalten

Abgesehen von einer üblichen Gliederung des Berichts entsprechend der GuV können die zu erfassenden Positionen, über die berichtet werden soll, in Abstimmung mit den unterschiedlichen Unternehmensbereichen festgelegt werden.

BEISPIEL

Beschaffungsbereich: Einkaufspreise für Rohstoffe, Lagerkapazitäten, Lagerdauer

Produktionsbereich: Kapazitätsauslastung, täglicher bzw. monatlicher Ausstoß, Produktivität, Materialverbrauch

Absatzbereich: Umsätze gesamt, nach Artikelgruppen oder Verkaufsbezirken; Preisentwicklung, Werbeausgaben

Finanzbereich: Kassenbestand, Wertpapierbestand, Liquiditätsentwicklung, Forderungen und Verbindlichkeiten

Personalbereich: Beschäftigtenstand, Krankenstand, Fluktuation, Sozialleistungen, Überstunden, Personalaufwand, Schulungstage

Anforderungen an die Datenaufbereitung

Damit ein Controller in die Lage versetzt wird, aussagefähige Berichte zu erstellen, müssen sowohl die Daten, die ihn erreichen, als auch die von ihm zusammengestellten Informationen bestimmten Anforderungen genügen. Hierzu gehören:

- Die Daten müssen auf den Empfänger zugeschnitten sein (nicht Selbstzweck).
- Sie sollten zeitnah zur Verfügung stehen (möglichst aktuelle Daten).
- Es muss eine Konzentration auf das Wesentliche stattfinden (kein überflüssiges Datenmaterial).
- Die Form der Aufbereitung sollte stabil bleiben (Übersichtlichkeit für den Datenempfänger).

Nach Möglichkeit sollten Quellen von Erfolgen und Misserfolgen erkennbar sein. Außerdem sollte, wo dies sinnvoll erscheint, der Beitrag des jeweiligen Unternehmensbereichs zum Gesamtergebnis ausgewiesen werden.

B) Steuerungs- und Kontrollaufgabe

Die Steuerungs- und Kontrolltätigkeiten bestehen darin, **Abweichungen** zwischen Soll- (bzw. Plan-) und Istwerten von Berichtsgrößen festzustellen. Dabei ist die bloße Feststellung von Abweichungen nicht ausreichend. So müssen darüber hinaus auch die **Ursachen** der Zielabweichungen gefunden werden und Erklärungsversuche gestartet werden, warum es zu der Zielabweichung kommen konnte.

Ursachen von Abweichungen feststellen

Darüber hinaus sind die **Folgen der Zielabweichung** auf die Erreichung der Unternehmensziele zu ermitteln. Schließlich muss das Controlling bei Zielabweichungen die Unternehmensführung informieren und **Vorschläge** erarbeiten, welche Gegensteuerungsmaßnahmen geeignet sein könnten, um die Zielabweichungen zu korrigieren.

Folgen aufzeigen, Gegenmaßnahmen vorschlagen

TIPP

Tipp für die Praxis

Die Aufgabe von Wirtschaftsausschuss-Mitgliedern scheint durchaus mit den Aufgaben eines Controllers vergleichbar: wirtschaftliche Angelegenheiten beobachten, Abweichungen erkennen, Vorschläge zur Abhilfe unterbreiten.

Im Übrigen stellen Controlling-Berichte für den Wirtschaftsausschuss eine wichtige, häufig noch unterschätzte Informationsgrundlage für seine laufende Tätigkeit dar. § 106 Abs. 2 BetrVG lautet: „Der Unternehmer hat den Wirtschaftsausschuss (...) über die wirtschaftlichen Angelegenheiten unter Vorlage der erforderlichen Unterlagen zu unterrichten (...)“ (hierzu mehr in Kapitel 7).

BEISPIEL

Bei der Analyse der jüngsten Zahlen stellt unser Controller im Vergleich von Soll (Plan) und Ist eine Abweichung in der Berichtsposition „Einkaufspreise Rohstoffe“ fest (z. B. der Beschaffungspreis der Zutaten zur Panade bei der Fischstäbchen-Produktion).

1) Er hält die Abweichung vom Plan (Soll) in absoluten Zahlen (Differenz aus Soll und Ist) und in Prozent fest.

2) Er ermittelt problemlos die Ursache: Preissteigerung im Einkauf.

3) Er zeigt mögliche Folgen auf: Sinkender Gewinn, zunehmender Konkurrenzdruck.

4) Er liefert Vorschläge: Weitergabe der Preissteigerung an Kunden, Wechsel des Lieferanten, neue Verhandlung mit bisherigem Lieferanten, Reduzierung des Materialverbrauchs (z. B. durch Optimierung der Auftragsgewichte, Aufklärung der Mitarbeiter), Versuche mit alternativem Material (Ei-Ersatz) oder durch Ausnutzen alternativer Einsparmöglichkeiten (etwa beim Frittieröl) etc.

Die Entscheidung über die weitere Vorgehensweise trifft nicht der Controller. Ihm obliegt lediglich die **Entscheidungsvorbereitung**, er ist in diesem Sinne Berater für das Management. Die Entscheidung selbst fällt nicht mehr in seine Kompetenz, sondern ist anschließend Aufgabe des Managements.

C) Planungsaufgabe

Das Controlling hat die Unternehmensleitung bei der Unternehmensplanung zu unterstützen. Die Planungsaufgabe des Controllings besteht einerseits in der Entwicklung von Planungsverfahren und andererseits in der eigentlichen Durchführung der Planungstätigkeiten.

Entwicklung von Planungsverfahren

Bei der **Entwicklung von Planungsverfahren** muss ausgewählt werden, welche Bereiche und welche sachlichen und zeitlichen Inhalte geplant werden. Dazu ist es erforderlich, Planungsrichtlinien und Vorgehensweisen festzulegen und beispielsweise auch Planungsformulare zu entwickeln.

Durchführung der Planung, Koordination

Zur **Durchführung der Planungstätigkeiten** werden zunächst Teilbereiche geplant und diese werden anschließend zu einem Gesamtplan koordiniert.

MERKE

Aufgaben des Controllings sind die Versorgung der Unternehmensführung mit Informationen sowie Steuerungs- und Planungstätigkeiten im Hinblick auf die Erreichung der Unternehmensziele.

6.4.2 Strategisches und operatives Controlling

Den gesamten Aufgabenbereich des Controllings kann man in zwei Gruppen unterteilen, und zwar in Abhängigkeit vom Zeithorizont (kurzfristig oder langfristig), welcher im Vordergrund der jeweiligen Controllertätigkeit steht: Dementsprechend wird in „operatives“ und „strategisches“ Controlling unterschieden.

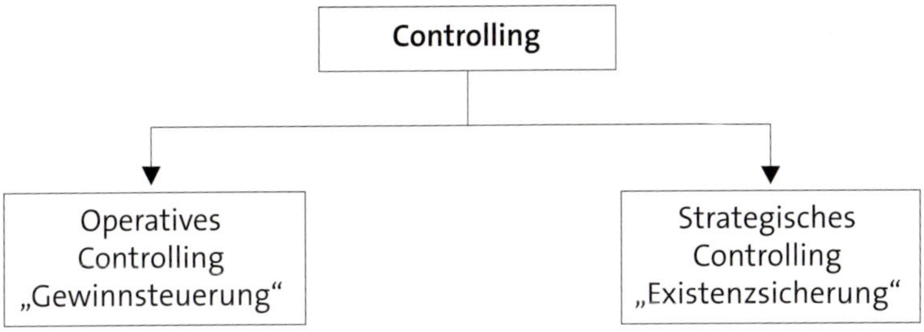

Operatives Controlling

Das **operative** Controlling dient der **aktuellen Gewinnsteuerung.** Dazu stehen dem Controlling zum einen verschiedene Verfahren und Systeme im Rahmen der **Kostenrechnung** zur Verfügung, die wir im vorhergehenden Abschnitt bereits genauer kennen gelernt haben. Typische Instrumente des operativen Controllings sind hierbei etwa die Deckungsbeitragsrechnung, die Break-Even-Analyse etc. Der Planungshorizont des operativen Controllings ist somit **kurzfristig.** Wichtiger Bestandteil des operativen Controllings ist zum anderen die **operative Planung.** Dieser haben wir uns schon im Kapitel zur Unternehmensplanung ausführlich gewidmet. Exemplarisch sind hierzu als operative Controlling-Instrumente die Bestellmengen-Optimierung, die Losgrößen-Optimierung, Auftragsgrößen- und Verkaufsgebiets-Analysen, Investitionsrechenverfahren usw. zu nennen.

Strategisches Controlling

Beim **strategischen** Controlling geht es um das systematische Erkennen **zukünftiger Chancen und Risiken.** Der Betrachtungszeitraum ist langfristig. So wird in der Regel von fünf oder mehr Jahren ausgegangen. Ziel des strategischen Controllings ist die **langfristige Existenzsicherung** des Unternehmens. Wichtiger Bestandteil des strategischen Controllings ist die **strategische Planung,** mit der wir uns gleich noch genauer auseinandersetzen wollen.

Unter strategischer Planung versteht man die langfristige Ausrichtung des Unternehmens. Wichtig ist hierfür der Entwurf von Strategien, d. h. das Festlegen von „Marschrouten“, wohin sich das Unternehmen in der

Zukunft bewegen soll. Diese Planung ist grundsätzlicher Natur, man verliert sich also nicht in Einzelheiten.

BEISPIEL

Vermutlich hat kein anderes deutsches Unternehmen jemals einen so deutlichen Wandel vollzogen wie die TUI AG, die aus der ehemaligen Preussag AG hervorgegangen ist. In einem mehrjährigen Prozess hat sich der Konzern von einem Industriekonglomerat zu einem Dienstleistungsunternehmen entwickelt, genauer zu einem führenden Touristikkonzern in Europa.

Bereits Mitte der 90er Jahre hatte das Management der Preussag AG die Entscheidung getroffen, in den Wachstumsmarkt Dienstleistung mit dem Kerngeschäft Touristik einzusteigen. Es begann eine Welle von Umstrukturierungen, Investitionen und Desinvestitionen. 1997 wurde Hapag-Lloyd erworben, einer der führenden deutschen Touristikanbieter, später die vollständige Beteiligung an der TUI Deutschland als Veranstalter, dann die FIRST Reisebürokette, 2000 die britische Thomson Travel Group, schließlich der französische Reisekonzern Nouvelles Frontières. Zahlreiche weitere internationale Engagements folgten.

Von den industriellen Beteiligungen, die 1997 noch ca. 93 % des Gesamtumsatzes ausmachten, trennte sich der Konzern Schritt für Schritt; zuletzt im Mai 2006 von seinen US-Stahlservice-Aktivitäten. So machte der Umsatz außerhalb der Sparten Touristik und Schifffahrt nur noch 2,76 % aus. 2007 erfolgte ein Zusammenschluss mit der britischen First Choice Travel PLC zur TUI Travel PLC. 2009 begann man damit, das in der Container-Schifffahrt gebundene finanzielle Engagement mittelfristig zurück zu führen (Ende 2014 hielt die TUI AG nur noch 13,9 % an Hapag-LLoyd). Als TUI Group erwirtschaftete der Touristikkonzern mit weltweit ca. 67.000 Mitarbeitern 2016 über 17 Milliarden Euro Umsatz.
(Quelle: www.tui-group.com/de-de/ueber-uns/geschichte)

Ausgangspunkt aller strategischen Überlegungen ist eine Bestandsaufnahme, also die Analyse der Ist-Position der Unternehmung. So muss beispielsweise untersucht werden:

- Die Struktur der Absatzmärkte (Bedürfnisse der Kunden, mögliche Zielgruppen, technische und modische Trends),
- die Struktur der Beschaffungsmärkte (mögliche Zulieferer),
- die Struktur der Konkurrenz (deren Anzahl, deren Spezialisierung, deren Verhalten),

- die Situation des Unternehmens auf dem Markt (Größe, eigene Stärken und Schwächen),
- die rechtliche, soziale, wirtschaftliche und politische Umwelt.

Die Unternehmensleitung muss sich somit zunächst über die eigene Position des Unternehmens auf dem Markt klar werden, insbesondere die eigenen Stärken und Schwächen feststellen. Erst dann ist eine Planung über die zukünftige Entwicklung des Unternehmens möglich.

Basis aller Überlegungen ist im langfristigen wie auch im kurzfristigen Zeithorizont das Erreichen der Unternehmensziele.

MERKE

Beim Controlling unterscheidet man je nach dem Zeithorizont der Betrachtung ein strategisches und ein operatives Controlling; beide sind auf ein Erreichen der Unternehmensziele gerichtet.

TIPP

Tipp für die Praxis

Die Auswirkungen einmal getroffener Entscheidungen im strategischen Bereich gehen aufgrund der Langfristigkeit regelmäßig über eine Amtszeit des Betriebsrats hinaus. Unter Umständen können sich erhebliche Folgen für die Mitarbeiter im Unternehmen ergeben.

Wirtschaftsausschuss-Mitglieder sollten dementsprechend sehr sensibel sein, wenn in den Sitzungen über bevorstehende strategische Entscheidungen gesprochen wird, und sie sollten sich bewusst für Strategiepapiere interessieren. In dieser frühen Phase können die Arbeitnehmerinteressen noch aktiv vertreten werden, da die Entscheidungen selbst noch nicht gefallen sind. Ein Wirtschaftsausschuss ist bereits in der Planungsphase zu informieren, damit er sich mit dem Unternehmer rechtzeitig beraten kann.

Das Gesetz sagt hierzu in § 106 Abs. 2 BetrVG: „Der Unternehmer hat den Wirtschaftsausschuss rechtzeitig und umfassend über wirtschaftliche Angelegenheiten zu unterrichten (...), sowie die sich daraus ergebenden Auswirkungen auf die Personalplanung darzustellen.“ (Siehe hierzu auch Kapitel 7.)

6.4.3 Instrumente des strategischen Controllings

Ermittlung der zukünftigen Position

Instrumente des strategischen Controllings dienen der Unternehmensleitung dazu, die in der Zukunft gewünschte Position für das Unternehmen festzulegen. Sie sollen das Management bei der Entscheidungsfindung unterstützen.

A) Das Erfahrungskurven-Konzept

Größenvorteil durch höheren Marktanteil

Rufen wir uns vorab die Unternehmensziele in Erinnerung (Kapitel 2): Wir haben dort Wachstum als ein mögliches Ziel festgehalten. Dieses drückt sich unter anderem in einem Streben nach einer Vergrößerung des Marktanteils aus. Als Grund wird insbesondere angegeben, dass dadurch Größenvorteile genutzt werden können. Tatsächlich eröffnen sich mit steigenden Produktionsmengen Möglichkeiten einer Kostensenkung, etwa in den Bereichen Beschaffung, Produktion, Absatz, Organisation sowie Forschung und Entwicklung.

In der Praxis ließ sich hierzu ein Effekt erkennen, der im Rahmen des Erfahrungskurven-Konzeptes in der folgenden Aussage festgehalten wird:

Kostenvorteil bei höherer Ausbringungsmenge

Mit jeder Verdoppelung der kumulierten Ausbringungsmenge gehen die gesamten direkt oder indirekt zurechenbaren Kosten eines neuen Produktes potenziell um durchschnittlich 20 bis 30 % zurück.

Das bedeutet: Wenn die Produktionsmenge verdoppelt werden kann, können die Stückkosten aus verschiedenen Gründen um 20 bis 30 % fallen.

Die Gründe sind z. B.:

- Die fixen Kosten (also diejenigen, die unabhängig von der produzierten Menge anfallen) lassen sich auf eine größere Zahl von Produkten verteilen, sinken also pro Stück.
- Die notwendige Arbeitszeit nimmt bei sich ständig wiederholenden Vorgängen ab.
- Der technische Fortschritt bewirkt eine mögliche Senkung von Personalkosten durch einen vermehrten Einsatz von Maschinen.
- Verschiedene Rationalisierungsmaßnahmen können darüber hinaus zu geringeren Kosten führen.

Ein Unternehmen, das die Vorteile des Erfahrungskurven-Effektes nutzen möchte, muss also die Produktionsmengen steigern und versuchen, die eigenen Marktanteile zu erhöhen. Oder anders herum ausgedrückt: Bei höheren Marktanteilen stehen der Unternehmung größere Kostensenkungspotenziale zur Verfügung.

Freilich tritt die Kostensenkung nicht zwangläufig mit der Gewinnung höherer Marktanteile ein. Vielmehr müssen die entsprechenden Potenziale erst aufgedeckt und realisiert werden. Auch hierin besteht eine Herausforderung für das Controlling.

Preissenkung, Gewinnsteigerung

Realisierte Kostenvorteile können einerseits in Form von Preissenkungen an die Kunden weitergegeben werden, wobei die Preissenkungen wiederum zu einer Erhöhung des Marktanteils führen können. Andererseits erhöhen die Kostensenkungen den Gewinn, der sich aus den erzielten Erlösen abzüglich entstandener Kosten errechnet.

TIPP

Tipp für die Praxis

Könnte der Erfahrungskurven-Effekt für Ihr Unternehmen von Bedeutung sein? Gibt es Auswirkungen auf die Arbeitsplätze?

Für die Arbeitnehmer kann der Erfahrungskurven-Effekt zum einen zu Arbeitsplatzverlusten führen, wenn Unternehmen versuchen, Kostenvorteile im Personalbereich zu realisieren. Zum anderen können höhere Fertigungsmengen aber ebenso gut weitere Arbeitsplätze mit sich bringen.

B) Das Konzept des Produkt-Lebenszyklus

Lebenszyklus von Produkten

Hinter dem Modell des Produkt-Lebenszyklus steht die Vorstellung, dass ein Produkt im Laufe der Zeit verschiedene Entwicklungsphasen durchläuft. Den Lebenszyklus von Produkten kann man in einer Abbildung veranschaulichen: Auf der x-Achse wird die Zeit, auf der y-Achse der mit dem Produkt erzielte Umsatz eingetragen.

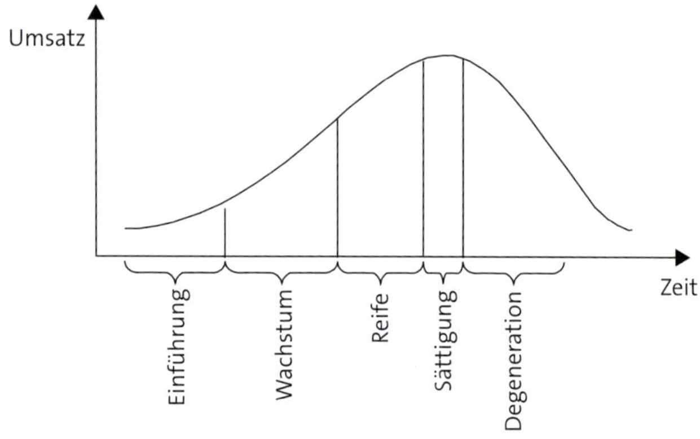

Abbildung: Lebenszyklus von Produkten

Einführungsphase

Einführung im Markt

Die Einführungsphase kennzeichnet eine Phase, in der das Produkt das erste Mal auf den Markt gebracht wird. Die Umsätze sind wegen des mangelnden Bekanntheitsgrades des Produktes noch gering. Die Konsumenten sind noch nicht bereit, das neue, unbekannte Produkt zu kaufen und verhalten sich abwartend. Die abwartende Haltung ist auch darin begründet, dass diese Produkte in der Regel noch „Kinderkrankheiten" aufweisen. In dieser Phase ist ein hoher Werbeaufwand erforderlich, um das Produkt bekannt zu machen.

Wachstumsphase

Wachsende Absatzmengen

Das Produkt beginnt, sich wegen eines immer höher werdenden Bekanntheitsgrades am Markt durchzusetzen. Die Absatzmengen steigen jetzt stark an. Nach und nach treten Konkurrenten auf, die das Produkt imitieren. Oftmals gelingt es den Mitbewerbern, das Produkt wesentlich günstiger anzubieten, da sie keine Forschungs- und Entwicklungskosten über den Verkaufspreis decken müssen.

Reifephase

Abnehmende Zuwachsraten

Die Reifephase ist dadurch gekennzeichnet, dass die Absatzmengen zwar absolut gesehen noch ansteigen, aber die Zuwachsraten immer kleiner werden. Lagen die Umsatzsteigerungen in der Wachstumsphase beispielsweise noch bei 8 %, betragen sie in der Reifephase nur noch 2 % oder 3 %. Die sinkenden Zuwachsraten sind die Folge einer immer stärker werdenden Konkurrenz. Durch den zunehmenden Wettbewerb kommt es zu einem Kampf um die Marktanteile.

Sättigungsphase

Marktsättigung

In der Sättigungsphase, zuweilen auch als Sättigungspunkt dargestellt, ist das maximale Absatzvolumen erreicht. Der Markt ist in dieser Phase gesättigt, was bedeutet, dass keine zusätzlichen Wachstumsraten mehr erreicht werden können.

Degenerationsphase

Rückläufige Umsätze

Die Degenerationsphase ist durch rückläufige Umsätze gekennzeichnet. Dies mag darin begründet sein, dass durch den technischen Fortschritt eine Veralterung des Produkts eingetreten ist. Ein Beispiel hierfür ist der Ersatz von Schultafeln durch digitale Whiteboards. Aufgrund des gesättigten Marktes werden oftmals die Preise gesenkt. Ziel ist es, den Marktanteil zu halten oder vorhandene Restbestände abzusetzen. Die Preissenkung einzelner Unternehmen kann allerdings einen ruinösen Preiskampf auslösen. Das Unternehmen muss in dieser Phase die Entscheidung treffen, ob das Produkt vom Markt genommen wird. Durch die niedrigen Preise kann eine Kostendeckung möglicherweise nicht mehr erreicht werden.

Entstehungsphase vor der Markteinführung

In Erweiterung der oben vorgestellten Abbildung kann vor der „Lebensphase" des Produktes zusätzlich eine „Entstehungsphase" berücksichtigt werden, von der Ideengewinnung über die Konkretisierung, die Entwicklung- und die Testphase. Aufgrund anfänglich hoher Kosten für Investitionen ergeben sich dann vor und noch während der oben abgebildeten Einführungsphase zunächst Verluste, während mit der Zeit der Umsatz zunimmt und die Stückkosten sinken, so dass allmählich Gewinne verbleiben.

Für Unternehmen ist es wichtig festzustellen, in welcher Phase des Lebenszyklus sich ihre Produkte jeweils befinden. So lassen sich Hinweise ableiten, inwieweit Weiterentwicklungen bewährter Produkte oder Neuentwicklungen weiterer Produkte notwendig werden:

Ist ein Produkt in der Reifephase angelangt, müssen bereits Forschungs- und Entwicklungsmaßnahmen getroffen sein, damit das Produkt so verändert werden kann, dass vor der Sättigungsphase noch einmal eine erneute Wachstumsphase möglich ist (in der Fachsprache heißt dies „relaunch"; die Kurve, die bereits nach unten zeigen wollte, nimmt noch einmal einen Aufschwung). Oder es muss ein gänzlich neues Produkt in den Markt eingeführt werden.

TIPP

Tipp für die Praxis

Hat ein Unternehmen zu viele Produkte, die im Lebenszyklus weit fortgeschritten sind und in absehbarer Zeit in einem Zug vom Markt genommen werden müssen, gefährdet das die langfristige Sicherheit: Mit der Einstellung der Produktion geht regelmäßig der Verlust von Arbeitsplätzen einher. Somit sollten sich auch Wirtschaftsausschuss-Mitglieder damit auseinandersetzen, in welchem Lebenszyklus sich die Produkte des eigenen Unternehmens befinden, um hieraus Schlüsse für Arbeitsplatzgefährdungen ziehen zu können.

C) Portfolio-Analyse

Geschäftsfelder definieren und aussortieren

Ziel der Portfolio-Analyse ist es, die Aktivitäten des Unternehmens auf solche Geschäftsfelder zu lenken, in denen die Marktaussichten günstig erscheinen und die Unternehmung Wettbewerbsvorteile nutzen kann.

Geschäftsfeld als Produkt-Markt-Kombination

In dieser Definition begegnet uns der Begriff des Geschäftsfeldes. Diesen wollen wir also genauer erklären: Ein Geschäftsfeld ist eine Produkt-Markt-Kombination. Es sagt aus, mit welchem Produkt ein Unternehmen auf welchem Markt vertreten ist. Die Frage nach dem Produkt lautet: Worum handelt es sich? Der Markt wird umschrieben durch eine Zielgruppe mit bestimmten Anforderungen.

BEISPIEL

Bei „Oil of Olaz" handelt es sich um eine Gesichtscreme. Sie ist für Frauen in reiferem Alter geeignet, die bestimmte Anforderungen an eine Gesichtscreme stellen.

Ein Porsche Carrera ist ein Sportwagen. Er wird bevorzugt von Männern mit hohem Einkommen gekauft, denen er ein Gefühl von Sportlichkeit verleiht.

Die Produkt-Markt-Kombinationen müssen die Unternehmen für ihre gesamte Produktpalette finden und definieren. Als Ergebnis ist der gesamte Absatzmarkt des Unternehmens in Geschäftsfelder eingeteilt.

Für jedes dieser Geschäftsfelder ist es dem Unternehmen nun möglich, eigene Strategien zu entwerfen. Ziel ist es, solche Geschäftsfelder weiterzuentwickeln, die eine bestmögliche Erreichung der Unternehmensziele ermöglichen. Aus Geschäftsfeldern mit schlechten Zukunftserwartungen werden sich die Unternehmen in absehbarer Zeit zurückziehen.

Portfolio-Matrix

Zur besseren Übersicht werden alle Geschäftsfelder des Unternehmens in eine Matrix eingetragen, die auch Portfolio-Matrix heißt. Diese Matrix ist durch zwei Dimensionen gekennzeichnet, die gleichzeitig wichtige Einflussfaktoren für zukünftige Erfolge darstellen:

So wird auf der waagerechten Achse der **Marktanteil** eingetragen. Das ist der Anteil, den das eigene Produkt an den insgesamt auf dem jeweiligen Markt verkauften derartigen Produkten ausmacht.

Auf der senkrechten Achse wird das geschätzte **Marktwachstum** eingetragen. Damit sind die Zukunftsaussichten dieses Geschäftsfeldes gemeint. Handelt es sich um ein erfolgversprechendes Geschäftsfeld, wie beispielsweise auf dem Gebiet der Telekommunikation, der Nanotechnologie oder der Biomedizin, oder ist es ein schrumpfendes Geschäftsfeld, wie beispielsweise der Bergbau?

Die Portfolio-Matrix könnte beispielsweise folgendes Aussehen haben:

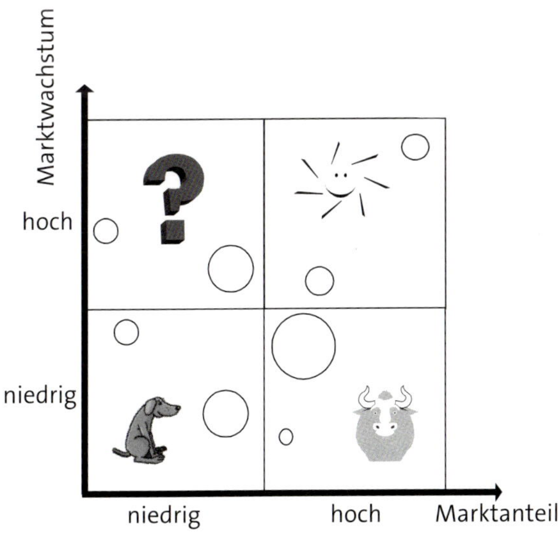

Abbildung: Portfolio-Matrix mit positionierten Geschäftsfeldern

In dieser Matrix werden nun die Geschäftsfelder des Unternehmens positioniert. Ein Geschäftsfeld wird durch einen Kreis dargestellt. Die jeweilige Größe des Kreises gibt die Bedeutung des Geschäftsfeldes für das Unternehmen wieder.

Je nachdem, ob der eigene Marktanteil und das vermutete Marktwachstum hoch oder niedrig eingeschätzt werden, erhält man in der Matrix vier Felder. Hat das Unternehmen seine Geschäftsfelder in das Portfolio eingeordnet, gilt es nun, Strategien für die Zukunft zu entwerfen:

Feld I: Cash Cows (Milchkühe)

Marktanteil hoch, Marktwachstum niedrig

Diesem Quadranten sind Geschäftsfelder zuzuordnen, bei denen das Unternehmen einen hohen Marktanteil hat, aber deren weitere Wachstumsaussichten gering sind. Es handelt sich um erfolgreiche Produkte, die jedoch nicht zukunftsträchtig sind. Sie haben einen großen Anteil am Erfolg des Unternehmens und sind eine wichtige Grundlage für die Weiterentwicklung neuer Geschäftsfelder. Die Überschüsse, die in diesen Geschäftsfeldern erzielt werden, können in neue, zukunftsträchtige Produkte investiert werden. Die Produkte werden „gemolken", ohne dass hohe Investitionen getätigt werden.

BEISPIEL

Ein Beispiel ist der VW Golf, der den VW Käfer als meistverkauftes Auto abgelöst hat und mit dem VW lange Zeit hohe Gewinne erzielte.

TIPP

Tipp für die Praxis

Für die Arbeitnehmer bedeuten solche Produkte eine gute Beschäftigungslage in der Gegenwart. Aber Vorsicht: Gelingt es dem Unternehmen nicht, neue Produkte für die Zukunft zu entwickeln, drohen Arbeitsplatzverluste.

Feld II: Stars (Sterne)

Marktanteil hoch, Marktwachstum hoch

Sind Geschäftsfelder in diesem Quadranten angesiedelt, handelt es sich um besonders erfolgreiche Produkte. Das Unternehmen hat bereits einen hohen Marktanteil in einem Produktbereich und verfügt zudem über günstige Wachstumsaussichten. Überschüsse, die in diesem Bereich erzielt werden, sollten zur weiteren Entwicklung des Produktes erneut investiert werden, damit das Wachstum gesichert wird.

BEISPIEL

Smartphones sorgen durch ihre ständige technische Weiterentwicklung für einen weltweit weiterhin steigenden Absatz.

TIPP

Tipp für die Praxis

Für die Arbeitnehmer und den Betriebsrat sind dies ebenfalls die vorteilhaftesten Produkte: Die Arbeitsplätze sind sicher, und durch den steigenden Absatz der Produkte sind sogar Neueinstellungen möglich.

Feld III: Question Marks (Fragezeichen)

Marktanteil niedrig, Marktwachstum hoch

In diesen Quadranten werden Geschäftsfelder mit zukunftsträchtigen Produkten eingeordnet, bei denen jedoch der Marktanteil des Unternehmens gering ist. Diese Produkte heißen Fragezeichen, weil die weitere Entwicklung noch offen ist. Das Wachstumspotenzial ist zwar groß, der Marktanteil ist aber zu gering, um diese Produkte gleich zu Stars zu machen.

Für solche Geschäftsfelder kann die Unternehmung zwischen einer Offensiv- und einer Defensivstrategie wählen. Eine Offensivstrategie hat das Ziel, den Marktanteil zu steigern und diese Geschäftsfelder doch noch zu Stars zu machen. Dazu sind zunächst Investitionen erforderlich, beispielsweise intensive Werbung für das Produkt und Schulung der Mitarbeiter. Sieht das Unternehmen keine Möglichkeit, den Marktanteil zu steigern, wird es eine Defensivstrategie verfolgen und sich aus dem Geschäftsfeld zurückziehen.

TIPP

Tipp für die Praxis

Je nachdem, welche Strategie gewählt wird, hat das positive oder negative Auswirkungen auf die Beschäftigungssituation des Unternehmens. Hier könnte der Betriebsrat – insbesondere über seine Interessenvertreter im Wirtschaftsausschuss – versuchen, die Unternehmensleitung von einer Offensivstrategie zu überzeugen, indem man sich auf die eigenen Stärken besinnt. Falls eine Offensivstrategie aussichtslos erscheint, bleibt nur ein Abfedern des notwendigen Rückzugs durch entsprechende Maßnahmen (Umsetzung, Sozialplan), dies aber dann zumindest rechtzeitig und sehenden Auges.

Feld IV: Dogs (arme Hunde)

Marktanteil niedrig, Marktwachstum niedrig

Produkte, die diesem Quadranten zuzuordnen sind, sind Problemprodukte. Der Markt wächst nur geringfügig oder schrumpft sogar. Die Produkte leisten keinen positiven Beitrag zum Gesamtergebnis. Zudem hat das Unternehmen nur einen geringen Marktanteil, also eine schlechte Wettbewerbsposition. Aus solchen Geschäftsfeldern werden sich die Unternehmen zurückziehen.

BEISPIEL

Der DaimlerChrysler-Konzern musste die Firma Fokker aufgeben. Fokker stellte kleinere Flugzeuge her, deren Verkauf aber nur sehr unbefriedigend verlief und schließlich eingestellt wurde. Microsoft nahm das Betriebssystem Windows Vista vom Markt, um nach 10 Jahren Support die vorhandenen Ressourcen in moderne Technologien zu investieren.

TIPP

Tipp für die Praxis

Wenn derartige Produkte aufgegeben werden, ist dies regelmäßig mit Arbeitsplatzverlusten verbunden. Es ist aber oft besser, die Herstellung aufzugeben, bevor ein verlustbringender Verkauf negativ auf das Gesamtergebnis des Unternehmens wirkt und damit weitere Arbeitsplätze gefährdet.

D) Balanced Scorecard

Das Konzept der Balanced Scorecard (zu Deutsch etwa „ausgewogene Punktekarte“ oder „ausgewogenes Berichtssystem“) geht auf die beiden US-Amerikaner Kaplan und Norton zurück. Sie kritisierten das herkömmliche Kennzahlensystem aus rein finanz- und ergebnisorientierten Größen als vergangenheitsorientiert. Eine ganzheitlichere Betrachtung des Unternehmens sollte es ermöglichen, Visionen und Strategien in Kennzahlen zu übersetzen. Die Realisierung erfolgt mittels sog. Aktionen, deren Erfolg wiederum an den entsprechenden Kennzahlen gemessen wird. Die finanzwirtschaftliche Perspektive ist um nicht-monetäre Elemente (z.B. Kennzahl „Anzahl erworbene Neu-Kunden“) zu erweitern; sie sind in die Ergebnisbeurteilung einzubeziehen. Vier Analysebereiche werden unterschieden:

Finanzwirtschaftliche Perspektive

Sie soll Informationen liefern, ob die Unternehmensstrategie zu einer Ergebnisverbesserung bei finanzwirtschaftlichen Kennzahlen führt (z.B. Rentabilität).

Ergebnisverbesserung

Kundenperspektive

Im Rahmen der Kundenperspektive sind sowohl segmentübergreifende als auch segmentspezifische Kennzahlen zu betrachten: Marktanteile, Kundenzufriedenheit, Kundenbindung, Lieferpünktlichkeit, Innovationsfähigkeit etc.

Kundenorientierung

Interne Prozessperspektive

Sie beschäftigt sich mit der Frage, wie die internen Abläufe zu gestalten sind, damit die Wünsche der Kunden und der Kapitalanleger erfüllt werden. Um Innovationsprozesse integrieren zu können, ist es erforderlich, die gesamte Wertschöpfungskette zu analysieren.

Interne Prozesse

Lern- und Entwicklungsperspektive

Die vierte Perspektive entfaltet wegen ihrer Langzeitwirkung eine besondere Bedeutung: Mitarbeiterzufriedenheit, Mitarbeitertreue und -produktivität (sog. Spätindikatoren) sowie die Fort- und Weiterbildung, die Mitarbeitermotivation und die Leistungsfähigkeit der Informationssysteme (Frühindikatoren) charakterisieren die Infrastruktur, die erforderlich ist, um langfristiges Wachstum und Verbesserungen sicherzustellen.

Lernen und Entwicklung, Infrastruktur des Unternehmens

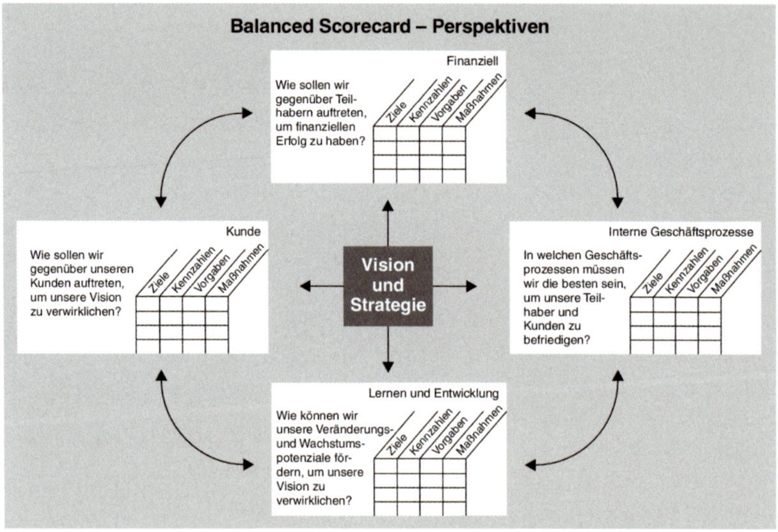

Quelle: https://wirtschaftslexikon.gabler.de/definition/balanced-scorecard-28000

MERKE

Das Erfahrungskurven-Konzept, die Lebenszyklus-Analyse, die Portfolio-Analyse und Balanced Scorecard sind Instrumente des strategischen Controllings. Auf ihrer Basis kann die Unternehmensleitung aus vorhandenen Erfahrungswerten und mit Hilfe verschiedener Darstellungsmethoden die voraussichtliche Position des Unternehmens in der Zukunft analysieren und eine gewünschte Position aufzeigen und ansteuern.

7 Wirtschaftliche Angelegenheiten und Wirtschaftsausschuss

Es ist Zeit für ein paar genauere Details: Was genau ist eigentlich ein Wirtschaftsausschuss? Wofür braucht man ihn? Ist er zuständig für das Sammeln und Auswerten von Daten? Handelt es sich um ein Berichtsorgan für den Betriebsrat? Kann der Wirtschaftsausschuss (WA) Empfehlungen aussprechen? Was sind überhaupt „wirtschaftliche Angelegenheiten"? Weshalb sollten sich Arbeitnehmervertreter hiermit befassen?

Um die Rolle und die Bedeutung eines Wirtschaftsausschusses zu verstehen, werden wir uns zunächst mit der Situation befassen, in der sich Mitarbeiter von Unternehmen *ohne Wirtschaftsausschuss* befinden, um dann die Vorteilhaftigkeit eines funktionierenden Wirtschaftsausschusses zu erläutern.

Erst wenn die Mitglieder eines Wirtschaftsausschusses ihre Rechte und Möglichkeiten kennen und auch wahrnehmen, kann der Wirtschaftsausschuss – statt nur Hörorgan des Betriebsrats zu sein – als ernstzunehmendes und handlungsfähiges Gremium gegenüber dem Management auftreten.

7.1 Situation ohne Wirtschaftsausschuss

7.1.1 Beteiligungsrechte des Betriebsrats

Dem Betriebsrat stehen Beteiligungsrechte zu

- in sozialen Angelegenheiten (§§ 87–89 BetrVG),
- bei der Gestaltung von Arbeitsplätzen (§§ 90, 91 BetrVG),
- in personellen Angelegenheiten (§§ 92–105 BetrVG).

Unterrichtungsrechte und Mitbestimmungsrechte

Diese Rechte sind dazu da, die Interessen der Mitarbeiter in den Belangen zu vertreten, wo sie ansonsten Nachteilen ausgesetzt sein könnten. Sie sollen also einen Ausgleich schaffen. Es handelt sich dabei zum einen um Unterrichtungsrechte, zum anderen um Mitbestimmungsrechte bei bestimmten Verfahren, die Unternehmer bei der Umsetzung geplanter Vorhaben einhalten müssen. Gegebenenfalls kann der Betriebsrat hier sogar eine verweigerte Zustimmung des Arbeitgebers durch die betriebliche Einigungsstelle ersetzen lassen.

Auswirkung wirtschaftlicher Angelegenheiten

Allerdings muss man eingestehen: Tatsächlich geht es hier *nicht um eine Beteiligung an unternehmerischen Entscheidungen*, sondern eher um eine Beteiligung des Betriebsrats auf dem Weg der Umsetzung. Die eigentliche Entscheidung ist schon früher gefallen. Das BetrVG kennt also *kein Beteiligungsrecht des Betriebsrats in wirtschaftlichen Angelegenheiten*.

Beteiligung des BR bei Betriebsänderung

Es gab bisher nur eine einzige Ausnahme: die Betriebsänderung (§ 111 ff. BetrVG). In diesem Fall (Voraussetzung: in der Regel mehr als 20 wahlberechtigte Arbeitnehmer) sieht das BetrVG eine Beteiligung des Betriebsrats in wirtschaftlichen Angelegenheiten ausdrücklich vor („... hat der Unternehmer den Betriebsrat (...) zu unterrichten und die geplanten Betriebsänderungen mit dem Betriebsrat zu beraten."). Erreicht werden soll damit ein Interessenausgleich zwischen Unternehmer und Arbeitnehmern, sofern die Betriebsänderung „wesentliche Nachteile für die Belegschaft oder erhebliche Teile der Belegschaft zur Folge haben können". Das Beteiligungsrecht dient also dem Schutz der Belegschaft (etwa durch Aufstellung eines Sozialplans).

Ausnahme: Beteiligung des BR bei Übernahme des Unternehmens

Neu geschaffen wurde § 109a BetrVG zur „Unternehmensübernahme": In Unternehmen, in denen kein Wirtschaftsausschuss besteht, ist bei einer Übernahme des Unternehmens, wenn hiermit der Erwerb der Kontrolle verbunden ist, der Betriebsrat zu beteiligen. Er ist hierzu rechtzeitig und umfassend zu informieren, unter Vorlage der erforderlichen Unterlagen, um sich mit dem Unternehmer noch beraten zu können. Zu den vorzulegenden erforderlichen Unterlagen gehört gem. dem ebenfalls neuen § 106 Abs. 2 Satz 2 BetrVG „die Angabe über den potentiellen Erwerber und dessen Absichten im Hinblick auf die künftige Geschäftstätigkeit des Unternehmens sowie die sich daraus ergebenden Auswirkungen auf die Arbeitnehmer". Bei Meinungsverschiedenheiten über die Auskunftspflicht des Unternehmers steht dem Betriebsrat mit dem (erzwingbaren) Einigungsstellenverfahren ein völlig neues Mittel zur Durchsetzung seines Auskunftsrechts zur Verfügung. Der Gesetzeswortlaut spricht im Falle der Unternehmensübernahme weder von einem Erfordernis drohender „wesentlicher Nachteile" noch von einer Mindestbetriebsgröße.

MERKE

Abgesehen von der Situation einer Betriebsänderung oder einer Unternehmensübernahme stehen dem Betriebsrat ohne Wirtschaftsausschuss keine Beteiligungsrechte in wirtschaftlichen Angelegenheiten zu.

Vorschläge des Betriebsrats zur Beschäftigungssicherung

Obwohl das BetrVG dem Betriebsrat bis hierher – von den genannten Ausnahmefällen abgesehen – keine Beteiligungsrechte in wirtschaftlichen Angelegenheiten zugestand, so bietet sich ihm doch über § 92a eine Möglichkeit, im Hinblick auf unternehmerische Entscheidungen *selbst aktiv zu werden* und dem Arbeitgeber Vorschläge zu unterbreiten, wie die Beschäftigung gesichert und gefördert werden kann:

§

§ 92a Beschäftigungssicherung

(1) Der Betriebsrat kann dem Arbeitgeber Vorschläge zur Sicherung und Förderung der Beschäftigung machen. Diese können insbesondere eine flexible Gestaltung der Arbeitszeit, die Förderung von Teilzeitarbeit und Altersteilzeit, neue Formen der Arbeitsorganisation, Änderungen der Arbeitsverfahren und Arbeitsabläufe, die Qualifizierung der Arbeitnehmer, Alternativen zur Ausgliederung von Arbeit oder ihrer Vergabe an andere Unternehmen sowie zum Produktions- und Investitionsprogramm zum Gegenstand haben.

(2) Der Arbeitgeber hat die Vorschläge mit dem Betriebsrat zu beraten. Hält der Arbeitgeber die Vorschläge des Betriebsrats für ungeeignet, hat er dies zu begründen; in Betrieben mit mehr als 100 Arbeitnehmern erfolgt die Begründung schriftlich. (...)

Das Gesetz enthält hier eine Aufforderung an den Betriebsrat, sich an der Entwicklung des Unternehmens zu beteiligen, indem er sich mittels eigener Ansätze bei der Erhaltung und Führung des Unternehmens einbringt. Auch wenn entsprechende Vorstöße des Betriebsrats nicht überall auf das Wohlwollen der Geschäftsführung stoßen, sein gemeinsamer betrieblicher Erfahrungsschatz befähigt ihn allemal zu eigenen Vorschlägen.

MERKE

§ 92a BetrVG eröffnet für den Betriebsrat die Möglichkeit, dem Arbeitgeber Vorschläge zur Sicherung und Förderung der Beschäftigung zu machen. Der Arbeitgeber hat die gesetzliche Pflicht, diese Vorschläge mit dem Betriebsrat zu beraten.

7.1.2 Beteiligungsrechte der Arbeitnehmer

Beteiligungsrechte der Arbeitnehmer

Wenn also der Betriebsrat nur im Ausnahmefall (im „Katastrophen-Fall" oder bei einer Betriebsänderung oder einer Unternehmensübernahme) in einer wirtschaftlichen Angelegenheit in die Planung einbezogen werden muss, sind dann die Arbeitnehmer vielleicht direkt und unmittelbar am unternehmerischen Entscheidungsprozess beteiligt?

Mitgliedschaft in Organen der Unternehmensverfassung

Ja, eine Beteiligung der Arbeitnehmer gibt es, und zwar in der sog. **Unternehmensverfassung:** Das Mitbestimmungsgesetz (MitbestG) sowie das Drittelbeteiligungsgesetz (DrittelbG) regeln, dass Arbeitnehmer über gewählte Vertreter im Aufsichtsrat an unternehmerischen Entscheidungen mitwirken (siehe im Kapitel Rechtsformen bei den Kapitalgesellschaften).

MERKE

Die Arbeitnehmer sind in Kapitalgesellschaften mit über 500 Arbeitnehmern nach dem Drittelbeteiligungsgesetz, bei über 2.000 Arbeitnehmern nach dem Mitbestimmungsgesetz über gewählte Vertreter im Aufsichtsrat an unternehmerischen Entscheidungen beteiligt.

7.1.3 Informationspflicht des Arbeitgebers

Anstelle der fehlenden wirtschaftlichen Mitbestimmung ist eine Informationspflicht des Unternehmers vorgesehen:

Information der Arbeitnehmer über wirtschaftliche Lage

Mindestens einmal pro Kalendervierteljahr sind die Arbeitnehmer (bei Unternehmen mit mehr als 20 Arbeitnehmern) über die wirtschaftliche Lage und Entwicklung zu informieren (§ 110 Abs. 1 und 2 BetrVG), entweder mündlich oder – bei über 1.000 Mitarbeitern – sogar schriftlich.

MERKE

Wichtig

Die Arbeitnehmer haben gesetzlich einmal pro Kalendervierteljahr Anspruch auf eine Unterrichtung über die wirtschaftliche Lage und Entwicklung.

7.2 Situation mit Wirtschaftsausschuss

7.2.1 Grundlagen für die Bildung eines Wirtschaftsausschusses

Unternehmen mit über 100 Mitarbeitern

In **Unternehmen** mit über 100 Mitarbeitern muss ein Wirtschaftsausschuss gebildet werden. Das Gesetz sieht eindeutig ein „Muss" vor. Wir finden den entsprechenden Wortlaut in § 106 Abs. 1 Satz 1 BetrVG: „In allen Unternehmen mit in der Regel mehr als einhundert ständig beschäftigten Arbeitnehmern **ist** ein Wirtschaftsausschuss zu bilden."

Wirtschaftsausschuss mit 3–7 Mitgliedern oder Ausschuss des BR

Nach § 107 Abs. 1 BetrVG besteht der Wirtschaftsausschuss mindestens aus drei, höchstens aus sieben Mitgliedern. Die Zahl zwischen drei und sieben kann beliebig gewählt werden. Mindestens ein Mitglied des Wirtschaftsausschusses muss gleichzeitig Betriebsratsmitglied sein. Alternativ zur Bildung eines Wirtschaftsausschusses ist bei über 200 Beschäftigten auch eine Übertragung der Aufgaben an einen Ausschuss des Betriebsrats möglich (§ 107 Abs. 3 Satz 1 und 6 BetrVG).

Pflicht des BR/GBR

Sofern das Unternehmen nur aus einem einzelnen Betrieb besteht, bestimmt der Betriebsrat den Wirtschaftsausschuss. Bei mehreren Betrieben bestimmt der **Gesamtbetriebsrat** (GBR) den Wirtschaftsausschuss für das Unternehmen als Ganzes: „Die Mitglieder des Wirtschaftsausschusses werden vom Betriebsrat für die Dauer seiner Amtszeit bestimmt. Besteht ein Gesamtbetriebsrat, so bestimmt dieser die Mitglieder des Wirtschaftsausschusses" (§ 107 Abs. 2 BetrVG).

Bildung des Wirtschaftsausschusses auf Unternehmensebene

Zur Unterscheidung von Unternehmen und Betrieb greifen wir noch einmal auf das erste Kapitel zurück: Unternehmen sind in den Mantel einer eigenen Rechtsform gekleidet (erkennbar am Firmennamen, insbesondere ist die Rechtsform auf dem Briefkopf bzw. in der Fußzeile des Geschäftspapiers ersichtlich); ein oder mehrere Betriebe können als Teileinheiten zu einem Unternehmen gehören wie die Glieder eines Leibes. Der Wirtschaftsausschuss ist auf **Unternehmensebene** zu bilden, nicht für einzelne Betriebe.

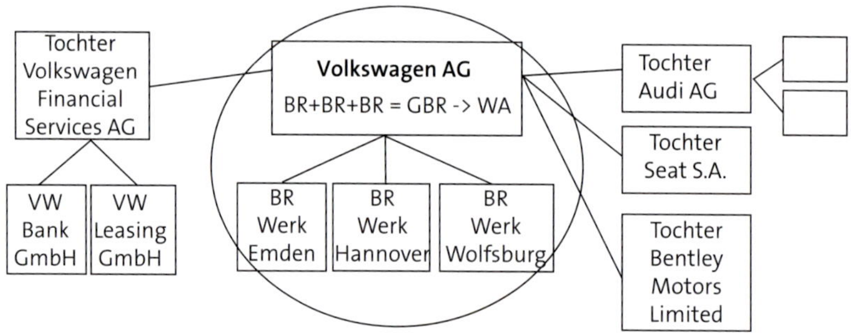

Abbildung: Bildung des WA auf Unternehmensebene

BEISPIEL

In obiger Abbildung wird – stark verkürzt – der Volkswagen-Konzern in wesentlichen Zügen erfasst. Das Unternehmen Volkswagen AG (die Gesellschaft, die AG) wird durch eine Lupe betrachtet bzw. durch einen Kreis erfasst. Zu ihm gehören verschiedene Werke = Betriebe. Für die Volkswagen AG **gibt es einen Gesamtbetriebsrat, er bestimmt den Wirtschaftsausschuss.** Gleiches gilt analog für die (Tochtergesellschaft) Audi AG samt ihren Werken in Ingolstadt und Neckarsulm, ebenso für die anderen deutschen Töchter (unabhängig von der Rechtsform) und wiederum für deren Töchter (z.B. VW Bank GmbH). Ein Konzern-Wirtschaftsausschuss (also für das ganze obige Gebilde) ist nach dem Gesetz nicht vorgesehen.

MERKE

Ein Wirtschaftsausschuss muss in Unternehmen mit mehr als 100 Mitarbeitern errichtet werden. Er ist auf Unternehmensebene einzurichten, nicht für jeden Betrieb; über einen Konzern-Wirtschaftsausschuss gibt es keine gesetzliche Regelung.

Hilfsorgan des BR

Nachdem der Betriebsrat bzw. der Gesamtbetriebsrat den Wirtschaftsausschuss bildet, handelt es sich bei diesem nicht um ein eigenständiges Organ, sondern nur um ein **Hilfsorgan** des Betriebsrats.

BEISPIEL

Der Wirtschaftsausschuss ist quasi ein unmündiges Kind. Wir vergleichen ihn gerne mit Wickie, dem Wikinger-Jungen, aus der gleichnamigen Fernsehserie: Der kleine Junge überzeugt durch sein umfassendes Wissen und seine ausgeprägte Intelligenz. Obwohl er **von seinen Eltern abhängig** ist, ist er doch ein großer Held, weil er statt mit Muskelkraft und lautstarkem Auftreten mit Geistesblitzen Lösungen für scheinbar ausweglose Situationen findet.

Der Wirtschaftsausschuss nimmt nicht selbst Mitbestimmungsrechte wahr, er muss vielmehr dem Betriebsrat unverzüglich nach jeder Sitzung Bericht erstatten.

7.2.2 Aufgabe des Wirtschaftsausschusses

Aufgaben des WA

Die Aufgabe des Wirtschaftsausschusses wird im Gesetz in § 106 Abs. 1 Satz 2 BetrVG folgendermaßen erklärt: „Der Wirtschaftsausschuss hat die Aufgabe, wirtschaftliche Angelegenheiten mit dem Unternehmer zu beraten und den Betriebsrat zu unterrichten." Und hierzu noch genauer § 108 Abs. 4 BetrVG: „Der Wirtschaftsausschuss hat über jede Sitzung dem Betriebsrat unverzüglich und vollständig zu berichten." Sehen wir uns die genannten Tätigkeiten des „Beratens" und „Unterrichtens" genauer an:

A) Berichtsfunktion

Berichtsfunktion gegenüber dem BR

Die Berichtsfunktion, in § 106 an zweiter Stelle genannt, ist zwar die bekanntere, aber doch nur **ein** Teil der Aufgabe des Wirtschaftsausschusses.

BEISPIEL

Der Wirtschaftsausschuss begegnet dem Unternehmer wie ein Schwamm, der sich bei ihm mit Informationen zu wirtschaftlichen Angelegenheiten „vollsaugt", um anschließend beim Betriebsrat gleichsam wieder „ausgequetscht" zu werden.

B) Beratungsfunktion

Beratung wirtschaftlicher Angelegenheiten mit dem Unternehmer

Mindestens ebenso wichtig ist aber die vorneweg genannte Funktion des Wirtschaftsausschusses, „wirtschaftliche Angelegenheiten mit dem Unternehmer zu beraten". Diese Aufgabe läuft in der Praxis oft Gefahr, vernachlässigt zu werden.

BEISPIEL

Im Abschnitt über Controlling hatten wir bereits eine Parallele gezogen zwischen den Aufgaben des Controllers und denen des Wirtschaftsausschusses: Der Wirtschaftsausschuss informiert sich über wirtschaftliche Daten und gibt diese an den Betriebsrat weiter, er kontrolliert und diskutiert aber auch wirtschaftliche Angelegenheiten, indem er Abweichungen vom Plan erkennt, nach den Ursachen sucht und Gegenmaßnahmen vorschlägt. Auch wenn ihm nicht die unternehmerische Entscheidung obliegt: Expertenwissen und Beratungskompetenz verleihen dem „Flüsterer" eine subtile Macht.

Die Doppelfunktion des Wirtschaftsausschusses und seine Beziehungen zum Unternehmer und zum Betriebsrat können folgendermaßen dargestellt werden:

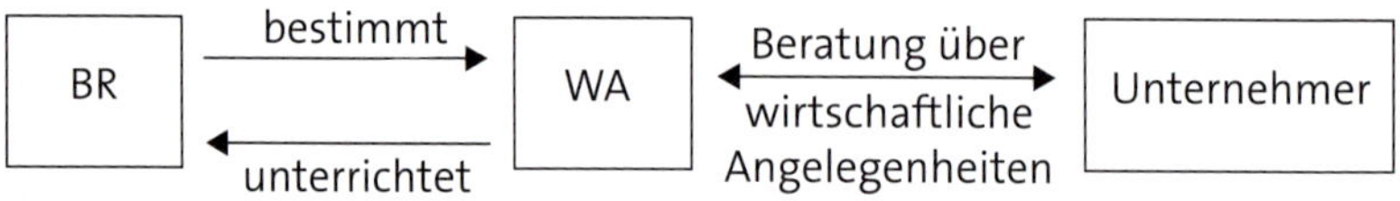

MERKE

Die Aufgabe des Wirtschaftsausschusses besteht darin, wirtschaftliche Angelegenheiten mit dem Unternehmer zu beraten und den Betriebsrat zu unterrichten.

TIPP

Tipp für die Praxis

Unternehmer und Wirtschaftsausschuss brauchen für ihre Tätigkeit jeweils die gleichen Informationen. Der Wirtschaftsausschuss ist daher dringend aufgerufen, Informationen über wirtschaftliche Angelegenheiten (und mögliche Auswirkungen auf die Beschäftigten) abzurufen und einzufordern. Der Gesetzestext gibt dem Unternehmer zwar eine Bringschuld (d.h., er muss die Informationen dem Betriebsrat „bringen"): Er „hat den Wirtschaftsausschuss rechtzeitig und umfassend über die wirtschaftlichen Angelegenheiten des Unternehmens unter Vorlage der erforderlichen Unterlagen zu unterrichten (...) sowie die (...) Auswirkungen auf die Personalplanung darzustellen" (§ 106 Abs. 2 BetrVG). In der Praxis wird der Unternehmer dieser Pflicht aber unter Umständen erst mit Druck nachkommen.

7.2.3 Wirtschaftliche Angelegenheiten

Worin bestehen nun eigentlich die „wirtschaftlichen Angelegenheiten", die mit dem Unternehmer zu beraten sind? Auskunft gibt das BetrVG in § 106 Abs. 3:

Wirtschaftliche Angelegenheiten nach dem BetrVG

§

§ 106 Abs. 3 BetrVG

Zu den wirtschaftlichen Angelegenheiten im Sinne dieser Vorschrift gehören insbesondere

1. die wirtschaftliche und finanzielle Lage des Unternehmens;
2. die Produktions- und Absatzlage;
3. das Produktions- und Investitionsprogramm;
4. Rationalisierungsvorhaben;
5. Fabrikations- und Arbeitsmethoden, insbesondere die Einführung neuer Arbeitsmethoden;

5a. Fragen des betrieblichen Umweltschutzes;

6. die Einschränkung oder Stilllegung von Betrieben oder von Betriebsteilen;
7. die Verlegung von Betrieben oder Betriebsteilen;
8. der Zusammenschluss oder die Spaltung von Unternehmen oder Betrieben;
9. die Änderung der Betriebsorganisation oder des Betriebszwecks,

9a. die Übernahme des Unternehmens, wenn hiermit der Erwerb der Kontrolle verbunden ist, sowie

10. sonstige Vorgänge und Vorhaben, welche die Interessen der Arbeitnehmer des Unternehmens wesentlich berühren können.

Die meisten Fragen, die ein Wirtschaftsausschuss an Hand der vorangehenden Kapitel und darüber hinaus aufwerfen kann, lassen sich in diese Aufzählung einordnen.

BEISPIEL

Fragen zur Veränderung der Umsatzzahlen (Preisänderung oder Mengenänderung) passen zu Nr. 2 (Absatzlage), Fragen nach dem Auftragsbestand ebenso. Die Kapazitätsauslastung, etwa drohender Abbau, Kurzarbeit fallen unter Nr. 3 (Produktions- und Investitionsprogramm). Im Zweifelsfall trifft Nr. 10 zu, wobei aber zu belegen ist, dass die Interessen der Arbeitnehmer wesentlich berührt sind (was bei einer Gefährdung von Arbeitsplätzen unstrittig der Fall sein wird).

7.2.4 Streitfälle

Wirtschaftsausschuss-Mitglieder bewegen in der Praxis oft ähnliche Fragestellungen zur Vorbereitung und zum Ablauf von Sitzungen. Deshalb sollen im Folgenden wesentliche Themen aufgegriffen werden, zu welchen häufig Unklarheiten bestehen. Insbesondere soll auch geklärt werden, wie bei Streitfällen bezüglich vorzulegender Unterlagen mit dem Unternehmer eine Einigung erreicht werden kann.

A) Kopieren von Unterlagen

Dürfen Unterlagen kopiert werden? Die Antwort lautet schlicht: Nein. § 108 Abs. 3 BetrVG erlaubt nur, „Einsicht zu nehmen". Notizen sind aber erlaubt, der Wirtschaftsausschuss soll ja dem Betriebsrat nach der Sitzung unverzüglich und vollständig (vgl. § 108 Abs. 4 BetrVG) berichten können.

Zulässigkeit von Einsicht und Notizen

B) Betriebs- und Geschäftsgeheimnisse

Kann der Unternehmer die Vorlage unter Hinweis auf „Betriebs- und Geschäftsgeheimnisse" (§ 106 Abs. 2 BetrVG: „soweit dadurch nicht die Betriebs- und Geschäftsgeheimnisse des Unternehmens gefährdet werden") ablehnen? Nein, die Mitglieder des Wirtschaftsausschusses unterliegen, wie die des Betriebsrats, der Schweigepflicht. Der Unternehmer müsste erst belegen, dass durch die Vorlage an gewisse Personen tatsächlich eine Gefährdung besteht.

Schweigepflicht

C) Rechtzeitigkeit der Vorlage

Die Vorlage der erforderlichen Unterlagen muss nach § 106 Abs. 2 BetrVG „rechtzeitig und umfassend" erfolgen, gibt es hierfür verbindliche Regeln? Nein, die Rechtsprechung vertritt die Auffassung, dass ein Papier je nach Komplexität ca. drei Tage bis eine Woche vor der Sitzung vorliegen sollte. Ein Jahresabschluss sollte vor der Sitzung einsehbar sein, Umsatzzahlen des Quartals, aktuelle Auftragszahlen, Mitarbeiterzahlen und Ähnliches können als Alltagsarbeit des Wirtschaftsausschusses betrachtet werden, daher reicht es üblicherweise, sie erst in der Sitzung vorzulegen.

Vorlage je nach Komplexität vor oder in der Sitzung

D) Beilegung von Streitigkeiten

Wie kann man Unterlagen über wirtschaftliche Angelegenheiten einfordern, wenn der Unternehmer die **Vorlage verweigert**? Zunächst ist nach obiger Liste zu prüfen, ob es sich tatsächlich um eine **wirtschaftliche** Angelegenheit handelt. Zudem muss die Unterlage **erforderlich** für die Tätigkeit des Wirtschaftsausschusses sein, es muss also ein Zusammenhang zwischen einem berechtigten Interesse des Wirtschaftsausschusses und dem geforderten Papier bestehen. Sodann muss es diese Unterlage bereits geben, denn der Wirtschaftsausschuss kann **keine neuen Erhebungen** einfordern. Und schließlich muss der **Betriebsrat sich mit dem**

Voraussetzung: wirtschaftliche Angelegenheit und Erforderlichkeit

Unternehmer im Streit um die Vorlage auseinandersetzen, nicht der Wirtschaftsausschuss. Gelingt es dem Betriebsrat nicht, den Unternehmer zur Vorlage zu bewegen, kann er die **Einigungsstelle** anrufen, deren Spruch bindend ist:

§

§ 109 Satz 1 BetrVG

Wird eine Auskunft über wirtschaftliche Angelegenheiten des Unternehmens im Sinn des § 106 entgegen dem Verlangen des Wirtschaftsausschusses nicht, nicht rechtzeitig oder nur ungenügend erteilt und kommt hierüber zwischen Unternehmer und Betriebsrat eine Einigung nicht zustande, so entscheidet die Einigungsstelle.

Bei mangelnder Übereinkunft: Einigungsstelle

Die Einigungsstelle ist damit für Streitfälle über die Vorlage von **Unterlagen** an sich zuständig, aber ebenso für Fragen, die den **Zeitpunkt** („rechtzeitig“) und den **Umfang** („umfassend“) der Vorlage betreffen.

MERKE

Im BetrVG ist die Einsichtnahme des Wirtschaftsausschusses in Unterlagen des Unternehmers vorgesehen, nicht aber das Kopieren der Unterlagen.

Der Verweis auf Betriebs- und Geschäftsgeheimnisse als Begründung, dem Wirtschaftsausschuss eine Unterlage vorzuenthalten, ist in der Regel unzutreffend (sofern kein konkreter Verdacht auf ein Brechen der Schweigepflicht besteht).

Über Streitfälle bezüglich der Vorlage von Unterlagen, ihrer Rechtzeitigkeit und ihres Umfanges entscheidet die Einigungsstelle, wenn zwischen Betriebsrat und Unternehmer kein Einvernehmen erzielt werden kann.

TIPP

Tipp für die Praxis

Fordert der Wirtschaftsausschuss Einsicht in bestimmte Unterlagen, der Unternehmer verweigert sie aber?

Zunächst ist zu prüfen, ob es sich um eine wirtschaftliche Angelegenheit im Sinne des § 106 Abs. 3 BetrVG handelt: Sofern eine Zuordnung zu den oben angeführten Nr. 1 bis 9 nicht auf der Hand liegt, trifft vielleicht in manchen Zweifelsfällen Nr. 10 zu, „sonstige Vorgänge und Vorhaben“, dann ist allerdings noch zu belegen, dass sie „die Interessen der Arbeitnehmer des Unternehmens wesentlich berühren können“. Die Formulierung „können“ fordert die Argumentationsfähigkeit des Wirtschaftsausschusses bzw. des Betriebsrats üblicherweise nicht außerordentlich heraus. Im Anschluss ist festzustellen, ob die Vorlage erforderlich für die Tätigkeit des Wirtschaftsausschusses ist. Auch dies kann in der Regel bejaht werden. Nun bemüht sich in einem ersten Schritt der Betriebsrat um Einigung mit dem Unternehmer. Misslingt dies allerdings, so schaltet er im zweiten Schritt die Einigungsstelle ein.

BEISPIEL

Der Wirtschaftsausschuss könnte nähere Auskünfte zu Umsatzschwankungen einfordern und z.B. wissen wollen, ob eine Steigerung des Umsatzes durch eine Absatzsteigerung oder durch Preiserhöhungen zustande kam und welche weiteren Ursachen dahinter stehen könnten (siehe hierzu noch einmal die Auflistung wirtschaftlicher Angelegenheiten, hier etwa Nr. 2: Absatzlage).

Ein weiteres mögliches Thema für den Wirtschaftsausschuss wäre etwa die Frage, ob bzw. welche Rationalisierungsmaßnahmen vom Unternehmer beabsichtigt sind (Nr. 3 der wirtschaftlichen Angelegenheiten: Produktions- und Investitionsprogramm).

Eine Einsicht in Berichte einer Unternehmensberatung oder in Strategiepapiere kann unter Nr. 10 gerechtfertigt sein (Vorhaben, welche die Interessen der Arbeitnehmer wesentlich berühren können).

Arbeitsgericht

Neben der Einigungsstelle können auch die Arbeitsgerichte für die Beilegung von Streitigkeiten zuständig sein. Grundsätzlich gilt: Geht es um Fragen der Informationspolitik (s. oben: Rechtzeitigkeit, Umfang etc.), entscheidet die Einigungsstelle. Geht es um Verfahrensfragen, sind die Arbeitsgerichte (im Beschlussverfahren) zuständig. Beispiele hierfür sind:

- Dissens über die Rechtmäßigkeit des Wirtschaftsausschusses,
- Uneinigkeit über das Erfordernis eines Sachverständigen,
- Einsetzung einer Einigungsstelle ohne Zustimmung des Arbeitgebers.

E) Weitere Handlungsmöglichkeiten seitens des Betriebsrats

Um die Informationsrechte des Wirtschaftsausschusses durchzusetzen, stehen dem Betriebsrat je nach Schwere des Falls weitere Handlungsmöglichkeiten zur Verfügung:

- Anzeige einer Ordnungswidrigkeit (§ 121 BetrVG) und Verhängung einer Geldbuße,

- Antrag beim Arbeitsgericht, dass der Arbeitgeber seinen gesetzlichen Verpflichtungen aus dem Betriebsverfassungsgesetz nachkommt (§ 23 Abs. 3 BetrVG),
- Strafanzeige wegen Behinderung der Arbeit des Wirtschaftsausschusses (§ 119 BetrVG).

7.2.5 Pflichten des Unternehmers

Um auch die unternehmerseitigen Pflichten noch einmal deutlich hervorzuheben, hier eine Zusammenfassung:

A) Rückschau

§

§ 108 Abs. 5 BetrVG

Der Jahresabschluss ist dem Wirtschaftsausschuss unter Beteiligung des Betriebsrats zu erläutern.

Erläuterung des Jahresabschlusses

Der Jahresabschluss betrifft das eigene Unternehmen. Das bedeutet: Es reichen weder Abrechnungen von Betrieben (Unternehmensteilen) als Ersatz, noch genügt das Vorlegen eines Konzernabschlusses. Umgekehrt kann der Wirtschaftsausschuss nur unter bestimmten Voraussetzungen die Einsicht in den Konzernabschluss erzwingen.

MERKE

Der Wirtschaftsausschuss hat einen gesetzlichen Anspruch auf die Erläuterung des Jahresabschlusses.

TIPP

Tipp für die Praxis

Es sei betont, dass es sich bei der Formulierung „unter Beteiligung des Betriebsrats“ um das Betriebsratsgremium (bzw. GBR-Gremium) handelt und nicht um einzelne Mitglieder: Die Installation eines Wirtschaftsausschusses hilft deshalb dem Betriebsrat, Einblick in den Jahresabschluss zu erhalten (zu dessen Bestandteilen siehe genauer 2.3 im Kapitel 6).

Außerdem sollten wir unser Augenmerk noch auf die ausdrücklich genannte Tätigkeit des „Erläuterns“ lenken: Eine Erläuterung geht über die bloße Vorlage wesentlich hinaus und fordert den Wirtschaftsausschuss und den Betriebsrat förmlich zu bohrenden Fragen an den Unternehmer heraus.

Was den Zeitpunkt der Vorlage des Jahresabschlusses betrifft, so gilt Folgendes: Gemäß § 264 Abs. 1 HGB muss der Jahresabschluss in der Regel binnen drei Monaten nach Geschäftsjahresschluss, bei kleinen Unternehmen binnen sechs Monaten aufgestellt sein (die Größe bestimmt sich nach § 267 HGB: „klein" heißt z.B. weniger als 12 Millionen Euro Umsatz und gleichzeitig weniger als 50 Arbeitnehmer). Entscheidend ist allerdings, wann der Jahresabschluss „festgestellt" ist (denn bis dahin ist er quasi nur vorläufig). Die Feststellung muss bei Kapitalgesellschaften spätestens nach acht Monaten erfolgt sein, ansonsten geschieht sie nach der Vorlage an die Gesellschafter. Im Anschluss an die Feststellung ist er auch dem Wirtschaftsausschuss vorzulegen.

B) Aktuelle Situation

Der Jahresabschluss liefert Zahlen und Erläuterungen zum bereits abgelaufenen Geschäftsjahr, also zur Vergangenheit. Der Wirtschaftsausschuss sollte sich allerdings nicht nur auf eine derartige Rückschau beschränken, sondern mit dem Unternehmer darüber hinaus auch die aktuelle Situation diskutieren.

§ 106 Abs. 2 Satz 1 BetrVG §

Der Unternehmer hat den Wirtschaftsausschuss rechtzeitig und umfassend über die wirtschaftlichen Angelegenheiten des Unternehmens unter Vorlage der erforderlichen Unterlagen zu unterrichten, soweit dadurch nicht die Betriebs- und Geschäftsgeheimnisse des Unternehmens gefährdet werden (...).

Unterrichtung über aktuelle wirtschaftliche Angelegenheiten

Nachdem wir die Themen „wirtschaftliche Angelegenheiten", „rechtzeitig und umfassend" und „Betriebs- und Geschäftsgeheimnisse" oben bereits besprochen haben, können wir hier etwas abkürzen: Der Unternehmer hat den Wirtschaftsausschuss unter Vorlage der erforderlichen Unterlagen über wirtschaftliche Dinge zu unterrichten.

MERKE

Der Wirtschaftsausschuss hat einen gesetzlichen Anspruch auf die rechtzeitige und umfassende Vorlage von Unterlagen über wirtschaftliche Angelegenheiten. Er kann diese über den Betriebsrat, ggf. unter Einschaltung der Einigungsstelle, einfordern.

TIPP

Tipp für die Praxis

Der Wirtschaftsausschuss sollte sich hierzu vom Unternehmer monatliche Erfolgsrechnungen erläutern lassen. Diese sind aufgebaut wie eine Gewinn- und Verlustrechnung und haben die Zahlen des vergangenen Monats zum Gegenstand. Darüber hinaus liefern sie die kumulierten Monatszahlen und Vergleichswerte (siehe hierzu in 6.4.1 das Muster eines Controllerberichts).

C) Vorschau

Unterrichtung über die Unternehmensplanung

Ganz offenkundig gehört auch die zukünftige Unternehmenssituation zu den „wirtschaftlichen Angelegenheiten" nach § 106 Abs. 3 BetrVG, die sicherlich auch „die Interessen der Arbeitnehmer des Unternehmens wesentlich berühren können" (§ 106 Abs. 3 Nr. 10 BetrVG). Daher hat der Unternehmer auch hierüber zu unterrichten, d.h. Unterlagen zur Unternehmensplanung vorzulegen und zu erläutern (vgl. hierzu Kapitel 4).

Auswirkungen auf die Personalplanung

Ausdrücklich fordert das Gesetz den Unternehmer auf, Auswirkungen auf dem Gebiet der Personalplanung darzustellen.

§

§ 106 Abs. 2 BetrVG

Der Unternehmer hat den Wirtschaftsausschuss (...) zu unterrichten, (...) sowie die sich daraus ergebenden Auswirkungen auf die Personalplanung darzustellen.

MERKE

Der Wirtschaftsausschuss hat Anspruch darauf, in die Unternehmensplanung eingebunden zu werden, um sich hierüber mit dem Unternehmer beraten zu können. Insbesondere verpflichtet der Gesetzestext den Unternehmer, die Auswirkungen auf die Personalplanung darzustellen.

TIPP

Tipp für die Praxis

Der Gesetzgeber ermächtigt den Wirtschaftsausschuss, sich bereits in der Planungsphase mit unternehmerischen Entscheidungen zu befassen, um zu diesem Zeitpunkt noch eine eigene Position zu entwickeln und argumentativ auf die Unternehmer-Überlegungen Einfluss nehmen zu können. Der Wirtschaftsausschuss ist demnach dringend aufgerufen, entsprechendes Interesse zu signalisieren und die nötigen Unterlagen frühzeitig einzufordern. Obwohl wir oben die Bringschuld des Unternehmers betont haben, so wollen wir hier dem Wirtschaftsausschuss auch eine Holschuld zuschreiben.

Der Wirtschaftsausschuss sollte den Unternehmer klar auffordern, „die Auswirkungen auf die Personalplanung darzustellen". Zum einen hat der Gesetzgeber mit der absoluten Formulierung „die Auswirkungen" einen umfassenden Anspruch eröffnet (nicht nur etwaige, mögliche Auswirkungen), zum anderen weist die Vorschrift der „Darstellung" wiederum auf eine Herausforderung an den Unternehmer hin, die über die bloße Nennung oder Vorlage erheblich hinausgeht.

Stichwörter

A

B